Von Algebra bis Zufall

John Allen Paulos

Von Algebra bis Zufall

Streifzüge durch die Mathematik

Aus dem Englischen von Thomas M. Niehaus

Campus Verlag
Frankfurt/New York

Die amerikanische Originalausgabe *Beyond Numeracy* erschien 1991 als Borzoi Book bei Alfred A. Knopf in New York.

Die deutsche Ausgabe wurde mit Einverständnis des Autors leicht gekürzt.

Redaktion: Margret Klösges

Die Deutsche Bibliothek – CIP-Einheitsaufnahme

Paulos, John Allen:
Von Algebra bis Zufall : Streifzüge durch die Mathematik /
John Allen Paulos. Aus dem Engl. von Thomas M. Niehaus. –
Einheitssacht.: Beyond numeracy <dt.>
ISBN 3-593-34713-X

Umschlaggestaltung: Atelier Warminski, Büdingen
Umschlagmotiv: M. C. Escher (Collection Haags Gemeentemuseum) © 1965 M. C. Escher/Gordon Art – Baarn – Holland
Gesamtherstellung: Druckhaus „Thomas Müntzer“ GmbH, Bad Langensalza
Printed in Germany

Inhalt

Vorwort

Mit diesem Buch möchte ich Sie zur Mathematik einladen. Teils ein Nachschlagewerk, teils eine Sammlung kurzer Beiträge, enthält es ein breites Spektrum mathematischer Themen. Es ist aber kein übliches Nachschlagewerk mit zahllosen kleinen Einträgen, sondern es besteht aus längeren Artikeln, in alphabetischer Reihenfolge zwar, doch in manchen Fällen recht unkonventionell.

In diesem Buch ist naturgemäß mehr grundsätzliches Faktenwissen enthalten, als es in einer Sammlung geistreicher Abhandlungen üblich sein mag. Zugleich habe ich aber versucht, den lockeren Ton beizubehalten, der mit diesen einhergeht. Es wird also viel Persönliches anklingen – meine speziellen Interessen (nicht unbedingt immer mathematischer Natur), meine Ansichten (Mathematik ist eine Kunst und nicht nur Werkzeug für Techniker und Buchhalter) und meine pädagogischen Strategien (etwa die eine oder andere Geschichte zu erzählen und ungewöhnliche Anwendungsbeispiele zu geben). Mit anderen Worten: Obwohl es hier um Mathematik geht, habe ich mich als Mensch nicht völlig ausgeschaltet, in der Hoffnung, ich kann den Leser durch ein Gebiet geleiten, vor dem viele unnötigerweise zurückschrecken. Sie müssen nur etwas Grips haben, können aber mathematisch weitgehend unbeschlagen sein (oder ein »Innumerat«, was so etwas ist wie ein mathematischer Analphabet).

Ich glaube, es gibt viele Leute, die die Mathematik durchaus schön und wichtig finden, aber keine Möglichkeit sehen, ihrem

Interesse nachzugehen – sie können ja nicht mehr die Schulbank drücken. Sie sind an einen Punkt gekommen, wo sie glauben, mathematische Ideen seien ihnen ohne Kenntnis der Formalismen, Theoreme und komplizierten Rechenmethoden zu hoch. Ich halte das schlechterdings für falsch, ja sogar für schädlich. Man kann von Montaigne, Flaubert und Camus etwas lernen, ohne Französisch zu können; und genauso kann man auch etwas von Euler, Gauß und Gödel lernen, ohne Differentialgleichungen zu lösen. Im einen wie im anderen Fall braucht es einen Übersetzer, der sich in beiden Sprachen auskennt.

So ein Übersetzer möchte ich sein, nicht mehr, nicht weniger. Ich habe mich bemüht, nicht nur möglichst viele Gleichungen, sondern auch komplizierte Diagramme, Tabellen und Symbole wegzulassen. Ein paar Illustrationen muß ich aber einfügen, wie ich auch manche mathematischen Schreibweisen, die allgemein üblich sind, kurz erwähnen muß, weil sie zuweilen einfach unerläßlich sind – und außerdem ganz hilfreich, wenn man andere Bücher zu Rate ziehen möchte.

In den Beiträgen werden zum einen ganze Disziplinen (wie die Infinitesimalrechnung, Trigonometrie, Topologie) zusammenfassend besprochen, zum anderen enthalten sie Biographisches und Historisches (über Gödel, Pythagoras, die nichteuklidische Geometrie) sowie auch ein bißchen mathematische oder quasimathematische Folklore (unendliche Reihen, platonische Körper, q. e. d.), die zwar der Fachmann und die Fachfrau kennen, nicht aber der Laie. Gelegentlich gebe ich auch ein paar unkonventionellere Einlagen und begebe mich selbst auf Neuland (Chaos und Fraktale, Rekursion und Komplexität), um wieder auf Altes zurückzukommen (Kegelschnitte, mathematische Induktion, Primzahlen).

Immer wieder begehe ich flagrante »Kategorienfehler«, indem ich von einem Thema zum anderen wechsle, mal hier, mal da pädagogische Exkurse einbaue, kleine Moralpredigten halte oder Anekdötchen einflechte. Und ich entschuldige mich nicht einmal dafür, da all diese »unpassenden« Stellen ja gerade etwas anschaulich machen, was häufig übersehen wird, nämlich daß die Mathematik ein vielschichtiges menschliches Unterfangen ist und nicht nur ein Korpus von Theoremen und Rechenexempeln.

Mathematische Abhandlungen zu verfassen ist etwas ganz anderes, als über Mathematik zu schreiben; aber ich denke, zwischen beidem muß und sollte keine solche Kluft sein. (Mein Traum ist, die Lösung für ein bekanntes, ungeklärtes Problem in einem populären Buch zu veröffentlichen, statt in einem traditionellen Wissenschaftsjournal.) Ich habe versucht, mich hier einigermaßen präzise auszudrücken, um mir nicht die Verachtung von Kollegen zuzuziehen (ihr Desinteresse an so einem populärwissenschaftlichen Buch ist sowieso unvermeidlich), gleichzeitig aber auch klar genug, um mögliche Mißverständnisse bei den Lesern zu vermeiden, was kein sehr einfacher Kurs war. Und wenn Klarheit und Genauigkeit in Konflikt kamen, was ja oft passiert, habe ich mich meistens für Klarheit entschieden.

Ein weitverbreitetes Mißverständnis über Mathematik ist die Auffassung, sie sei völlig hierarchisch – zuerst die einfache Arithmetik, dann die Algebra, danach die Infinitesimalrechnung, anschließend noch mehr Abstraktion und so fort. Dieser Glaube an die Pyramiden-Struktur der Mathematik ist zwar irrig, aber er hält sich immerhin und hindert viele, die sich während der Schulzeit mit Mathe schwertaten, einfach mal ein populärwissenschaftliches Buch über Mathematik in die Hand zu nehmen. Häufig sind jedoch ganz »fortgeschrittene« mathematische Ideen viel intuitiver und leichter zu verstehen als gewisse fundamentale Bereiche des Rechnens. Mein Rat: Wenn Sie etwas nicht verstehen, lesen Sie einfach weiter; oft wird sich der Nebel wahrscheinlich schon im selben Kapitel lichten.

Viele, die sich für die größten »Innumeraten« halten, wissen oft gar nichts von ihrem Glück: daß sie tatsächlich mathematischen Durchblick haben. Für sie ist Mathematik gleich Rechnen – eine ziemlich altbackene Ansicht. »Das ist doch logisch« oder »Das sagt einem doch der gesunde Menschenverstand«, entgegnen sie gerne, wenn man ihnen sagt, daß sie eigentlich mathematisch denken. Sie erinnern mich an den sonderbaren Kauz bei Molière, der ganz geschockt war, als er feststellte, daß er sein ganzes Leben lang Prosa gesprochen hatte. Deshalb ist dieses Buch auch für diejenigen geschrieben, die schon ihr ganzes Leben lang Mathe gedacht haben, ohne es zu merken – für alle ahnungslosen Mathophilen.

Die Beiträge sind großenteils unabhängig voneinander; hier und da habe ich Querverweise angebracht.

Algebra
Wesentliches und Prinzipielles

Elementare Algebra, also das Rechnen mit Gleichungen und Unbekannten, war immer eines meiner Lieblingsfächer. Das lag zum guten Teil daran, daß meine erste Lehrerin dazu verdonnert worden war, Mathe zu unterrichten, obwohl sie nicht einmal den Unterschied zwischen einer quadratischen *Gleichung* und einem biblischen *Gleichnis* kannte. Sie gestand es auch freimütig ein. Außerdem war sie kurz vor der Pensionierung, und bevor sie sich an einer Matheaufgabe die Zähne ausbiß, ließ sie lieber so Leuchten wie mich ran. Das machte sie natürlich ein wenig von uns abhängig. Sie ließ sich also immer etwas einfallen, um unsereins nach der Schule noch einmal zu ihr ins Klassenzimmer kommen zu lassen. Probehalber nahm sie dann die nächste Unterrichtsstunde durch. Das Wesentliche und Prinzipielle bekamen wir von ihr glücklicherweise mit. Aber alles weitere mußten wir uns schon selbst aneignen.

Auch wenn für mich heute die Mathematik kein böhmisches Dorf mehr ist, halte ich mich hier einfach mal an sie, denn pädagogisch gesehen war ihre Unterrichtsweise gar nicht so schlecht. Ich spanne also nur den großen Bogen; Detailproblemen gehe ich so gut ich kann aus dem Weg. Das ist gerade bei der Algebra ratsam. Man braucht nur »Algebra« zu sagen, und schon haben viele die schrecklichsten Erinnerungen. Wie alt ist Karlheinz, wenn er 5mal so alt ist wie sein Sohn, in 4 Jahren aber nur dreimal so alt? So hieß es doch immer. Manchmal frage ich mich, ob nicht vielleicht ein Grund für ihre Ablehnung darin liegt, daß sie im frühen 9. Jahrhundert von einem gewissen al-Charismi entdeckt wurde.

Von al-Charismi (oder al-Khowarizmi) leitet sich nicht nur das Wort »Algorithmus« ab; von ihm stammt auch das einflußreiche Buch *Al-jabr wa'l Muqabalah,* woher wiederum das Wort »Algebra« kommt. Al-Charismi war ein herausragender Mathematiker zu einer Zeit, als die arabische Kultur und Wissenschaft eine Hochblüte erlebte. In seinem Buch findet sich eine ganze Reihe von Lösungen für einfachere Gleichungen, die fast alle mit irgendwelchen Rezepten, Formeln, Regeln, Prozeduren usw. zu tun haben. Nichts anderes bedeutet Algorithmus heute. Nur ist sein *Al-jabr wa'l Muqabalah* längst nicht so elegant geschrieben wie Euklids *Elemente,* die auch für den reinen Logiker mehr Reiz besitzen. Trotzdem war es genau so ein Standardwerk, und das sehr lange Zeit.

Al-Charismi konnte bei seinen algebraischen Aufgabenstellungen allerdings nicht auf Variablen zurückgreifen. Die kamen ja erst 750 Jahre später auf. Im Lauf der Zeit betrachtete man die Algebra jedoch eher als eine verallgemeinerte Form der Arithmetik, in der durchaus Variablen verwendet werden, sozusagen als Stellvertreter für unbekannte Zahlen. (Mehr darüber unter *Variablen.*) Damit hat man viel mehr Spielraum. Man denke nur an das Distributivgesetz, das sich durch die eine Gleichung $a(x + y) = ax + ay$ ganz einfach ausdrücken läßt. In der Arithmetik haben wir es immer mit ganz spezifischen Fällen zu tun wie $6(7 + 2) = (6 \times 7) + (6 \times 2)$ oder $11(8 + 5) = (11 \times 8) + (11 \times 5)$. An dieser Stelle fällt mir ein bekanntes Rätsel ein, das sich mit Hilfe des Distributivgesetzes wie von selbst löst: Man nehme eine ganze Zahl x, addiere 3 hinzu und verdopple das Ergebnis, um dann davon 4 abzuziehen. Nun ziehe man zweimal die ursprüngliche Zahl ab und addiere wiederum 3 hinzu. Dabei muß immer 5 herauskommen. Warum?

Al-jabr wa'l Muqabalah bedeutet soviel wie »Ausgleichen und Wiederherstellen«, womit auf die alte algebraische Weisheit Bezug genommen wird, der zufolge Gleichungen nur dann zu lösen sind, wenn sich beide Seiten der Gleichung die Balance halten. Wenn man also die eine Seite der Gleichung verändert, dann muß die andere entsprechend ausgeglichen werden, damit das Gleichgewicht wiederhergestellt ist.

Ich gehe darauf später noch ein; jetzt will ich zunächst mal ein praxisbezogeneres Problem heranziehen. Denn vermutlich ist es Ihnen ziemlich egal, daß Karlheinz 20 ist und mit 16 Vater wurde ... Wie legst du deine paar Groschen für drei Monate am besten an, fragte ich mich. In einem Investmentfonds, der im ersten Monat 9% verspricht, in den beiden anderen aber nur 6,9%? Oder würde ich besser wegkommen, wenn ich das Geld zwar nur mit 5,3% verzinst bekomme, dafür aber steuerfrei? Ich stellte auf die schnelle folgende Gleichung auf, wobei 0,72 meinen Steuersatz in Höhe von 28% wiedergibt: $0{,}72[(0{,}09 + 2z)/3] = 0{,}053$. Im zweiten und dritten Monat hätte der Zinssatz demnach mindestens 6,54% betragen müssen. Also konnte der Fiskus ruhig mitverdienen. Ähnliche Gleichungen mit solch simplen Techniken kommen im Geschäftsleben, im Alltag, ja selbst in der Forschung immer wieder vor.

Mit algebraischem Handwerkszeug lassen sich natürlich auch Probleme in Form quadratischer Gleichungen (z. B. $x^2 + 5x + 3 = 0$) knacken, oder kubischer (z. B. $x^3 + 8x - 5x + 1 = 0$) und höherer Ordnung (z. B. $x^n + 5x^{(n-1)} \dots - 11{,}2x^3 + 7 = 0$); ebenso Gleichungen mit zwei und mehr Variablen, und natürlich auch solche, deren Lösung ein ganzes Bündel von Gleichungen erfordert. (Mehr darüber unter *Die quadratische und andere Formeln* sowie unter *Lineares Programmieren.*) In jedem Fall sind es eigentlich nur Varianten und Verfeinerungen des fundamentalen Prinzips von al-Charismi, nämlich »auszugleichen und wiederherzustellen«, allerdings mit dem springenden Punkt, daß die Variablen als Zahlen verstanden werden und folglich denselben arithmetischen Regeln unterliegen.

Neben der elementaren Algebra gibt es noch die abstrakte. Diese unterscheidet sich in Logik und historischen Wurzeln; sie hat auch ein etwas anderes »Flair«. Ich werde sie deshalb gesondert besprechen, unter *Gruppen.* Wollen Sie wissen, wie ein Algebraiker, der sich speziell mit abstrakten algebraischen Strukturen beschäftigt, auf die Palme gerät? Wenn irgendein Mathematik-Banause meint, er würde die ganze Zeit mit quadratischen Gleichungen hantieren.

(Auflösung des Rätsels »Wie alt ist Karlheinz, wenn er 5mal so alt ist wie sein Sohn, in 4 Jahren aber nur dreimal so alt?«: Nehmen wir als erstes an, daß der Sohn von Karlheinz jetzt x Jahre alt ist – kommen Sie mir aber bitte nicht wie der Schlaumeier in der Klasse meiner Freundin, der zu ihr meinte: »Und angenommen, er wäre es nicht?« – Dann müßte Karlheinz also jetzt 5x Jahre alt sein. In 4 Jahren wird Karlheinz $(5x + 4)$ Jahre alt sein, gleichzeitig aber nur mehr dreimal so alt wie sein Sohn mit $(x + 4)$ Jahren. Diesen Zusammenhang können wir kurz und bündig durch die Gleichung $5x + 4 = 3(x + 4)$ ausdrücken. Nun muß das Distributivgesetz her: Statt $3(x + 4)$ schreiben wir $3x + 12$. Dann ist $5x + 4 = 3x + 12$. Jetzt sind wir mit dem Ausgleichen und Wiederherstellen dran. Paritäts- und einfachheitshalber ziehen wir auf beiden Seiten der Gleichung 4 ab und erhalten $5x = 3x + 8$. Genauso subtrahieren wir dann 3x auf beiden Seiten, was $2x = 8$ ergibt. Schließlich dividieren wir beide Seiten durch 2. Ergebnis: $x = 4$. Folglich ist Karlheinz jetzt $5x = 20$ Jahre alt (und wurde mit 16 Vater).

Zur Auflösung des anderen Rätsels: Wenn x die Ursprungszahl ist, dann kommt es zu folgenden Transformationen: $(x + 3)$; $2(x + 3)$ bzw. $(2x + 6)$; $(2x + 2)$; 2; 5.)

Analytische Geometrie

Mit der Erkenntnis, die zur analytischen Geometrie führte, ist es wie mit vielen Entdeckungen: Im nachhinein ist sie eigentlich ganz einfach und naheliegend. Mathematisch besagt sie, daß jeder Punkt einem gewissen Zahlenpaar entspricht und umgekehrt.

Erfunden wurde die analytische Geometrie im frühen siebzehnten Jahrhundert. Der Mathematiker und Philosoph René Descartes war einer ihrer beiden geistigen Väter. Unabhängig von ihm war auch sein Landsmann, der Rechtsanwalt Pierre Fermat, auf die Idee einer solchen Entsprechung gekommen. Mit der Verbindung von Algebra und Geometrie war die analytische Geometrie geboren.

Nehmen wir z. B. den Punkt (3; 8). Er ist, von einem festen Nullpunkt aus gesehen, 3 Einheiten nach rechts und 8 Einheiten nach oben anzusiedeln. Die Zahlen 3 und 8 werden als die x- und y-Koordinaten dieses Punkts bezeichnet. Folglich gibt das Zahlenpaar (8; 3) eine ganz andere Punktposition wieder, nämlich 8 Einheiten nach rechts und 3 Einheiten nach oben, ausgehend vom Nullpunkt, dessen Koordinaten natürlich (0; 0) sind.

Obwohl die beiden Punkte (3; 8) und (8; 3) ganz verschiedene Positionen haben, liegen sie beide rechts, d. h. östlich, sowie oberhalb, d. h. nördlich, des Nullpunkts. Links, d. h. westlich, oder unterhalb, d. h. südlich, des Nullpunkts werden die Punktkoordinaten generell mit negativen Vorzeichen versehen. Der Punkt (−5; 11) befindet sich also 5 Einheiten nach links und 11 Einheiten nach oben, der Punkt (−5; −11) 5 Einheiten nach links und 11 Einheiten nach unten und der Punkt (5; −11) 5 Einheiten nach rechts und 11 Einheiten nach unten, immer bezogen auf den Nullpunkt.

Natürlich ist an der analytischen Geometrie mehr dran, sonst wäre ja jeder, der sich mit einem Stadtplan zurechtfindet, schon ein kleiner Mathematikprofessor. Descartes und Fermat entdeckten nämlich nicht nur, daß Punkte ganz bestimmten Zahlenpaaren zugeordnet werden konnten, sondern auch, daß algebraische Gleichungen mit geometrischen Figuren korrespondierten. Und das ist das Entscheidende. So bilden beispielsweise sämtliche Punkte, deren x- und y-Koordinaten die Gleichung $y = x$ erfüllen, eine Gerade. Punkte wie (1; 1), (2; 2), (3; 3) usw. gehören zu einer Geraden, die mit der x-Achse einen 45-Grad-Winkel bildet.

Auch die Gleichung $y = 2x$ ist graphisch gesehen eine Gerade, nur mit einem größeren Winkel zur x-Achse. Punkte wie (1; 2), (2; 4), (3; 6) usw. erfüllen z. B. diese Gleichung. Wir müssen uns aber nicht auf ganze Zahlen beschränken; (1,8; 3,6) gehören genauso dazu wie (−2,7; −5,4). Und nicht anders ist es mit der Gleichung $y = 2x + 3$. Deren Graph orientiert sich z. B. an den Punkten (0; 3), (1; 5), (2; 7), (3,1; 9,2) usw. Wenn wir zwei Gleichungen in ein und demselben Koordinatensystem graphisch darstellen, können wir ihren Schnittpunkt ermitteln. In diesem Punkt gehen die Gleichungen simultan auf, besser gesagt, »homolokal«, da die Mathematik ja eigentlich zeitlos ist.

Man kann sagen, je komplizierter die Gleichung, desto interessanter die Kurve, die aus den graphisch darstellbaren Punkten entsteht, wenn man die richtigen Zahlenpaare gefunden hat, die die Gleichung erfüllen. So ergibt die Gleichung $y = x^2$ graphisch eine Kurve in Form einer Parabel; $x^2 + y^2 = 9$ läuft auf einen Kreis hinaus und $4x^2 + 9y^2 = 36$ auf eine Ellipse. Mit bestimmten Methoden lassen sich also geometrische Probleme in algebraische ummünzen, und umgekehrt können algebraische Beziehungen geometrische Bedeutung bekommen. Damit war der Grundstein für die Entwicklung der Rechenkunst im 17. Jahrhundert gelegt, wobei es zu einer Art »lingua franca« der Mathematik kam, die heute noch existiert. Ich erinnere mich noch gut an die Zeit, als ich als Student in Madison Taxi fuhr. Damals saß einer in der Zentrale, der uns

Anfänger wie beim Militär herumschickte, indem er nur Weltzeit und mathematische Koordinaten durchgab. Nun hat Madison wegen seiner eingezwängten Lage zwischen vier Seen aber nicht das simple, rechtwinklig angelegte Straßensystem anderer amerikanischer Städte. Zwischen diesem See und jener Halbinsel geht es nicht so einfach hin und her. Natürlich verloren wir dabei völlig die Orientierung, bis ein anderer in der Zentrale, der von analytischer Geometrie genausowenig verstand, irgendwann Erbarmen mit uns hatte und uns auf konventionelle Weise aus dem Schlamassel lotste.

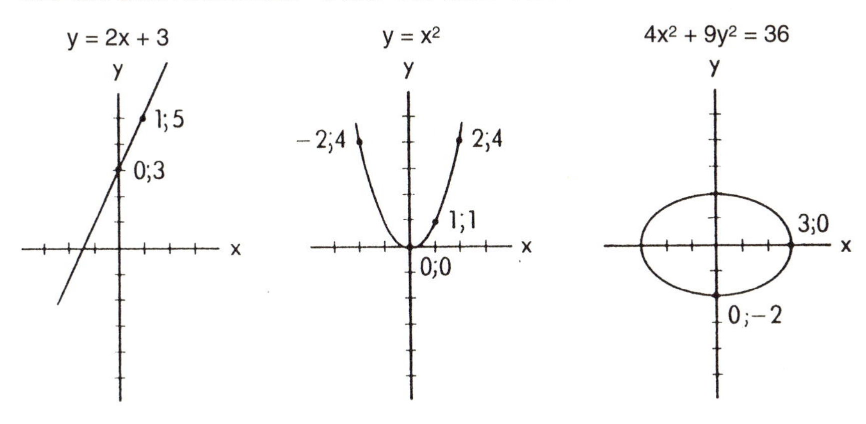

Gerade; Parabel; Ellipse

Bei drei Dimensionen ist es nicht viel anders. Denn so wie jeder Punkt in der Ebene durch zwei bestimmte Zahlen definiert ist, liegt jeder Punkt im Raum durch drei fest; also z. B. der Punkt (4; 7; 5) 4 Einheiten östlich, 7 Einheiten nördlich und 5 Einheiten oberhalb eines bestimmten Bezugspunkts mit den Koordinaten (0; 0; 0). Die Koordinaten geben jeweils die Entfernung auf der x-, y- und z-Achse an (wobei die Achsen in jedem Fall im 90-Grad-Winkel zueinander stehen). Wenn wir uns jetzt in die Situation eines Taxifahrers hineindenken, der über Funk nur die Koordinaten (4; 7; 5) als Ziel bekommt, dann muß uns unser Scharfsinn sagen, daß es sich um das fünfte Stockwerk eines Gebäudes an der Ecke der vierten und siebten Straße handelt. (4; 7; –1) wäre dann im Untergeschoß desselben Gebäudes. Punkte, die eine Gleichung mit drei Variablen aufgehen lassen, nehmen im Raum Oberflächenformen an. So hat der Graph der Gleichung $z = x^2 + y^2$ die Form eines Paraboloids, ähnlich einer runden, henkellosen Kaffeetasse, wohingegen $x^2 + y^2 + z^2 = 25$ kugelförmig ist.

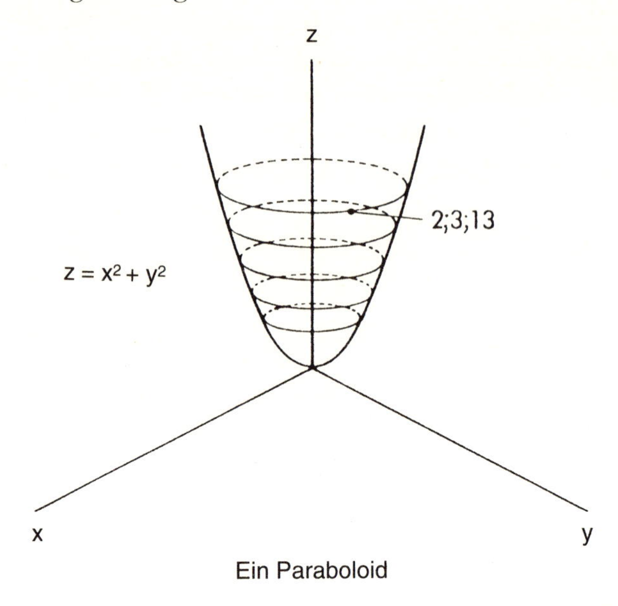

Ein Paraboloid

Auch mit noch mehr Dimensionen hat man keine Probleme. Man kann allen möglichen Dimensionen, die ein Wesen oder eine Sache besitzt, Zahlen zuordnen. Diese Idee ist in unzähligen, nichtmathematischen Kontexten eigentlich ein alter Hut. Angenommen, unser Taxifahrer soll um 14 Uhr im Untergeschoß des Gebäudes an der vierten und siebten Straße sein, dann wäre der »Vektor« (4;7;−1;14); und (4; 10; 9; 16) könnte heißen, daß er 2 Stunden später in der 9. Etage eines Gebäudes 3 Straßen weiter nördlich sein soll.

Scheinbar ist die analytische Geometrie mit all ihren Ablegern etwas so Natürliches, daß sie ganz selbstverständlich hingenommen wird, wie unser ganzes indo-arabisches Zahlensystem. Wir dürfen aber nicht vergessen, daß es sich eigentlich um Erfindungen des menschlichen Geistes handelt, nicht um angeborene Extras biologischer oder konzeptueller Natur. Für einen Philosophen wie Immanuel Kant mag das haarsträubend klingen, was uns momentan egal sein kann; wir haben ja die nichteuklidische Geometrie noch vor uns.)

Arabische Ziffern

Welche Universität für seinen Sohn am besten wäre, wollte ein deutscher Kaufmann des 15. Jahrhunderts von einem berühmten Professor wissen. Um Addieren und Subtrahieren zu lernen, reiche eine deutsche Universität; wenn er aber auch Multiplizieren und Dividieren lernen solle, dann müsse er ihn schon nach Italien schicken, lautete der Rat des Akademikers. Nun lächeln Sie nicht gleich darüber, sondern versuchen Sie erst einmal die römischen Zahlen CCLXIV, MDCCCIX, DCL und MLXXXI zu multiplizieren oder einfach nur zu addieren, aber ohne sie vorher zu übersetzen!

Vielleicht sind Zahlen an sich ja ewig und unveränderlich, nicht aber die Ziffern, die die Zahlen symbolisieren. Die Anekdote beweist, wie selbstverständlich für uns heute der Umgang mit den indoarabischen Ziffern ist, die wir erst nach der Renaissance endgültig übernommen haben. Andererseits gab es Zahlensysteme schon vor Urzeiten, wie wir wissen, dank vieler namenloser Schreiber, Buchhalter, Priester und Astronomen, die die Prinzipien der systematischen Darstellung von Zahlen einst entdeckt haben. Die abstrakte Symbolisierung (im Gegensatz zur konkreten Repräsentation, etwa durch Kieselsteine), die Notierung im Positionssystem (826 ist etwas ganz anderes als 628 oder 682), die multiplikative Basis für das System – unserem Dezimalsystem nach ist $3243 = (3 \times 10^3) + (2 \times 10^2) + (4 \times 10) + (3 \times 1)$, im Fünfersystem dagegen 448: $(3 \times 5^3) + (2 \times 5^2) + (4 \times 5) + (3 \times 1)$ – und das Allerwichtigste, die 0 (ohne die man nicht zwischen 36, 306, 360 und 3006 usw. unterscheiden könnte), all dies sind wesentliche Bestandteile unseres kulturellen Erbes, auch wenn wir sie uns fast nie vor Augen führen.

(An alle, die sich ganz unkonventionell für jünger ausgeben möchten: Legen Sie Ihrem Alter einfach ein anderes Zahlensystem zugrunde, z. B. das Duodezimalsystem. Wer 40 ist, könnte einfach sagen, er sei 34: $(3 \times 12) + (4 \times 1)$. Damit wäre dem Alter etwas von seiner künstlichen Bedeutung genommen. Numerologischer Schwachsinn, wie er uns mit der Jahrtausendwende im Jahr 2000 bzw. 2001, wenn man es genau nimmt, gewiß noch ins Haus stehen wird, wäre auf die Weise auch entlarvt. Einfach die Basis zu verändern ist aber nicht immer der Weisheit letzter Schluß. Wahrscheinlich würde die mystische Bedeutung einer Zahl wie 666, so absurd sie auch sei, in einer Welt, in der meinetwegen ein Fünfersystem herrscht und 666 ganz harmlos als 10031: $(1 \times 5^4) + (0 \times 5^3) + (1 \times 5^2) + (3 \times 5^1) + (1 \times 5^0)$ ausgedrückt wird, sich nur an eine andere hängen; getreu dem Grundsatz, daß sich Aberglaube hartnäckig hält, vielleicht an die 444 – 125 in unserem Dezimalsystem.)

Man hat schon immer Zahlen konkret anzeigen können, sei es mit verschieden großen Kieselsteinen, buntgeknüpften Schnüren, mit dem Abakus oder Rechenbrett oder mit dem persönlichsten aller Personalcomputer, mit Händen und Füßen. Das Zählen mit Fingern (und Zehen) ist ein auf der Welt fast überall verbreitetes Phänomen. Unser 10er-System geht sicherlich darauf zurück, auch das vermutlich ältere 20er-System, wie es sich dem französischen *vingt* für 20 (ein völlig anderes Wort als *dix* für 10!), *quatre-vingts* für 80 und *quatre-vingt-dix* für 90 noch entnehmen läßt. Auch die Maya vor 1500 Jahren stützten sich auf ein 20er-System. Sie waren eines der vier Völker, die das Positionssystem erfanden. Ihr Kalender war genauer als der Gregorianische, den wir heutzutage verwenden. Wahrscheinlich leitete sich sogar das uralte 60er-System aus der Zeit der Babylonier und Sumerer von der menschlichen Gewohnheit ab, mit den Fingern zu zählen; in unserer Zeitmessung, Winkelmessung und geographischen Positionsmessung existiert es heute noch.

Verfolgen wir die Geschichte weiter: Vor 2000 Jahren hatte man in China bereits ein positionelles Zahlensystem erfunden, das auf Zehnerpotenzen aufbaute und mit dem sich schriftlich rechnen ließ. Unabhängig davon machte man in Nordindien 500 Jahre später die gleiche Entdeckung, um schon bald einen Schritt weiter zu gehen und ein Symbol zu erfinden, das alles völlig veränderte, was man bis dahin auf dem Gebiet der Repräsentation und Manipulation von Zahlen gekannt hatte: die Null. Bevor sie überhaupt zu ihrem Namen kam, wurde sie häufig schon durch eine leere Stelle in einer Ziffernfolge oder auf dem Rechenbrett angedeutet. Danach symbolisierte sie etwas, das entweder vorhanden oder nicht vorhanden war, bis man schließlich die Erleuchtung hatte: Zahlen definierten sich im Grunde durch ganz charakteristische Eigenschaften; und so war es auch mit der Null. Aus einer einfachen Leerstelle war eine Recheneinheit geworden.

Von den Indern übernahmen zuerst die Chinesen die Null, später auch die Araber, die das ganze System dann nach Westeuropa brachten. Zu Recht ist das indo-arabische Zahlensystem eine der wichtigsten Erfindungen in der Geschichte der Menschheit genannt worden, vergleichbar der des Rads, des Feuers und des Ackerbaus.

(Die Lösung des einfacheren Teils der Aufgabe im ersten Absatz lautet übrigens: MMMDCCCIV. Was ist ihr Produkt?)

Arithmetisches Mittel, Modalwert und Median

Alle sprechen vom Durchschnitt, kaum einer weiß, von welchem. Der Viertkläßler meint, daß es auf der Welt zur Hälfte Männer und Frauen gibt, und schließt daraus, daß der Durchschnittsmensch einen Busen und einen Hoden hat. Der Immobilienmakler sagt Ihnen, daß der Preis für ein Haus in der gewünschten Gegend durchschnittlich bei 400000 DM liegt, um Ihnen weiszumachen, daß viele Häuser in der Gegend teurer sind. Der Versicherungsvertreter erzählt Ihnen, daß er heute 9 Verträge abgeschlossen und eine Provision von durchschnittlich 80 DM verdient hat, um Ihnen weiszumachen, daß es insgesamt 720 DM sind. Der Mann vom Partyservice erzählt Ihnen, daß die meisten Bestellungen durchschnittlich bei 1200 DM liegen, um zu suggerieren, daß die Hälfte seiner Kunden mehr ausgibt. Der Anlageberater sagt Ihnen, daß Sie aus Ihrem Geld Millionen machen können, aber nach Ihren Berechnungen kommen höchstens ein paar Hunderter heraus.

Der einzige, dem wir mit Sicherheit trauen können, ist der Viertkläßler; bei ihm wissen wir, welche Art Durchschnitt er meint. Alle anderen können sich entweder auf das arithmetische Mittel, den Median oder den Modalwert beziehen. Damit sind »Mitte-Indikatoren« oder Maße mit einer zentralen Tendenz gemeint, Zahlen, die einem das Gefühl für etwas Typisches oder Standardmäßiges in einer bestimmten Situation geben sollen, es aber nicht immer tun. Da ihre jeweiligen Werte beträchtlich variieren können, ist es nicht verkehrt, zu wissen, was damit eigentlich jeweils gemeint ist. (Siehe auch das Kapitel *Statistik.*)

Der Mittelwert einer Zahlenmenge ist für uns gewöhnlich der Durchschnitt (oder das arithmetische Mittel) dieser Zahlen. Um das arithmetische Mittel von n Zahlen zu bekommen, zählt man lediglich die Zahlen zusammen und teilt die Summe durch n. Die Definition ist einfach und vertraut, was aber nicht verhindert, daß manche Leute abwegige Schlußfolgerungen ziehen. So kann es in der Gegend, um auf das Beispiel mit dem Immobilienmakler zurückzukommen, sehr, sehr viele Häuser geben, die weit unter 400000 DM kosten, und sehr, sehr wenige, die weit darüber liegen.

Im Gegensatz dazu ist der Median einer Zahlenmenge die mittlere Zahl der Menge. Den Zentralwert, wie er auch genannt wird, erhält man, wenn man die Zahlen in aufsteigende Reihenfolge bringt; der Median ist die Zahl in der Mitte (oder das arithmetische Mittel der beiden Zahlen in der Mitte, wenn die Menge der Zahlen geradzahlig ist). Suchen wir den Median der Zahlenmenge 8, 23, 9, 23, 3, 57, 19, 34, 12, 11, 18, 95 und 48, müssen wir die Zahlen der Größe nach neu ordnen: 3, 8, 9, 11, 12, 18, 19, 23, 23, 34, 48, 57 und 95. In der Mitte ist 19 – der Median dieser kleinen Zahlenmenge, während das arithmetische Mittel etwa 27,7 beträgt. (In sehr großen Zahlenmengen bezieht man sich beim Median manchmal auf das sogenannte 50-Prozent-Quantil, was anzeigt, daß er größer als 50% der Zahlen ist, die in der Menge vorkommen. Das 93-Prozent-Quantil würde bedeuten, daß die Zahl größer ist als 93% der vorkommenden Zahlen.)

Unser Versicherungsvertreter könnte sich an seinen 9 Abschlüssen geradezu eine goldene Nase verdient haben, wenn seine Provisionen den Median von 80 Mark haben. Vielleicht hatte er ja 6 Abschlüsse, wovon jeder einzelne ihm nur 80 Mark einbrachte. Das schließt aber nicht aus, daß er mit jedem der drei übrigen 5000 Mark gemacht haben könnte. Dann wären es insgesamt glatte 15480 DM, also ein x-faches von dem, was er durchblicken läßt. Das arithmetische Mittel wäre in diesem Fall 1720 DM.

Ein bisweilen noch viel irreführender Mittelwert ist der Modalwert einer Zahlenmenge. Damit ist jener Wert gemeint, der in der

Menge am häufigsten vorkommt und vom arithmetischen Mittelwert oder Median weit entfernt sein kann. Wenn der Partylieferant behauptet, daß seine Kunden im Durchschnitt für 1200 Mark ordern, dabei aber stillschweigend vom Modalwert ausgeht, könnten die letzten Bestellungen auch so ausgesehen haben: 400 DM, 800 DM, 800 DM, 1200 DM, 800 DM, 1200 DM, 200 DM, 1200 DM, 200 DM, 400 DM, 200 DM, 1200 DM, 400 DM. Vom Modalwert her gesehen, liegt die durchschnittliche Bestellung tatsächlich bei 1200 DM. Nimmt man den Median, sind es 800 DM, und arithmetisch gemittelt sogar nur 692 DM.

Etwas kniffliger ist der Unterschied zwischen arithmetischer Mittelung und dem Modalwert einer Menge im nächsten Beispiel. Ein Mensch mit Familiensinn legt 1000 DM in Aktien an, deren Kurs jedes Jahr mit gleicher Wahrscheinlichkeit entweder um 60% steigen oder um 40% fallen kann. Damit seine Urenkelin etwas davon hat, sollen die Aktien erst in 100 Jahren verkauft werden. Theoretisch könnten es dann im Schnitt stolze 13780000 DM sein. Nur ist der Modal- oder der wahrscheinlichste Wert bescheidene 130 DM.

Diese Diskrepanz erklärt sich dadurch, daß aufgrund der astronomischen Erträge, die mit einer Vielzahl von Jahren 60%iger Gewinnsteigerung verbunden sind, ein nach oben hin schiefer Mittelwert entsteht, während die mickrigen Erträge, die mit einer Vielzahl von Jahren 40%iger Gewinnrückgänge verbunden sind, trotz allem nicht unter 0 DM fallen können. Dieses Problem ist eine moderne Version des sogenannten St.-Petersburg-Paradoxons. (Um es etwas genauer darzustellen: Wenn die Aktien jedes Jahr durchschnittlich um 10% steigen (gemäß dem Durchschnitt von +60% und −40%), dann ist der mittlere oder Erwartungswert der Investition nach 100 Jahren $1000\ \text{DM} \times (1{,}1)^{100}$, also 13780000 DM. Am wahrscheinlichsten ist jedoch, daß die Aktien in 50 von den 100 Jahren steigen werden. Folglich ist der Modalwert $1000\ \text{DM} \times (1{,}6)^{50} \times (0{,}6)^{50}$, und das sind 130 DM. Der erwartete Wert ist oft anders als der mathematische.)

Noch geläufiger ist die Errechnung des Erwartungswerts einer Größe, indem man ihre möglichen Werte mit den Wahrscheinlichkeiten, daß diese Werte erzielt werden, multipliziert und anschließend diese Produkte zusammenzählt. Nehmen wir z. B. eine Versicherungsfirma, die davon ausgehen kann, daß es pro Jahr durchschnittlich in einem von 10000 Versicherungsfällen zu Schadensansprüchen in Höhe von 400000 DM kommt, in einem von 1000 Fällen zu Schadenszahlungen in Höhe von 50000 DM und in einem von 50 zu Zahlungen in Höhe von 2000 DM; der Rest ist kein Problem. Nun will der Versicherer natürlich wissen, was das umgerechnet durchschnittlich für jede Versicherung ausmacht (um die Beiträge zu bemessen). In diesem Fall errechnet sich der Erwartungswert so: $(400000 \text{ DM} \times 1/10000) + (50000 \text{ DM} \times 1/1000) + (2000 \text{ DM} \times 1/50) + (0 \text{ DM} \times 9789/10000) = 40 \text{ DM} + 50 \text{ DM} + 40 \text{ DM} + 0 \text{ DM} = 130 \text{ DM}$.

Wer diese Unterschiede versteht, wird durchschnittlich zu 36,17% weniger in die Irre geführt werden, wenn Makler, Vertreter, Anlageberater und Partylieferanten vom Durchschnitt sprechen. Allerdings wird er/sie dafür andere Probleme haben, nicht zuletzt mit der geschlechtlichen Identität – bei einem Busen und einem Hoden . . .

Binäre Zahlen und Codes

Binärzahlen sind ganz aus Einsen und Nullen zusammengesetzt. Obwohl sie schon den Mathematikern im alten China bekannt waren, wurden sie erst von dem deutschen Mathematiker und Philosophen Gottfried Wilhelm Leibniz eingehend untersucht; ihn bewegte die metaphysische Frage nach dem Sein und dem Nichtsein. Seither haben sich binäre Zahlen und Codes immer mehr aus ihren metaphysischen Höhen in die alltägliche Welt begeben; heute, im Zeitalter des Computers, sind sie aus unserem Leben nicht mehr wegzudenken. Viele Phänomene (vielleicht alle?) können auf komplexe Folgen von An-aus-, Auf-zu-, Ja-nein-Entscheidungen reduziert werden.

Wie aber läßt sich dieses strenge Muster aus 0 und 1 aus unseren arabischen Zahlen stricken? Ein paar Beispiele veranschaulichen es besser als wortreiche Erklärungen: 53 ist in $32 + 16 + 4 + 1$ zerlegbar, wobei jede dieser Zahlen aus einer Zweier-Potenz besteht (die 1 hat man sich als Null-Potenz von 2 vorzustellen, 2^0). Binär dargestellt, ist 53 also 110101; jede 1 oder 0 zeigt an, ob an ihrer Stelle ein bestimmtes Vielfaches von 2 steht oder nicht. Das heißt, $53 = (1 \times 2^5) + (1 \times 2^4) + (0 \times 2^3) + (1 \times 2^2) + (0 \times 2^1) + (1 \times 2^0)$. Wie bei den arabischen Ziffern bestimmt die Position den einzelnen Wert.

Andere Beispiele: $83 = 64 + 16 + 2 + 1$; daraus ergibt sich $(1 \times 2^6) + (0 \times 2^5) + (1 \times 2^4) + (0 \times 2^3) + (0 \times 2^2) + (1 \times 2^1) + (1 \times 2^0)$, binär: 1010011. Oder 217: 11011001. In binärer Form lesen sich die Zahlen von 1 bis 16 so: 1, 10, 11, 100, 101, 110, 111, 1000, 1001, 1010, 1011, 1100, 1101, 1110, 1111, 10000. In umgekehrter Richtung läßt sich 110100 in 52 übersetzen, 1111100 in 124 und 1000000000 in 512 (2^9). Wenn wir arabische Zahlen nicht nur binär ausdrücken, sondern mit diesen Binärausdrücken auch arbeiten wollen, dann wenden wir die gleichen arithmetischen Regeln und Algorithmen (z. B. das Übertragen) an; wir dürfen nur nicht vergessen, daß wir es immer mit einem Vielfachen von 2 statt von 10 zu tun haben.

Binärcodes sind nicht allein auf Zahlen begrenzt. Sie können ganz allgemein und auf verschiedene Weise verwendet werden. Wenn wir einer Behauptung oder Aussage einen Wahrheitswert zuordnen (1 für wahr, 0 für falsch), dann können wir mit Hilfe simpler syntaktischer Operationen elementare Logikoperationen durchführen, wie z. B. die Negation einer Aussage, die Verbindung zweier Aussagen mit einem »und«, »oder«, »wenn – dann« etc. Physikalisch machen das einfache elektronische Schaltkreise. (Siehe auch *Tautologien.*) Eine Behauptung, die durch ein »nicht« verneint wird, erhält entweder den Wert 0 oder 1, je nachdem, ob ihr ursprünglich eine 1 oder 0 zugeordnet worden ist. Eine Aussage, die aus der Verbindung zweier anderer Aussagen mit einem »und« entsteht, hat nur dann den Wahrheitswert 1, wenn die beiden ihr zugrundeliegenden Aussagen den Wert 1 haben. (Zu Ehren des im 19. Jahrhundert lebenden englischen Mathematikers George Boole spricht man von sogenannten booleschen Operationen. Nach Bertrand Russells hyperbolischer (oder hyperboolescher?) Meinung war George Boole der Erfinder der reinen Mathematik.)

Buchstaben und andere Symbole in Folgen aus 0 und 1 zu kodieren ist auch kein Problem. Jedem Zeichen ist eine unterschiedliche Binär- bzw. Bitsequenz zugeordnet. Bei Computern hat entsprechend dem ASCII-Standard jedes Symbol einen 8-Bit-Code (8 Bits = 1 Byte). Insgesamt gibt es 256 (2^8) solcher Codes, einen für jeden der 52 Klein- und Großbuchstaben, einen für jede der Zahlen von 0 bis 9, einen für jedes Satzzeichen, einen für jedes arithmetische Symbol, einen für jedes Kontrollzeichen usw. P hat den Code 01010000; V 01010110; b 01100010; t 01110100;

" 00100010; & 00100110 usw. Diese Codes werden für die Textverarbeitung gebraucht, die mit der Arithmetik im allgemeinen nichts zu tun hat; die Symbole ergeben lediglich Text.

Wie eine einzige binäre Zahl eine riesige Fülle von Information chiffrieren kann, wird vielleicht deutlich, wenn Sie sich einfach mal vorstellen, daß dieses Kapitel etwa 5600 Symbole enthält – Buchstaben, Ziffern, Leerstellen, Satzzeichen. Jedes dieser Symbole hat einen 8-Bit-Code. Wenn wir sie alle aneinanderbinden, erhalten wir eine Sequenz von ungefähr 45000 Bits. Damit ließe sich das ganze Kapitel binär darstellen. Wir könnten auch das ganze Buch in binärer Form wiedergeben. Mit noch mehr Ehrgeiz könnten wir sämtliche Bücher einer Universitätsbibliothek nach Autor und Erscheinungsdatum ordnen und dann ihre Bit-Sequenzen aneinanderreihen; diese Binärzahl würde die ganze Information, die in diesen Büchern steht, repräsentieren.

Was genau ist Information? Der mathematischen Theorie nach gibt es dafür eine sehr brauchbare Definition. Sie ist im Grunde so weit gefaßt, daß sie auch auf Biologie, Linguistik und Elektronik anwendbar ist. Da sie in Bits spricht, drückt jedes Informationsbit eine binäre Wahl aus. (5 Bits, die folglich 5 solche Wahlmöglichkeiten ausdrücken, genügen zur Unterscheidung zwischen 32 (oder 2^5) Alternativen, wobei es 32 (2^5) mögliche Ja-nein-Sequenzen der Länge 5 gibt.) Bits dienen auch als Einheiten, um z. B. die Entropie von Informationsquellen oder die Kapazität von Kommunikationskanälen oder die Redundanz von Mitteilungen numerisch bestimmbar und meßbar zu machen.

Binäre Zahlen und Codes sind inzwischen gang und gäbe, von der Informationstheorie bis zu den Punkten und Strichen im Morse-System und den dicken und dünnen Balken auf den Strichcodes der Supermärkte. Ich glaube jedoch, daß sie am besten verständlich werden, wenn man für sie wenigstens ein bißchen von der Verehrung übrig hat, die ihnen von Gottfried Wilhelm Leibniz aufgrund ihres metaphysischen Ranges zuteil wurde. All diese fundamentalen Begriffe und Ideen wie Information, Computer, Entropie, Komplexität gehen teilweise auf diesen elementarsten aller Codes zurück: 1 oder 0, Materie oder Nichts, Yin oder Yang, Sein oder Nichtsein. Ich will damit nur sagen, daß ein Universum, das ganz aus Materie bestünde, gar nicht von völliger Leere zu unterscheiden wäre und daß deshalb Dichotomien eigentlich eine Grundvoraussetzung für ein nicht-triviales Universum wie auch für unser Denken sind.

Chaostheorie

Es soll ja Leute geben, die behaupten, mathematische Kenntnisse führten zu einer illusionären Gewißheit und somit zur Arroganz. Das genaue Gegenteil kann der Fall sein. Mit der Chaostheorie will ich nur ein kleines Beispiel dafür geben. Schon der Name paßt ganz gut für diesen mathematischen Sproß des 20. Jahrhunderts, so wie der Name einer anderen verwandten modernen Entdeckung, der Katastrophentheorie. Aber vergessen Sie mal den Namen. Auf allen technischen Gebieten werden allgemeine Begriffe gebraucht, die dann geradezu Verballhornungen ihrer selbst werden.

Die Chaostheorie befaßt sich also nicht mit anarchistischen Traktaten oder surrealistischen und dadaistischen Manifesten, sondern mit dem Verhalten willkürlicher nichtlinearer Systeme. Stellen wir uns ein System als eine Ansammlung von Teilen vor, deren Interaktionen mittels Regeln und/oder Gleichungen beschrieben werden können. Als Beispiele für eine so lockere Systemauffassung könnte ich die Bundespost, den Kreislauf eines Menschen, die Ökologie oder das Betriebssystem meines Computers, auf dem ich gerade schreibe, aufzählen. Im Gegensatz zu einer Badezimmerwaage oder einem Thermometer sind die Elemente in einem nichtlinearen System nicht in einer linearen oder proportionalen Weise miteinander verbunden, um es mal so zu sagen. Wenn sich die Größe des einen Teils verdoppelt, verdoppelt sich damit nicht die eines anderen; und der Output ist auch nicht proportional zum Input. Um solche Systeme besser zu verstehen, manipuliert man an Modellen herum und hofft, anhand der künstlichen Charakteristika mehr über die wirklichen erfahren zu können.

1960 machte der amerikanische Meteorologe Edward Lorenz eine seltsame Entdeckung. Wahllos fütterte er ein einfaches Wettervorhersage-Programm auf einem Computer mit Zahlen, die sich nicht einmal um ein Tausendstel voneinander unterschieden. Schon nach kurzer Zeit divergierten die Wetterprognosen beträchtlich, bis sie zuletzt gar keine Beziehung mehr miteinander zu haben schienen. Das war, wie James Gleick in seinem Buch beschreibt, die Geburtsstunde einer neuen mathematischen Wissenschaft, der Chaostheorie.

Obwohl Lorenz damals nur einen primitiven Computer und ein sehr vereinfachtes Modell hatte, zog er den richtigen Schluß aus den beobachteten Divergenzen. Ursache waren winzigste Veränderungen im ursprünglichen Systemzustand. Allgemeiner gesagt bedeutet das, daß Systeme, deren Entwicklung nichtlinearen Regeln und Gleichungen unterliegt, äußerst empfindlich auf die kleinsten Veränderungen reagieren können und in der Folge oftmals ein unvorhersehbares und »chaotisches« Verhalten zeigen. Lineare Systeme sind dagegen robuster; kleine Unterschiede in den ursprünglichen Bedingungen machen am Ende auch nur geringe Veränderungen aus.

Das Wetter läßt sich nicht von langfristigen Vorhersagen beeindrucken; und ein einfaches Vorhersage-Modell auch nicht. Es ist zu sensibel, um nicht auf jede noch so unmerkliche Veränderung in den ursprünglichen Bedingungen anzusprechen, die nach einer Minute oder einen halben Meter weiter zu einer größeren Veränderung wird und im weiteren Verlauf immer größer und größer, bis eine wesentliche Abweichung feststellbar ist und der ganze Prozeß sich wie eine Lawine entwickelt: unvorhersagbar und nicht zu wiederholen.

Wie sich zeigt, ist mit Modellen zur Wettervorhersage zwar gewissen allgemeinen Einschränkungen Genüge geleistet (keine Schneestürme in Kenia, grobe jahreszeitliche Temperaturgradienten etc.), aber an längerfristige, spezielle Prognosen für die nächsten ein oder zwei Jahre ist nicht im Traum zu denken; sie wären von vornherein wertlos.

Seit der Arbeit von Lorenz hat sich der sogenannte Schmetterlingseffekt (wenn in Korsika ein Schmetterling mit dem Flügel schlägt, kann *deshalb* später in Alaska ein Erdbeben ausbrechen) in vielen Bereichen gezeigt. Diese hochsensible Abhängigkeit nichtlinearer Systeme von ihren ursprünglichen Bedingungen findet man in der Hydrodynamik (Turbulenzen und Fließeigenschaften), Physik (nichtlineare Oszillatoren), Biologie (Herzflattern und Epilepsie) und in der Wirtschaft (Aktienkurse). Die Komplexität solcher nichtlinearen Systeme ist erstaunlich, selbst wenn diese durch ganz elementare Regeln und Gleichungen definiert sind.

Wie ich anfangs schon erwähnte, könnte die Chaostheorie für uns ein Anlaß sein, vorsichtiger zu werden. Die Tatsache, daß es Systeme gibt, die sich in ihrem ursprünglichen Zustand weitgehend normal und problemlos verhalten, plötzlich aber in unkontrollierbare chaotische Zustände geraten, wenn einer der Systemparameter einen kritischen Wert erreicht, spricht denn auch dafür, daß die Gewißheit, die wir doch vor allem aus dem naturwissenschaftlichen Bereich gewohnt waren, nur eine Illusion sein kann.

Ein faszinierend einfaches Beispiel gibt der Physiker Mitchell Feigenbaum. Angenommen, wir wollen die Population einer bestimmten Tierart nach der nichtlinearen Formel $x' = rx(1 - x)$ berechnen; x' bezieht sich auf die Population im einen Jahr und x auf die Population jeweils im Jahr davor, und r ist ein Parameter zwischen 0 und 4. Der Einfachheit halber nehmen wir für x und x' Zahlen zwischen 0 und 1; in Wirklichkeit hat die Population jeweils den Faktor 1000000.

Was passiert nun im Lauf der Zeit mit der Population dieser Tierart, wenn $r = 2$? Nehmen wir an, die Population x ist jetzt 0,3 (also 300000). Setzen wir die 0,3 in die Formel ein: $2 \times 0{,}3 \times 0{,}7$; dann erfahren wir, daß die Population nächstes Jahr 0,42 beträgt. Fürs darauffolgende Jahr setzen wir 0,42 ein, und schon wissen wir, daß es im zweiten Jahr $2 \times 0{,}42 \times 0{,}58$, also 0,4872 sind. Das in alle Ewigkeit so fortzusetzen, ersparen wir uns lieber. Jedenfalls stabilisiert sie sich bei 0,5, und zwar unabhängig von der Ausgangsgröße. Damit hat sie einen sogenannten stabilen Zustand, zumindest mal bei $r = 2$.

Bei einem kleineren r, z. B. r = 1, stabilisiert sich die Population bei 0, unabhängig von ihrer ursprünglichen Größe; sie stirbt also aus. Bei einem größeren r, z. B. r = 2,6, pendelt sich die Population bei ungefähr 0,62 ein, wiederum ungeachtet ihrer Größe am Anfang.

Bevor Sie sich fragen, was das alles soll, vergrößern Sie r noch ein bißchen, am besten gleich auf 3,2. Wie groß die Population ursprünglich ist, ist zwar nach wie vor ohne Belang, aber jetzt stabilisiert sie sich nicht mehr nur bei einem Wert, sondern abwechselnd bei zwei, nämlich ungefähr bei 0,5 und 0,8. Das heißt, in einem Jahr sind es 0,5, im nächsten 0,8, im übernächsten wieder 0,5 usw. Schauen wir jetzt, was passiert, wenn wir r auf 3,5 hochschrauben. Wieder einmal ist die ursprüngliche Populationsgröße unwichtig; auf lange Sicht alterniert sie in diesem Fall von Jahr zu Jahr aber regelmäßig zwischen etwa 0,38, 0,83, 0,50 und 0,88. Wenn wir r abermals etwas größer machen, pendelt sich die Population irgendwann in regelmäßiger Folge bei acht verschiedenen Werten ein. Die Zahl der Werte verdoppelt sich, je mehr man r in immer kleineren Schritten vergrößert.

Schon bei ungefähr r = 3,57 wächst die Anzahl der Werte ins Unermeßliche; die Population variiert willkürlich von Jahr zu Jahr. (Faul an dieser »Zufälligkeit« ist natürlich, daß sie aus der Iteration der Formel $3{,}57x(1 - x)$ resultiert und die Reihe der Populationen ganz von der ursprünglichen Populationsgröße bestimmt wird.) Es kommt aber noch merkwürdiger. Schon wenn Sie r wieder ein klein wenig vergrößern, kehrt von Jahr zu Jahr wieder eine Regelmäßigkeit in die Population ein. Und bei einem nächstgrößeren r wird es wieder chaotisch. Die regelmäßigen Wechsel, gefolgt von willkürlichem Chaos, dem wieder regelmäßige Wechsel folgen usw., hängen entscheidend von dem Parameter r ab, der ein Maß für die Wechselhaftigkeit des Modells zu sein scheint.

Betrachten wir den Chaos-Bereich etwas genauer. Er ist zwar unerwartet kompliziert, aber die jährlichen Populationsänderungen geben noch lange kein besonders schönes Fraktal ab, wie wir es von einigen nichtlinearen Systemen her kennen. Trotzdem ist es schon komplex genug. Denn wenn ein so triviales System, das sich mit einer einzigen nichtlinearen Gleichung ausdrücken läßt, schon so chaotisch und unvorhersagbar sein kann, dann sollten wir uns auf die prognostizierten Erfolge von Sozial-, Wirtschafts- und Umweltpolitik bei der Gestaltung solcher gigantischen nichtlinearen Systeme wie der alten und neuen Bundesländer oder Europas oder der Weltmeere und Regenwälder vielleicht nicht ganz so forsch und dogmatisch verlassen. Die Konsequenzen unserer Politik, würde man meinen, sind weitaus unklarer als die, die aus dem Wert von r resultieren.

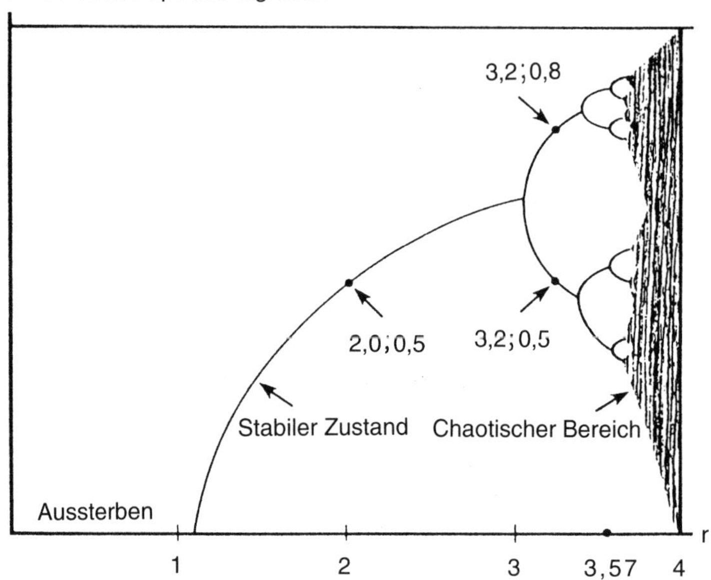

Die Beziehung zwischen verschiedenen Werten für r und der Populationsgröße. – Diese Art von Schaubildern entwickelte der Biologe Robert May.

Natürlich ist es immer gefährlich, rein technische Resultate außerhalb ihres ursprünglichen Bereichs anzuwenden; obendrein ist es häufig idiotisch. Mit meinen vielleicht das allgemeine Selbstbewußtsein etwas schmälernden Bemerkungen will ich beileibe nicht sagen, daß wir die Hände in den Schoß legen und in Passivität verharren sollen, nur weil wir nicht immer Gewißheit über die Auswirkungen unserer

Handlungen haben. Wie ich meine, legt die Chaostheorie (und manch anderes) aber sehr wohl nahe, daß ein gewisses Maß an Skeptizismus und Demut bei jeder politischen, wirtschaftlichen oder militärischen Entscheidung am Platze ist.

Fast könnte man ja auf den Gedanken kommen, diese chaotischen, nichtlinearen Systeme seien ganz seltene, kuriose Bakterien, von denen sich nur Mathematiker und einige wissenschaftliche Außenseiter anstecken lassen. Freilich ist dem nicht so. Denn schon der Mathematiker Stanislaw Ulam bemerkte, daß die Bezeichnung »nichtlineare Wissenschaft« für Chaostheorie so ist, als würde man zur Zoologie »Studium der Nicht-Elefanten-Tiere« sagen. Seitdem aber immer mehr Möglichkeiten zum besseren Verständnis nichtlinearer Systeme entwickelt werden, können die Wissenschaftler aufhören, Geräusche, Statik und Reibung auszuklammern oder Turbulenzen, Arrhythmien und »zufällige« Kontingenzen zu ignorieren. Derartige Phänomene kommen wie die Fraktale überall und ständig vor; rar sind nur ihre linearen Genossen – wie die Elefanten.

Differentialgleichungen

Die Analysis (die Infinitesimalrechnung und ihresgleichen) ist seit ihrer Entdeckung durch Newton und Leibniz einer der dominierenden Zweige der Mathematik. Ihr zugrunde liegen die Differentialgleichungen – ein Thema mit Tradition und der Schlüssel zum wissenschaftlichen Verständnis physikalischer Zusammenhänge. Man kann noch weiter gehen und sagen, daß daraus eine ganze Reihe von Konzepten und Theorien hervorgegangen ist, die eine höhere Analysis erst ausmachen. Sie ist eine der praktischsten Erfindungen für Wissenschaftler, Ingenieure, Ökonomen und alle, die sich mit Veränderungsraten beschäftigen.

Die Ableitung einer Größe (siehe die Kapitel über *Infinitesimalrechnung* und *Funktionen*) ist eine mathematische Funktion oder Formel, die die Veränderungsrate der Größe meßbar macht. Wirft man einen Ball in die Luft, dann leitet sich aus der Höhe die Geschwindigkeit ab. Wenn k die Kosten darstellt, um x Dinge zu produzieren, dann leiten sich von k, bezogen auf x, die Mindestkosten für das x-te dieser Produkte ab. Mit einer höheren Ableitung, d. h. mit der Ableitung einer Ableitung, läßt sich errechnen, wie schnell sich ihrerseits die Veränderungsraten ändern. Gleichungen mit Ableitungen sollten vielleicht eher Ableitungsgleichungen genannt werden als Differentialgleichungen. Genauso wie hinter der Lösung einer algebraischen Gleichung die Idee steckt, anhand von Bedingungen, die an eine Zahl geknüpft werden, zu bestimmen, welche Zahl es sein könnte, so steckt hinter der Lösung einer

Differentialgleichung der Gedanke, anhand von Bedingungen, die an eine Ableitung (auch an eine höhere) einer sich verändernden Größe geknüpft werden, zu bestimmen, welche Größe zu jeder x-beliebigen Zeit herauskommt. Stark vereinfacht kann man sagen, daß es bei der Differentialgleichung um Methoden und Techniken geht, den Wert einer Größe zu jeder x-beliebigen Zeit zu ermitteln, wenn man weiß, wie schnell sie und andere mit ihr zusammenhängende Größen sich verändern.

Einige Fälle, die auf simple Differentialgleichungen hinauslaufen: Nicolae fährt mittags aus Bukarest weg und immer in westlicher Richtung, mit einer konstanten Geschwindigkeit von 80 km pro Stunde; man bestimme seinen Standort zu jeder beliebigen Nachmittagszeit. In einem Tank befinden sich 500 Liter Sole, worin 100 kg Salz gelöst sind; wenn nun reines Wasser in den Tank mit einer Geschwindigkeit von 15 Litern pro Minute einströmt und gleichzeitig von der Mixtur, die unterdessen gleichmäßig umgerührt wird, 10 Liter pro Minute abfließen, wie lange dauert es dann, bis sich die Salzmenge in dem Tank um die Hälfte reduziert? Ein Hase rennt hoppelnd mit 6 Stundenkilometern nach Osten, während ein Hund, der 500 m nördlich vom Ausgangsplatz des Hasen startet, mit 8 Stundenkilometern auf ihn zuhetzt; welchen Weg schlägt der Hund ein? Ziehen wir ein Gummiband in die Länge; welche Position nimmt es dann zu jedem beliebigen Zeitpunkt ein? (Diese Situation ist in einer Gleichung zusammengefaßt, die auch in der Physik ganz wichtig ist: $y''(x) + ky(x) = 0$, wobei $y''(x)$ (eine andere Schreibweise ist d^2y/dx^2) die zweite Ableitung von $y(x)$ wiedergibt, die Längenabweichung des Bands von seiner Ruhelage an jedem x-beliebigen Punkt x.)

Die Unterscheidung zwischen der ersten und der zweiten Ableitung einer Größe ist in vielen Fällen wichtig. Wenn es sich bei der fraglichen Größe um eine Entfernung oder Höhe handelt, ist ihre erste Ableitung ihre Geschwindigkeit und ihre zweite ihre Beschleunigung. Da ja nicht jeder an der Physik einen Narren gefressen hat, ein Beispiel aus dem Alltag: Irgendein Wirtschaftsindex ist immer noch am Steigen, aber nicht so schnell wie im vergangenen Monat, heißt es in den Nachrichten. Wahrscheinlich weiß der Sprecher gar nicht, daß er damit nicht nur sagt, daß die Ableitung des Indexes positiv ist (die Veränderungsrate des Indexes ist positiv), sondern auch, daß die zweite Ableitung des Indexes negativ ist (die Veränderungsrate der Veränderungsrate des Indexes ist negativ). Es geht also langsamer bergauf. Geht man diesen Weg weiter, kommt man zu ganzen Differentialgleichungsbündeln, die die Werte, die Veränderungsraten und die Veränderungsraten der Veränderungsraten verschiedener ökonomischer Indikatoren miteinander in Beziehung bringen und auf diese Weise ein ökonometrisches Modell bilden.

Auch in anderen Fällen, wo wir mit Differentialgleichungen operieren, interessiert uns oft nicht nur eine Variable; manchmal wissen wir nicht, wie schnell sich eine Größe in Abhängigkeit von der Zeit verändert, statt dessen aber, wie schnell sie sich in bezug auf etwas anderes verändert; und viele Fälle sind nur durch ganz viele untereinander zusammenhängende Differentialgleichungen ausdrückbar. Sicherlich zählen die diesbezüglichen Fortschritte in der Mathematik seit den letzten 300 Jahren zu den ruhmreichsten der westlichen Zivilisation. Newtons Bewegungslehre, die Gleichungen für Wärme und Welle von Laplace, Maxwells elektromagnetische Theorie, die Navier-Stokes-Gleichungen für die Dynamik von Flüssigkeiten und Volterras Beute-Jäger-Systeme sind nur einige der vielen Früchte. (Ich befürchte allerdings, die meisten dieser namhaften Leute sind einem durchschnittlich gebildeten Menschen nicht bekannt.)

In den letzten Jahren hat sich die mathematische Forschung von diesen klassischen Bereichen der Differentialrechnung abgekehrt; heutzutage gibt man mehr auf numerische Approximation und Computerberechnungen als auf traditionelle Methoden mit Grenzwerten und unendlichen Prozessen.

e

Die Zahl e ist in der Mathematik so wichtig wie π, auch wenn sie sich in aller Bescheidenheit am liebsten klein geschrieben sieht. Sie wurde Mitte des 18. Jahrhunderts vom Schweizer Mathematiker Leonhard Euler eingeführt. Ihre allgemeine Definition mag zunächst etwas verblüffen. Die Zahl, die ungefähr gleich 2,718281828459045235360287471352662497 ist, wird als Grenzwert der Sequenz von $(1 + 1/n)^n$-Termen definiert, wobei die ganze Zahl n immer größer wird. Wenn $n = 2$ ist, lautet der Term $(1 + 1/2)^2$ bzw. $(3/2)^2$ oder 2,25; ist $n = 3$, ist er $(1 + 1/3)^3$, also $(4/3)^3$ oder 2,37; mit $n = 4$, $(1 + 1/4)^4$, also $(5/4)^4$ oder 2,44; dann $(6/5)^5$, $(7/6)^6$, . . ., $(101/100)^{100}$ usw. Der Wert von e ist der Grenzwert dieser Zahlensequenz. Mit $(10001/10000)^{10000}$, was gleich 2,718145 ist, kommt man ihm schon nahe. Und noch näher kommt man ihm mit $(1000001/1000000)^{1000000}$.

Der Schlüssel zur Zahl e und ihrer Rolle im Bankwesen und bei Zinseszinsberechnungen findet sich in ihrer Definition, trotz aller Abstraktheit. (Siehe auch das Kapitel über *Exponentielles Wachstum*.) Eine Anlage von 1000 DM zu 12% ist am Jahresende 1000 DM $\times (1 + 0{,}12)$ wert. Wird das Geld halbjährlich zinsesverzinst, kommen nach 6 Monaten 1000 DM $\times (1 + 0{,}12/2)$ heraus (da 12% Zinsen p. a. im halben Jahr 6% sind); nach einem Jahr sind es auf diese Weise also $[1000 \text{ DM} \times (1 + 0{,}12/2)] \times (1 + 0{,}12/2)$ bzw. 1000 DM $\times (1 + 0{,}12/2)^2$. Bei vierteljährlicher Zinsesverzinsung sind es nach 3 Monaten 1000 DM $\times (1 + 0{,}12/4)$ (12% Zinsen

p. a. ergeben 3% im Quartal); nach zwei Quartalen 1000 DM $\times (1 + 0{,}12/4)^2$ und nach Ablauf von vier 1000 DM $\times (1 + 0{,}12/4)^4$. Bei n-mal pro Jahr werden am Ende eines Jahres aus 1000 Mark: 1000 DM $\times (1 + 0{,}12/n)^n$. Außer für 0,12 anstelle von 1 ist der letzte Faktor mit dem in der Definition von e identisch. Mit ein paar mathematischen Kniffen kommt man darauf, daß bei 12% Zinsen p. a. durch tägliche Zinsesverzinsung ($n = 365$) aus 1000 Mark am Ende des Zinsjahres 1000 DM $\times e^{0{,}12}$ werden und 1000 DM $\times e^{0{,}12t}$ nach Ablauf von t Jahren. Zufälligerweise ist die exponentielle Funktion $y = e^t$, mit der auch andere Beispiele exponentiellen Wachstums ausgedrückt werden, in der Mathematik von großer Bedeutung.

Es gibt mehrere Definitionen von e, die eine so gleichwertig wie die andere; jede läßt – wieder nach einigem Hokuspokus – den natürlichen Charakter dieser Zahl evident werden. Aus diesem Grund (wie aus anderen, die mit der Infinitesimalrechnung zusammenhängen) ist e die Basis der *natürlichen* Logarithmusfunktion. Ein häßliches Thema, auf das ich aber leider eingehen muß, um diese Aussage zu erhellen. Der *gewöhnliche,* dekadische oder Zehnerlogarithmus einer Zahl ist einfach die Zahl, mit der man 10 potenzieren muß, um die Ausgangszahl zu erhalten. Der gewöhnliche Logarithmus von 100 ist 2, weil $10^2 = 100$ ist (andersrum ausgedrückt, $\log(100) = 2$); der gewöhnliche Logarithmus von 1000 ist 3, weil $10^3 = 1000$ ist; und der gewöhnliche Logarithmus von 500 ist 2,7, da $10^{2{,}7} = 500$.

Dagegen ist der *natürliche* Logarithmus einer Zahl die Potenz, zu der e erhoben werden muß, um gleich der Zahl zu sein. Danach ist der natürliche Logarithmus von 1000 ungefähr 6,9, da $e^{6{,}9} = 1000$ ist (andersrum, $\ln(1000) = 6{,}9$). Der natürliche Logarithmus von 100 ist 4,6, weil $e^{4{,}6} = 100$ ist; und der natürliche Logarithmus von 2 ist 0,7, da $e^{0{,}7} = 2$ ist. Letztere Zahl, der natürliche Logarithmus von 2, spielt in der Finanzwelt eine erhebliche Rolle. Teilt man sie durch die erzielte Zinsrate, erhält man die Zahl der Jahre, die nötig sind, um das Geld zu verdoppeln. Bei 5 und 8 Prozent (0,05 und 0,08) Zinsen dauert es einmal 14 Jahre, das andere Mal 8 Jahre und 9 Monate. Aber statt lang zu erklären, was denn nun an dem natürlichen Logarithmus so natürlich ist, erwähne ich lieber noch den einen oder anderen vertrauten Kontext, wo die Zahl e vorkommt. (Gewöhnliche Logarithmen, die auf der zufälligen Tatsache beruhen sollen, daß wir Menschen 10 Finger haben, können bestimmt nicht im mathematischen Sinn natürlich genannt werden.)

Angenommen, es soll ein neuer Abteilungsleiter eingestellt werden. Nacheinander finden die Gespräche mit einer Anzahl von Bewerbern statt, die in die engere Wahl gekommen sind. Am Ende eines jeden Gesprächs muß die Personalleitung entscheiden, ob es die Person ist, die man sich für die Position wünscht. Außerdem kann jede Entscheidung für oder gegen einen Kandidaten nicht mehr rückgängig gemacht werden, so daß spätestens der letzte die Stelle von vorneherein bekommen muß. Um die Chancen, die geeignetste Person zu finden, zu maximieren, verfährt die Personalleitung nach folgender Strategie: Von allen, die sich beworben haben, kommt nach sorgfältiger Prüfung eine Zahl $k < n$ in die engere Wahl, von denen dann die ersten zu einem Gespräch eingeladen werden und eine Absage bekommen. Danach gehen die Gespräche so lange weiter, bis man eine Person gefunden hat, die man für besser hält als alle anderen vor ihr. Sie bekommt die Stelle.

Das geht aber nicht immer auf. Manchmal ist die beste Person unter den ersten, die von Haus aus eine Absage bekommen, manchmal kann sie erst noch kommen, wenn die Entscheidung schon gefallen ist. Die bestmögliche Strategie ist, wenn man für k die Größe ($n \times 1/e$) wählt ($1/e$ ist ungefähr 0,37 bzw. 37%). Demnach würde man von 40 Bewerbern, die in keiner festgelegten Reihenfolge zu einem Vorstellungsgespräch eingeladen werden, die erstbesten 15 von vornherein ablehnen (also 37% von 40), um dann den nächstbesten Kandidaten, der besser ist als alle anderen zuvor, zu akzeptieren. Die Wahrscheinlichkeit, auf diese Weise die bestgeeignete Person zu finden, ist seltsamerweise auch $1/e$, also 37%. Vielleicht läßt sich mit der Methode sogar die Eheanbahnung optimieren.

Die Zahl e kommt auch ins Spiel, wenn z. B. eine Sekretärin 50 verschiedene Briefe sowie die dazugehörigen adressierten Umschläge völlig durcheinanderbringt. Würde sie nun die Briefe wahllos in die Umschläge stecken, könnte man sich fragen, wie groß die

Wahrscheinlichkeit ist, daß mindestens ein Brief im richtigen Umschlag landet. Aus einem nicht sehr einfach zu erklärenden Grund kommt die Antwort ohne die Zahl e wieder einmal nicht aus. Die Wahrscheinlichkeit, daß mindestens einmal Brief und Umschlag zusammenpassen, ist (1 – 1/e), also etwa 63%. Mit der gleichen Wahrscheinlichkeit wird man aus zwei gut gemischten Kartenstapeln mindestens einmal gleichzeitig in beiden Stapeln eine gleiche Karte aufdecken oder von den Hüten aus der Garderobe eines Restaurants mindestens einen den Gästen auf den richtigen Kopf setzen.

Außerdem ist die Zahl e mit von der Partie, wenn es um das eine oder andere rekordbrechende Ereignis geht. Angenommen, eine Region auf der Erde hat seit Ewigkeiten die gleichen Wetterverhältnisse mit zufälligen Schwankungen im jährlichen Niederschlag. Würde man die Regenmenge vom Jahr 1 an immer aufzeichnen, würden wir feststellen, daß es im Lauf der Zeit immer weniger Rekordregenjahre gibt. Natürlich wäre das erste Jahr bereits ein Rekordjahr. Aber ein neuer Rekord wäre vielleicht erst im vierten Jahr zu verzeichnen. Danach müßten wir vielleicht bis zum 17. Jahr warten, ehe es mehr regnet als in den 16 Jahren davor. Würden wir die jährliche Niederschlagsmenge, sagen wir mal, 10000 Jahre lang aufschreiben, würden wir vielleicht gerade 9 Rekordjahre feststellen und nur ungefähr 14 innerhalb einer Million Jahre.

Es ist kein Zufall, daß die neunte Wurzel aus 10000 und die vierzehnte aus 1000000 ungefähr gleich e sind. Wenn in n Jahren r Rekordregenjahre vorkommen, dann nähert sich die r-te Wurzel aus n an e an. Dieses Ergebnis nähert sich e um so mehr, je größer n wird.

So irrational (also nicht als Verhältnis zweier ganzer Zahlen ausdrückbar und folglich auch ohne Wiederholung in der dezimalen Ausweitung) und transzendent (keine Lösung irgendeiner algebraischen Gleichung) wie die Zahl e ist, in mathematischen Formeln und Lehrsätzen ist sie nun einmal allgegenwärtig. Sie ist aus trigonometrischen Funktionen, geometrischen Figuren, Differentialgleichungen, unendlichen Reihen und vielen anderen Teilbereichen der mathematischen Analysis nicht wegzudenken. Kurzum, e ist eine der universalsten Größen, die wir kennen.

Exponentielles Wachstum

Die Zahlensequenz 2, 4, 8, 16, 32, 64, ... wächst exponentiell, die Sequenz 2, 4, 6, 8, 10, 12, ... linear. Wenn wir, in Anlehnung an eine uralte Geschichte, 2 Pfennige auf das erste Feld eines Schachbretts legen, dann 4 auf das zweite, 8 auf das dritte usw., so werden sich am Ende auf dem letzten Feld Abermilliarden DM türmen (2^{64} Pfennige sind genau 18 Trillionen 446 Billiarden 744 Billionen 73 Milliarden 709 Millionen fünfhunderteinundfünfzigtausendsechshundertfünfzehn Pfennige, also mehr als $1,8 \times 10^{17}$ DM). Legen wir im Gegensatz dazu immer nur zwei Pfennige mehr auf jedes Feld, also 2 aufs erste, 4 aufs zweite, 6 aufs dritte, 8 aufs vierte usw., dann werden es auf dem letzten lediglich 1,28 DM sein. Wenn, allgemein gesagt, eine Sequenz proportional zum Betrag der Ausgangsgröße wächst, d. h., wenn jede Zahl in der Sequenz aus der Multiplikation der vorausgegangenen Zahl mit ein und demselben Faktor resultiert, dann wächst sie exponentiell. Ist ihre Wachstumsgeschwindigkeit konstant, d. h., ergibt sich jede Zahl in der Sequenz aus der Addition ein und desselben Faktors zur vorausgegangenen Zahl, dann wächst sie linear (bzw. arithmetisch).

Natürlich muß der Faktor, mit dem man von einem Betrag zum anderen in der Sequenz kommt, keinesfalls immer 2 betragen. Wenn die 1000 DM, die Sie heute anlegen, im Jahr 8% Zinsen bringen, dann ist der Faktor 1,08 (oder 108%), und aus den 1000 DM werden 1080 DM (1000 DM × 1,08). In zwei Jahren sind es dann 1166,40 DM (1000 DM × 1,08 × 1,08) und im dritten 1259,71 DM

$(1000 \times 1{,}08 \times 1{,}08 \times 1{,}08)$. Die Sequenz 1000 DM, 1080 DM, 1166,40 DM, 1259,71 DM, ... wächst exponentiell, so daß aus der ursprünglichen Einlage von 1000 DM nach n Jahren $1000 \times 1{,}08^n$ DM werden. Würden die Zinsen nicht ihrerseits verzinst, würden aus der Einlage in den Folgejahren 1080 DM, dann 1160 DM, dann 1240 DM werden. Nach n Jahren hätte man also $1000 + 1000(0{,}08)\,n$, also $1000 + 80^n$ DM.

Aber nicht nur zinsesverzinstes Geld wächst exponentiell, sondern auch Populationen (gleich ob Menschen oder Bakterien). Und so wie das einfach verzinste Geld nur linear wächst, so steigt auch die Nahrungsmittelproduktion in der Regel nur linear an. Der englische Wirtschaftswissenschaftler Thomas Malthus brachte anfangs des 19. Jahrhunderts beide Beobachtungen in Verbindung und folgerte, daß Armut und Hungersnot unvermeidbare Übel sind. Seine Argumentation ist nicht ganz astrein und in vielen Punkten anfechtbar, aber es ist bewundernswert, wie klar und deutlich die Situation dargestellt wird. Außerdem wird hier der Unterschied zwischen exponentiellem und linearem Wachstum sehr schön illustriert.

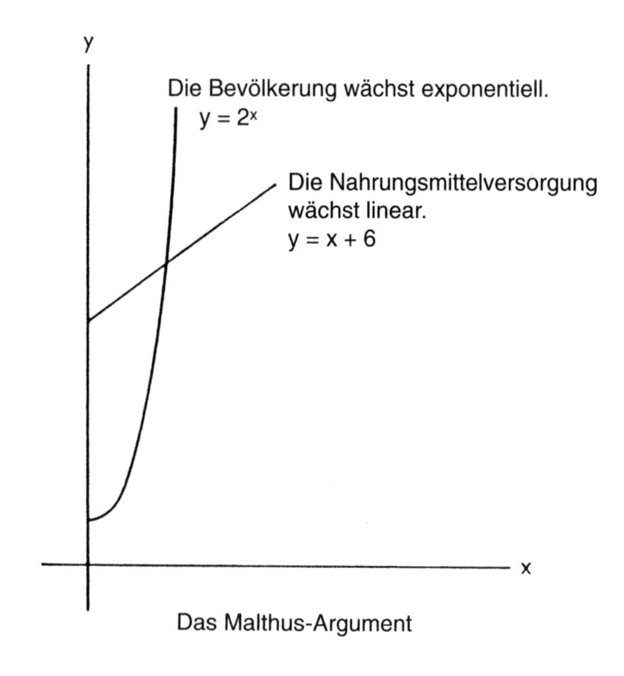

Das Malthus-Argument

Exponentielles Wachstum übertrifft nicht nur lineares, sondern letztlich auch quadratisches, kubisches sowie jedes generelle polynome Wachstum. Sehen wir uns noch einmal die beiden Sequenzen am Anfang des Kapitels an. Die Sequenz 2, 4, 8, 16, 32, 64, 128, ... wächst, wie gesagt, exponentiell; die n-te Zahl ist also gleich 2^n. Die Sequenz 2, 4, 6, 8, 10, 12, 14, ... ist linear; die n-te Zahl ist gleich 2n. Werfen wir nun einen Blick auf die Sequenz 1, 4, 9, 16, 25, 36, 49, ...; sie wächst quadratisch, so daß die n-te Zahl gleich n^2 ist. Die n-te Zahl der kubischen Sequenz 1, 8, 27, 64, 125, 216, ... ist n^3. Und die n-te Zahl der Sequenz 7, 42, 177, 532, ... ist $2n^4 + 5n$.

Noch schneller wächst die exponentielle Sequenz 2^n, ja sogar schneller als jede polynome Sequenz (eine, die wie n^2, n^3, n^4, n^5 usw. wächst). Ist n z. B. gleich 30, dann ist 2^n 1073741824, während 30^4 nur 810000 ist. Vermieden werden sollten exponentiell wachsende Ausmaße besonders beim Entwurf von Computerprogrammen. (Siehe auch die Kapitel über *Komplexität* und *Sortieren*.) Prozeduren, deren Lösungsdauer mit der Schwierigkeit des Problems exponentiell zunimmt, sind in der Regel für die Praxis nicht geeignet. Ein Problem könnte aus so vielen Daten bestehen, daß man vielleicht Jahrtausende auf eine Lösung oder Antwort warten müßte. Da käme selbst ein Superhochgeschwindigkeitscomputer nicht mehr mit. Dagegen sind Prozeduren, die im Verhältnis zur Größe des Problems zeitlich nur linear oder höchstens polynom zunehmen, meistens schnell genug, um für einen praktischen Einsatz in Frage zu kommen.

Schließlich gibt es noch die Variante, daß eine Sequenz exponentiell schrumpft. Die einzelnen Werte erhält man durch Multiplikation des Vorgängerwerts mit einer Zahl, die kleiner als 1 ist. Eine Sequenz wie 1000, 800, 640, 512, 409,6, ... offenbart einen exponentiellen Rückgang oder Zerfall, wo jeder Folgewert 80% seines Vorgängerwerts beträgt (also $1000 \times 0{,}8)^n$.

Ein wichtiges Beispiel ist der Zerfall radioaktiver Elemente, der auch exponentiell verläuft. Aus der Kenntnis der Zerfallsrate solcher Elemente lassen sich die Halbwertszeiten errechnen (also die Zeit, in der die Hälfte der Substanz zerfällt). Auf derartigen Berechnungen beruht die sogenannte Karbon-Datierung. Die Idee dahinter leitet sich aus der simplen Tatsache her, daß alles Lebendige eine bekannte

Konzentration radioaktiven Kohlenstoffs (Karbon) enthält, der nach dem Tod zerfällt. Aus der gemessenen Konzentrationsmenge wird das Alter eindeutig ersichtlich.

Es gibt natürlich noch andere exponentielle Zerfallsraten. Z. B., wie rasch der Geschmack eines Kaugummis vergeht. Oder wenn ich annehme, daß mit jeder Gleichung, die in einem populärwissenschaftlichen Buch, sei es über Mathematik oder eine Naturwissenschaft, vorkommt, sich die Zahl der potentiellen Leser um die Hälfte reduziert. Wenn ich es also nicht bei der Gleichung $a = b$ belasse, sondern noch eine hinzufüge, wie $x = y$, dann hören 75% all meiner Leser auf der Stelle auf, weiterzulesen! Allgemein könnte ich sagen, daß die Zahl der Leser mit der Zahl der Gleichungen exponentiell abnimmt. Hoffentlich nicht!

Fermats letzter Lehrsatz

Wer gern mit Zahlen experimentiert, hat vielleicht schon einmal die interessante Eigenschaft der Zahlen 3, 4 und 5 entdeckt: $3^2 + 4^2 = 5^2$. Oder ein anderes Zahlentrio mit derselben Eigenschaft, so wie 5, 12 und 13 oder 8, 15 und 17 ($5^2 + 12^2 = 13^2$; $8^2 + 15^2 = 17^2$). Denn von diesen sogenannten pythagoreischen Tripeln gibt es erwiesenermaßen unzählige.

Diese Eigenschaft ist so simpel und selbstverständlich, daß sich Mathematiker fragen, ob sie sich verallgemeinern läßt. So hat man untersucht, ob es Gruppen von drei natürlichen Zahlen x, y und z der Art gibt, daß $x^3 + y^3 = z^3$ ist. Aber man hat solche Zahlen nicht gefunden. Es wurde nach Zahlen x, y und z gesucht, mit denen die Gleichung $x^4 + y^4 = z^4$ aufgehen sollte. Wieder fand man keine. Es ist in der Tat so, daß es bis heute keinen Mathematiker, kein Zahlengenie, ja niemanden gibt, der eine Gruppe von drei Zahlen x, y und z sowie eine Zahl n größer als 2 gefunden hat, mit denen die Gleichung $x^n + y^n = z^z$ aufgeht.

Das hat seinen guten Grund, wie der große Mathematiker des 17. Jahrhunderts, Pierre Fermat, schrieb (der eigentlich mehr für seine soliden Beiträge zur Zahlentheorie, analytischen Geometrie und Wahrscheinlichkeitsrechnung bekannt sein dürfte). Es gibt einfach keine solchen natürlichen Zahlen x, y und z, mit denen die Gleichung $x^n + y^n = z^n$ aufgeht, wenn die ganze Zahl n größer als 2 ist, wie Fermat es für $n = 3$ bewies. Auf einer Seite eines klassischen griechischen Textes über Zahlentheorie vermerkte er sogar, daß er einen Beweis für den allgemeinen Lehrsatz habe, nur wäre der Seitenrand zu klein, um ihn an der Stelle auszuführen. Sein Beweis war wahrscheinlich nicht ganz hieb- und stichfest. Er wurde nie gefunden, und es ist auch in den drei Jahrhunderten niemandem geglückt, einen anderen Beweis für das zu liefern, was als Fermats letzter Lehrsatz bekannt geworden ist.

Es hat einige Teilergebnisse gegeben (der Wert von n, für den es nachweislich keine Lösung gibt, wird immer größer). Erst in den letzten Jahren sind ein paar Beweisversuche annähernd geglückt. Die primäre mathematische Bedeutung des Theorems liegt nicht in ihm selbst (es behandelt ja eher eine Kuriosität); sie ist vielmehr in der gesamten algebraischen Zahlentheorie zu suchen, die man erfunden hat, weil man Fermats Lehrsatz unbedingt beweisen wollte. Mit dem Theorem ist es so wie mit einem Sandkorn in einer Auster, wo aus dem Störfaktor eine Perle wird.

(Mit einer wesentlicheren Frage beschäftigte sich um die Jahrhundertwende der deutsche Mathematiker David Hilbert im Rahmen seiner berühmten Liste ungelöster Probleme. Hilbert fragte sich nämlich, ob es eine Methode gibt, mit der in jedem Fall bestimmt werden könnte, ob alle möglichen Polynome mit mehreren Variablen [wie z. B. $3x^2 + 5y^3 - 21x^5y = 12$] ganzzahlige Lösungen haben könnten oder nicht. Den jüngsten Entwicklungen der Logik nach kann es so eine generelle Methode nicht geben.)

Auch wenn Fermats letztes Theorem immer noch nicht bewiesen ist, herrscht Konsens darüber, daß er recht hat. Sollte es trotzdem falsch sein, genügt zum Beweis ein einziges Gegenbeispiel: eine Gruppe von drei Zahlen x, y und z und irgendeine Zahl n, die größer ist als 2, mit denen die Gleichung $x^n + y^n = z^n$ aufgeht. Wer hat einen Vorschlag?

(Zum Schluß ein kurzer Logik-Disput: Der Absatz oben zeigt, daß Fermats letztes Theorem widerlegbar ist, wenn es falsch ist. Somit ist es wahr, wenn es nicht widerlegt werden kann. *Wenn* Fermats letztes Theorem ein unentscheidbarer Lehrsatz der Arithmetik ist (und davon gibt es viele – siehe auch das Kapitel über *Gödel*), dann, so dürften wir folgern, ist es wahr. Natürlich ist damit nicht klar, ob es wirklich wahr oder falsch ist. Jedenfalls ist es faszinierend, daß vom metamathematischen Wissen um die Untauglichkeit der Arithmetik die Wahrheit einer simplen arithmetischen Behauptung abgeleitet werden könnte.)

Flächen und Rauminhalte

Es gehört schon zu den Binsenwahrheiten, daß wir nur Länge mal Breite nehmen müssen, um rechteckige Flächen wie z. B. die eines DIN-A4-Bogens zu berechnen.

Die Formel zur Berechnung einer Rechtecksfläche ist so alt wie die Mathematik selbst. Aus der einfachen Tatsache, daß die Fläche eines Rechtecks gleich der Länge seiner Grundlinie mal der seiner Höhe ist, kurz: $F = LH$, folgen alle anderen Formeln zur Berechnung zweidimensionaler Flächen. Auch sie waren teilweise schon vor den Ägyptern bekannt.

Zu den wichtigsten gehört die Formel fürs Quadrat; da seine Länge und Höhe gleich lang sind, lautet sie: $F = S^2$, wobei S für die Länge jeder Seite steht. (Der Umfang eines Rechtecks oder Quadrats ergibt sich folglich aus der Gleichung $U = 2L + 2H$ bzw. $U = 4S$.)

Ein Parallelogramm ist natürlich nicht irgendeine doppelt gemoppelte Eilpost, sondern eine geometrische Figur mit vier Seiten, ein Viereck, dessen Gegenseiten jeweils parallel zueinander sind. Die Fläche errechnet sich ebenfalls mit der Formel $F = LH$; allerdings ist mit H hier der kürzeste Abstand zwischen der oberen und unteren Seite gemeint; dieser entspricht der senkrechten, nicht der schrägen Höhe.

Da jedes Dreieck als halbes Rechteck oder halbes Parallelogramm betrachtet werden kann, ist die Flächenformel ganz einfach $F = \frac{1}{2} LH$, wobei H der kürzeste Abstand von der oberen Spitze zur Grundlinie des Dreicks ist.

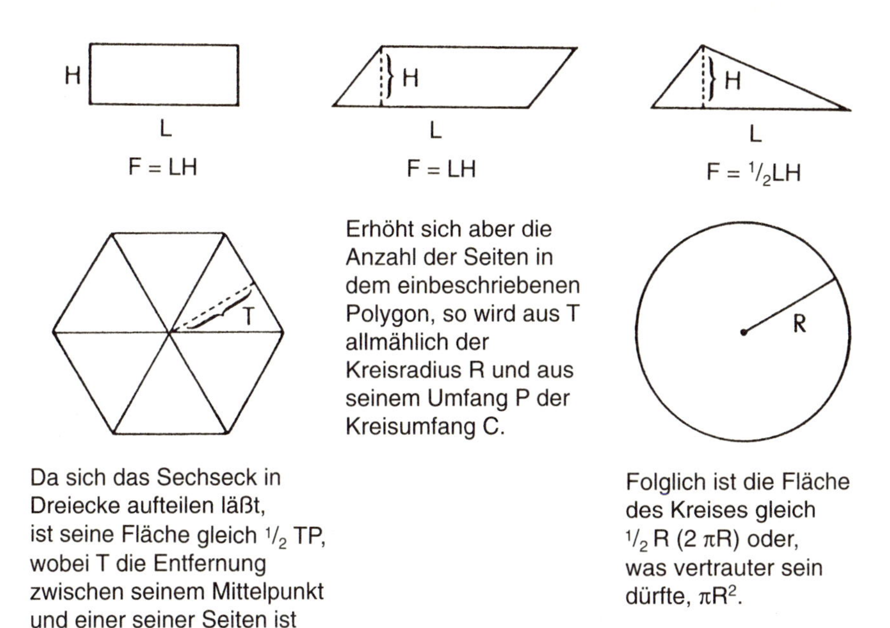

Grundlegende Formeln für Flächeninhalte

Ob man nun ein ungewöhnlich geschnittenes Zimmer tapeziert oder die Mauern einer gotischen Kathedrale streicht, in jedem Fall läßt sich die Fläche einer zweidimensionalen, durch gerade Linien begrenzten Figur leicht ermitteln: Man unterteile die Figur in Dreiecke und Rechtecke, berechne deren Flächen und zähle sie anschließend zusammen. Wendet man diese Methode für reguläre Vielecke bzw. Polygone an, z. B. für Dreiecke (Trigone), Vierecke (Tetragone), Fünfecke (Pentagone) oder auch für Zwölfecke (Dodekagone) mit gleichen Seiten und gleichen Winkeln, kann man die Formel $F = \frac{1}{2} \times TU$ anwenden, wobei U der Umkreis des regulären Polygons ist und T der senkrechte Abstand von einer Seite des Polygons zum Punkt in der Mitte bzw. an der Spitze.
Betrachten wir einen Kreis als die Figur, die letztlich eine Reihe von regulären Polygonen in sich einschließt, dann können wir jeden Kreis genauso wie jede andere plane Fläche unterteilen und ge-

radlinig begrenzen. Somit beweisen wir letztlich, daß die Fläche eines Kreises gleichfalls $F = {}^1/_2\,TU$ ist. Dabei ist T der (senkrechte) Abstand vom Punkt in der Mitte zur »Seite« des Kreises und U der Kreisumfang. Dieser ist 2π mal dem Radius R (s. a. *Pi*), der wiederum gleich T ist. Wenn wir diese Größen auf die Formel oben übertragen, wird sie uns wahrscheinlich schon vertrauter: $F = {}^1/_2 \times R \times 2\pi R$, oder kurz: $F = \pi R^2$, die Formel für die Fläche eines Kreises mit dem Radius R. (Das erklärt übrigens auch, warum eine Pizza mit 20 cm Durchmesser fast 80% größer ist als eine mit 15 cm Durchmesser.)

Generell ist zu sagen, daß die Fläche jeder krummlinig begrenzten Figur nur herauszufinden ist, wenn man sie einer geradlinig begrenzten annähert. Danach verfährt man wie gehabt: Man unterteile sie in Dreiecke und Rechtecke und zähle die Flächen dieser einfacheren Figuren zusammen. Je enger die Segmente aus den geraden Linien werden, desto mehr nähern sie sich den Krümmungen an, und desto genauer wird das Ergebnis. Diese sogenannte Exhaustionsmethode oder sukzessive Approximation gekrümmter Flächen mit Rechtekken und Dreicken geht auf Archimedes zurück. Hinter dem bestimmten Integral steckt die gleiche Idee; laut Definition ist es der Grenzwert bzw. Limes sämtlicher Summen aus der Approximation; und zufällig ist es auch ein Konzept, das vielem zugrunde liegt, was die Infinitesimalrechnung und Analysis überhaupt praktikabel macht.

Ähnlich ist es, wenn wir uns an die Berechnung der Rauminhalte von dreidimensionalen Gebilden machen. Als Ausgangselement wählen wir einen rechtwinkeligen schachtelförmigen Körper, einen Quader. Wir erhalten sein Volumen V, indem wir seine Länge mal Breite mal Höhe nehmen: $V = LBH$. Bei einem Würfel mit den Seiten S ist $V = S^3$. Der Rauminhalt eines sechsseitigen Körpers, dessen Gegenseiten Parallelogramme sind, eines Parallelepipeds, mit anderen Worten, hat zwar die gleiche Formel, jedoch werden Breite und Höhe als senkrechter Abstand zwischen zwei gegenüberliegenden Seiten aufgefaßt. Ganz nützlich ist auch die Formel für den dosenförmigen Zylinder (eine Tautologie, ich weiß, wie »innovative Neuerungen«), nämlich $V = \pi R^2 H$, wobei R der Radius und H die Höhe der Dose ist; und für das Volumen eines Kegels, nämlich

$V = {}^{1}/_{3}\pi R^{2}H$, wobei R der Radius der Grundfläche des Kegels ist und H seine senkrechte Höhe; und schließlich noch die für eine Kugel: $V = {}^{4}/_{3}\pi R^{3}$, wobei R der Radius der Kugel ist.

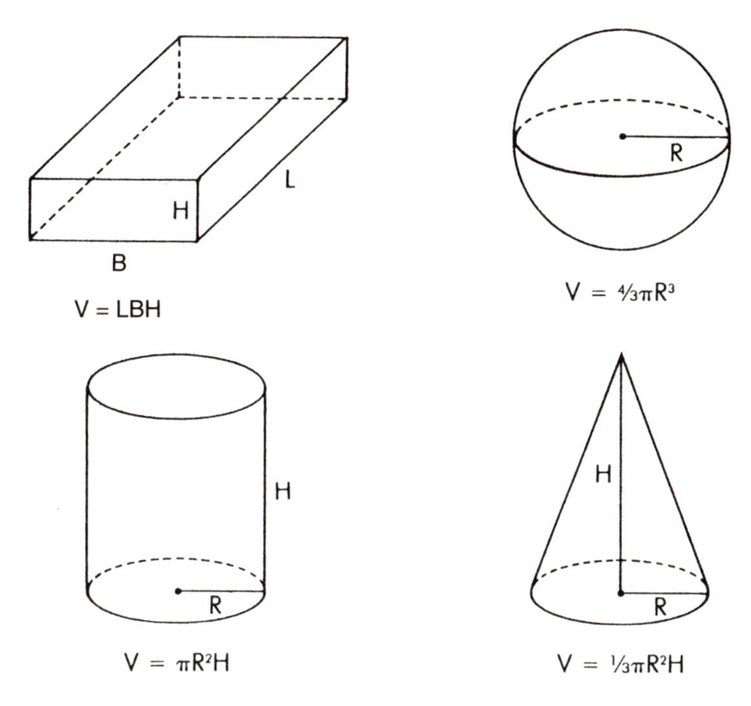

Elementare Volumenformeln

Für kompliziertere Gebilde können wir das genaue Volumen ebenfalls auf archimedischem Wege ermitteln. Wir können sie nämlich sukzessive in quaderförmige Grundbausteine unterteilen und auf diese Weise wieder den Grenzwert finden, der sich aus sämtlichen Summen des Approximationsverfahrens zusammensetzt; ganz nach der Exhaustionsmethode des Archimedes, nur formalisiert in der Integralrechnung. Zu erwähnen ist noch, daß sich aus den Formeln zur Berechnung von Flächen und Rauminhalten auch allgemeine Ableitungen für mehrdimensionale Hyperräume ergeben, die sich im Grunde aus Hyperwürfeln zusammensetzen. Darüber hinaus gibt es eine ganze Menge weiterer theoretischer Fragen hinsichtlich der Beschaffenheit und charakteristischen Eigenschaften von Flächen und Rauminhalten, etwa bei Oberflächen und willkürlich zusammengesetzten Räumen.

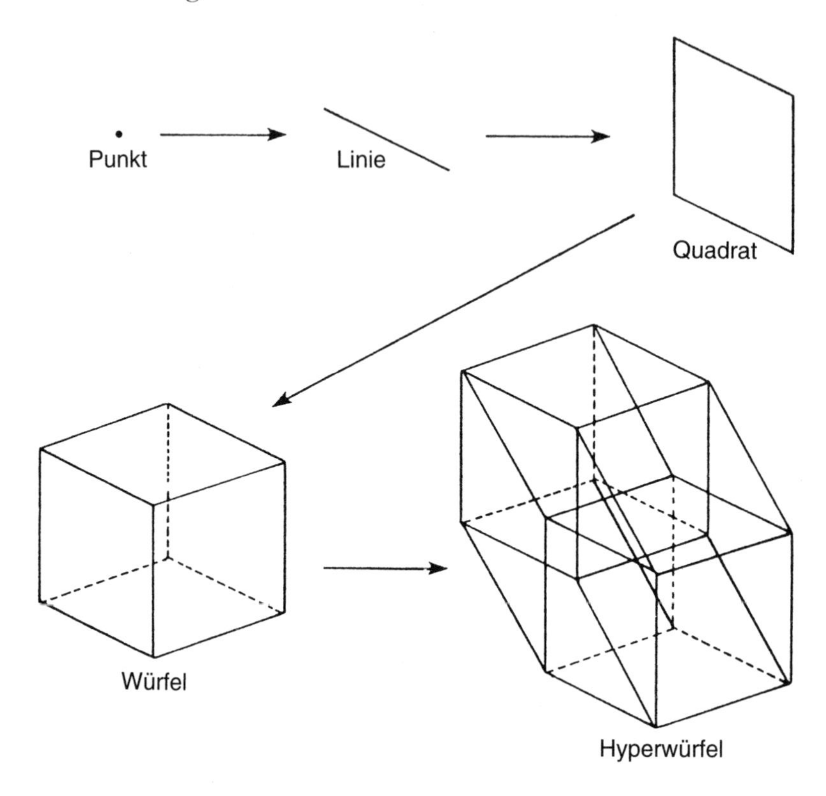

Zweidimensionale Darstellung eines Hyperwürfels

Ein überaus interessanter Aspekt ist die Wechselwirkung, die zwischen Fläche, Volumen und elementarer Physik der Idee nach besteht. Die Stützkraft, die Mensch und Tier sowie im allgemeinen sämtliche Konstruktionen brauchen, um aufrecht zu stehen, ist proportional zu ihren Querschnittsflächen, während das Gewicht proportional zu ihren Volumina ist. Wenn wir eine beliebige Struktur um ihr Vierfaches höher machen wollen und dabei ihre Proportionen und Materialien so belassen, wie sie sind, wird sie ums 64fache (4^3) schwerer; gleichzeitig nimmt aber ihre Tragfähigkeit für dieses

Gewicht nur ums 16fache (4^2) zu. Daher kann ein 8 m großes Ungeheuer, das sich im Himalaya herumtreibt oder im Bermuda-Dreieck badet, kaum unsere Proportionen haben. Jedenfalls gibt es aufgrund dieses Verhältnisses gewisse Beschränkungen für die Höhen und Proportionen; das ist bei Bäumen, Häusern und Brücken nicht anders. Mit den damit zusammenhängenden Überlegungen können nicht nur bei leblosen Objekten, sondern speziell bei Tieren und Pflanzen die unterschiedlichsten Strukturerscheinungen erklärt werden, darunter auch die Oberflächenstrukturen von einer Lunge oder innerem Gewebe. (Siehe auch *Fraktale.*)

Obwohl die Formel $F = LH$ in einer Hinsicht ja ziemlich banal ist (weil eben nur die archetypische Wiedergabe der Multiplikation), sprüht die Mathematik nur so vor Variationen, Anwendungen und raffinierten Methoden, die auf jene Trivialität zurückgehen.

Vielleicht sollte ich noch sagen, daß man sich manche Ausdehnungen und Volumengrößen kaum vorzustellen vermag, ob man sie nun mit Formeln auf Anhieb zu errechnen weiß oder nicht. Ein kleines Beispiel: Der Grand Canyon in Arizona ist 350 km lang, zwischen 6,5 km und 29 km breit und bis zu 1,5 km tief. Ich nehme mal eine durchschnittliche Breite von 10 km an und eine durchschnittliche Tiefe von 0,5 km. Dann hat er ein Volumen von 1750 km^3; oder in Kubikmetern ausgedrückt: 175×10^{10} m^3. Dividiere ich diese durch 5 Milliarden, die Zahl der Menschen auf der Erde, so kommen auf einen Menschen 350 m^3 Platz im Grand Canyon. Wenn ich nun die Kubikwurzel daraus ziehe, dann kann ich sagen, daß im Grand Canyon 5 Milliarden Appartementwürfel mit einer Seitenlänge von 7 m Platz hätten, in die die ganze Menschheit einziehen könnte.

Fraktale

Stellen Sie sich vor, Sie müßten zu Fuß über einen hohen Berg. Über den Daumen gepeilt, wären es vielleicht 15 Kilometer. Wenn es nun aber ein 100 m großer Riese wäre, der den Berg hoch- und wieder heruntergehen müßte, dann wären es für ihn vielleicht nur 8 Kilometer. So manchen Fels könnte er mit einem Schritt erklimmen oder davon herabsteigen, im Gegensatz zu unsereinem. Oder im Gegensatz zu einem kleinen Insekt, das vielleicht 25 Kilometer lang um Steine und kleine Felsbrocken herum- und herauf- und wieder herunterkrabbeln müßte, die wir mit einem Schritt hinter uns brächten.

Oder nehmen wir ein noch winzigeres Geschöpf, so winzig wie eine Amöbe z. B. Es wäre vielleicht 40 Kilometer lang um kleine Steinchen und Unebenheiten unterwegs, über die selbst ein Insekt sofort hinweg wäre. Man gelangt folglich zu dem etwas seltsamen Schluß, daß die Entfernung bergauf und bergab großenteils davon abhängt, wer die Strecke zu bewältigen hat. Das trifft auch auf die Oberfläche des Bergs zu, die für dieses Tierchen ein Riesengebiet ist, für jenen Riesen dagegen nur eine Miniaturanlage. Je größer der Kletterer, desto kürzer die Distanz und desto kleinräumiger die Oberfläche. Das ist charakteristisch für ein Fraktal, so daß sich eine Bergseite damit eigentlich sehr gut vergleichen läßt.

Ein anderes typisches Standardbeispiel für ein Fraktal ist ein Baumstamm, der sich in einer Anzahl Äste fortsetzt, die wiederum in kleinere Äste übergehen, die sich wiederum in noch kleinere Äste

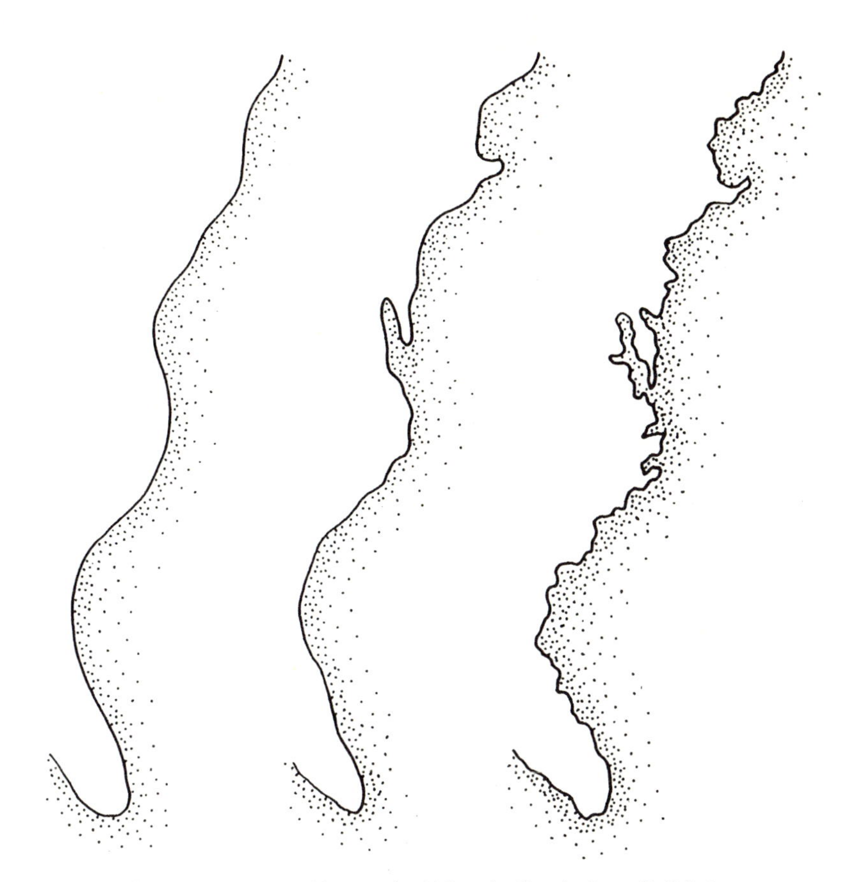

Immer genauere Karten der US-amerikanischen Ostküste.

aufteilen, bis hin zu den kleinsten Zweigen. Was das mit der Oberfläche eines Bergs zu tun hat?

Bevor wir uns jedoch an eine Definition machen, denken wir einfach mal daran, wie eine Küste verläuft. Auch sie hat einen typisch fraktalen Charakter. Halten wir uns kurz an dieses Beispiel, das wir dem Erfinder der Fraktalgeometrie, dem Mathematiker Benoit Mandelbrot, verdanken. Demgemäß wäre die amerikanische Ostküste von einem Satelliten aus gesehen vielleicht 4000 km lang. Würden wir statt dessen ein detailliertes Kartenwerk von den USA in die Hand nehmen, das die vielen Kaps und Buchten wiedergibt, kämen wir vielleicht auf ungefähr 12000 km. Und wenn wir ein ganzes Jahr lang nichts zu tun hätten, außer die ganze Küste zu Fuß abzuschreiten, von Maine nach Miami und nie weiter als ein, zwei Meter vom Atlantik entfernt, hätten wir vielleicht eher an die 24000 km zu marschieren. Wir würden nicht nur den kartographierten Vorsprüngen und Einbuchtungen folgen, sondern auch denen, die auf keiner Karte mehr verzeichnet sind. Vielleicht ließe sich ja auch ein Insekt überzeugen, die Gewalttour zu machen und ganz nah am Wasser zu bleiben, nie weiter als einen Kieselstein entfernt. Dann wären es möglicherweise sogar 40000 km. Das ist das Fraktale an der Küste.

Eine weitere berühmte Schachtelkurve entdeckte 1906 der schwedische Mathematiker Helge von Koch. Er ging von einem gleichseitigen Dreieck aus und versah jede Seite in der Mitte mit einem Auswuchs in Form eines weiteren gleichseitigen Dreiecks. Diesen Vorgang wiederholte er so lange, bis daraus am Ende ein schneeflokkenartiges Gebilde wurde, eine unendlich gezackte Kurve.

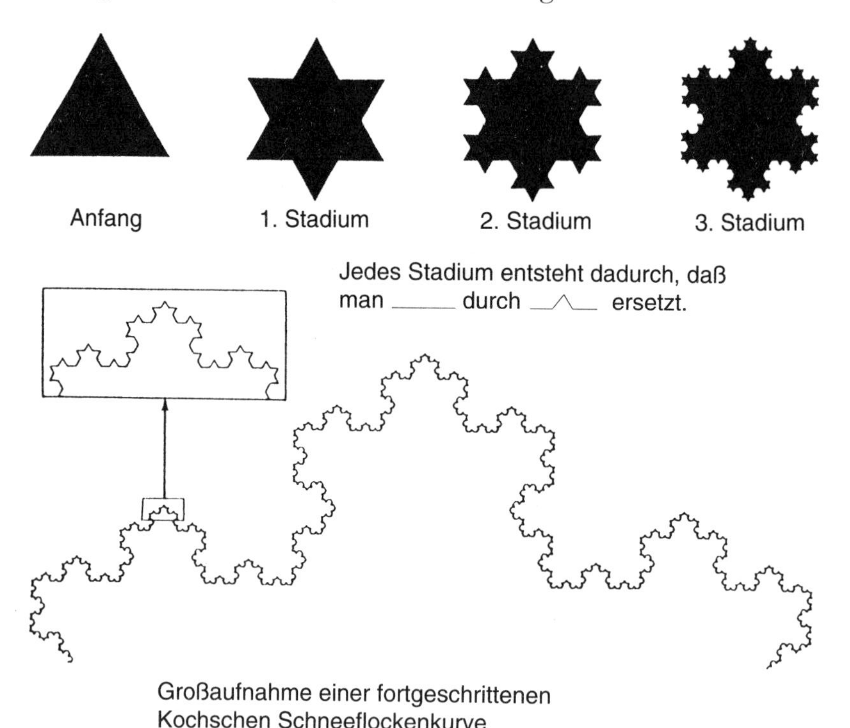

Großaufnahme einer fortgeschrittenen Kochschen Schneeflockenkurve

Was ist denn nun eine Schachtelkurve bzw. ein Fraktal? Man versteht darunter Kurven oder Oberflächen (oder Körper oder mehrdimensionale Objekte), deren ähnlich strukturierte Komplexität bei näherer Betrachtung immer komplexer wird. Die Küste verläuft z. B. immer irgendwie im Zickzack, egal in welchem Maßstab sie erscheint, ob als Ganzes auf einem Satellitenfoto oder als kleiner Abschnitt, den irgend jemand zu Fuß abläuft und im kleinsten Detail festhält. Auch die Oberfläche eines Bergs sieht fast immer gleich aus, für den 100 m großen Riesen von oben genauso wie für das Insekt ganz unten. Nicht anders ist es mit den Verästelungen des Baums, die letztendlich für uns genauso aussehen wie für die Vögel oder für die Würmer oder für die Pilze. Und für die Kochsche Kurve gilt natürlich dasselbe.

Darüberhinaus, so hat Mandelbrot immer wieder betont, sind Wolken nicht rund oder elliptisch, Baumrinden nicht glatt, Blitze nicht geradlinig und Schneeflocken ganz bestimmt nicht sechseckig (genausowenig gleichen sie einer Kochschen Kurve). Diese und viele andere Formen und Gebilde in der Natur sind Beinahe-Fraktale. Sie haben in fast jedem Maßstab charakteristische Zickzacklinien, Aus- und Einbuchtungen usw., wobei jede Vergrößerung ähnliche, jedoch immer vertracktere »Verwerfungen« zeigt. Man kann diesen Formen sogar Bruchteile einer Dimension zuschreiben, da die Fraktale, die zur Nachbildung von Küstenlinien verwendet werden, ein- bis zweidimensional sind, während die, mit denen Bergoberflächen nachgebildet werden, zwei- bis dreidimensional sind. Wie NASA-Fotos aus dem Weltraum zeigen, hat die Erdoberfläche eine fraktale Dimension von 2,1, während der Mars wegen seiner verworfeneren Topographie im Vergleich dazu 2,4-dimensional ist. Der Begriff »Fraktal« wurde 1975 von Mandelbrot geprägt – für *frag*mentierte, *frakt*urierte, sich selbst ähnliche Formen von *frakt*ionaler Dimension der einzig passende.

Fraktalähnliche Strukturen sind nicht nur für die Computergraphik ein Segen, wo sie für die Abbildung realistisch aussehender Landschaften und natürlicher Formen verwendet werden. Sie kommen auch bei Analysen von Feinstrukturen häufig vor, etwa bei Oberflächen von Batterie-Elektroden oder bei Organ- und Lungengewebe oder beim Schwanken von Aktienkursen oder bei der Diffusion einer Flüssigkeit durch halbporösen Ton. Auch in der Chaostheorie spielen Fraktale eine immer wichtigere Rolle, dank ihrer Komplexität auf allen Ebenen und Stufen der Vergrößerung. Sie können dort zur Beschreibung der möglichen Trajektorien eines Systems dienen (siehe auch das Kapitel über die *Chaostheorie*). Selbst in rein mathematischen Kontexten ist ihre groteske Schönheit erkennbar. Bei der Aufteilung einer Ebene in mehrere Bereiche, je nachdem, ob man mittels einer Newtonschen Standardmethode die eine oder andere Lösung einer Gleichung erhält, können die erstaunlichsten Fraktale herauskommen.

Vergrößerung eines Fraktal-Abschnitts (nach Benoit Mandelbrot)

Eines Tages machen vielleicht auch Schriftsteller und Erzähler die Entdeckung, daß fraktale Analogien im psychischen Bereich ganz hilfreich sind, um die bruchstückhafte, aber dennoch kohärente Struktur des menschlichen Bewußtseins zu erfassen, das von einem Moment zum anderen von Banalitäten zu ewigen Wahrheiten und wieder zurück schwenken kann und dabei die Persönlichkeit auf sämtlichen Ebenen irgendwie bewahrt. In dieser Hinsicht sind die wortwörtlichen Transkriptionen gewöhnlicher Unterhaltungen recht aufschlußreich. Ende, Beginn, Ellipsen, bizarre Syntax, vage Referenzen, unbegründete Abweichungen und urplötzliche Richtungswechsel sind ganz anders als die bereinigte »lineare« Version, die normalerweise gedruckt wird. Vielleicht gibt es Möglichkeiten, das alles auch in der kognitiven Psychologie anzuwenden. So könnte man auch die Schwierigkeit einer Feldstudie als Fraktal betrachten; klügere und/oder gescheiterte Leute gehen mit größeren kognitiven Schritten über kleine Schwierigkeiten hinweg, wo andere geduldig darüber hinwegklettern müssen.

Funktionen

Funktionen spielen in der Mathematik eine immense Rolle. Die formale Idee dahinter ist, daß es zwischen einer Größe und einer anderen Entsprechungen gibt. In der Welt hängen die meisten Dinge von anderen ab oder mit ihnen zusammen, oder sie sind eine Funktion davon. (Man könnte in der Tat behaupten, daß die Welt ganz einfach aus solchen Relationen besteht.) Und für diese mathematische Abhängigkeit eine nützliche Schreibweise zu etablieren ist natürlich ein Problem. Die folgenden Beispiele machen eine solche allgemeine Notation anschaulich, obwohl es noch andere Möglichkeiten gibt, um derartige Verbindungen kenntlich zu machen, so z. B. mit Graphiken und Tabellen. (Siehe auch das Kapitel über *Analytische Geometrie.*)

Da ist z. B. ein kleiner Betrieb, der Stühle herstellt. Die Werkzeuge und Maschinen kosten, sagen wir mal, 800 DM und ein fertiger Stuhl 30 DM. Die Beziehung zwischen den Gesamtkosten t und der Anzahl der produzierten Stühle x wird durch die Formel $t = 30x + 800$ ausgedrückt. Wenn t von x abhängig ist, sagen wir, daß t eine Funktion von x ist, und geben diese Verbindung dann mit der Formel $t = f(x)$ wieder. Werden 10 Stühle hergestellt, dann belaufen sich die Kosten auf 1100 DM; sind es 22, dann steigen sie auf 1460 DM. Die Regel, die 1100 mit 10 und 1460 mit 22 verbindet, ist die Funktion f, was durch die Schreibweise $f(10) = 1100$ und $f(22) = 1460$ ausgedrückt wird. Und was ist $f(37)$?

Um Fahrenheit-Temperaturen (°F) in Grad Celsius (°C) umzurechnen, subtrahiert man vom Fahrenheitwert die Zahl 32 und multipliziert die Differenz mit 5/9. Die Gleichung dafür lautet: $C = 5/9 \times (f - 32)$. So werden aus eiskalten 41 Grad Fahrenheit genauso eiskalte 5 Grad Celsius, und aus hochsommerlichen 86 Grad Fahrenheit genauso hochsommerliche 30 Grad Celsius. Mit dieser Gleichung können wir die Fahrenheit-Temperaturen immer in die entsprechenden Celsius-Temperaturen umrechnen. Wenn wir, wie zuvor, sagen, daß C von F abhängt, dann ist C eine Funktion von F, und wir geben diese Beziehung mit der Schreibweise $C = h(F)$ wieder. (Der Graph dieser Funktion wie auch der der vorherigen ist eine Gerade.) Demnach ist die Regel, die 5 mit 41 und 30 mit 86 verbindet, die Funktion h, wobei die gegenseitige Entsprechung durch $h(41) = 5$ und $h(86) = 30$ symbolisiert wird. Und was ist $h(59)$?

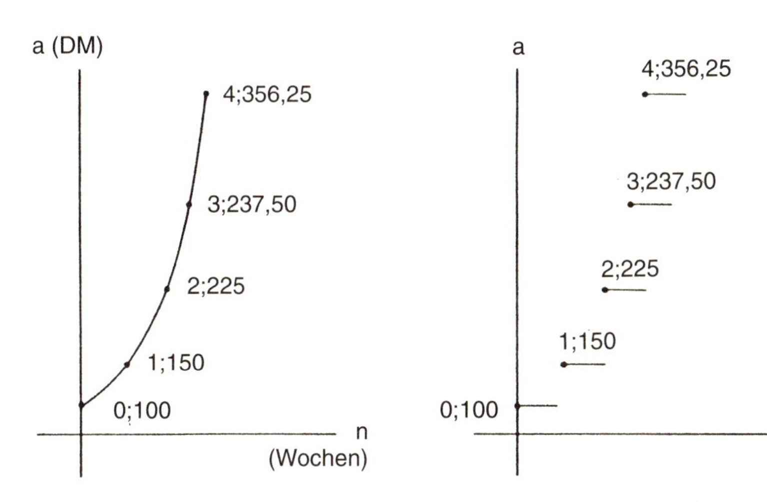

Der Graph eines Kreditbetrags a als exponentielle Funktion einer bestimmten Zeitdauer n.
$a = 100(1,5)^n$

Der Graph des Kreditbetrags a, wenn sich die Gebühren nur einmal pro Woche erhöhen.

Schlüpfen Sie mal in die Rolle eines Kredithais. Sie leihen jemandem 100 DM und sagen ihm, daß der Betrag, den er Ihnen schuldet, wöchentlich um 50% steigt. Nach n Wochen schuldet Ihnen der Kunde also $100 \times (1,5)^n$, d. h. $a = 100(1,5)^n$. a ist ganz klar eine

Funktion von n, was wir durch $a = g(n)$ anzeigen (oder durch den Graphen der Funktion, der eine exponentiell steigende Kurve bildet). Daß $g(1) = 150$, $g(2) = 225$ und $g(3) = 337{,}50$ ist, wissen Sie auch. (Wenn Sie es mit Ihrem Kunden gut meinen und die Kreditkosten nur wochenweise erhöhen, ist der Graph eine Folge von exponentiell wachsenden Schritten.)

Oder betrachten Sie ein physikalisches Phänomen, indem Sie aus 50 m Höhe einen Ball mit einer Anfangsgeschwindigkeit von 10 m pro Sekunde nach oben werfen. Wenn Newton recht hat, ergibt sich für die Höhe h, die der Ball über dem Erdboden ist, folgende Formel: $h = -4{,}9\ t^2 m/s^2 + 10\ tm/s + 50\ m$, wobei t die Anzahl der Sekunden ist, die ab dem Moment vergehen, wo Sie den Ball hochwerfen. Da die Höhe von der Zeit abhängt, ist h eine Funktion von t, so daß wir folglich schreiben: $h = f(t)$. $t = 0$ bestätigt, daß die ursprüngliche Höhe 50 m ist. Eine Sekunde später, also wenn $t = 1$ s, ist der Ball schon 55,1 m hoch in der Luft. Folglich ist $f(0) = 50$ und $f(1) = 55{,}1$. Was ist $f(4)$, und warum ist es weniger als $f(1)$?

Die beschriebenen Funktionen h, g und f sind jeweils linear, exponentiell und quadratisch. Im Gegensatz dazu sind Funktionen wie $p(x) = 3 \tan(2x)$ und $r(x) = 7x^5 - 4x^3 + 2x^2 + 11$ trigonometrisch und polynomisch. Aber Funktionen müssen nicht immer durch Formeln oder Gleichungen definiert sein, noch müssen sie immer Zahlen enthalten. Wenn z. B. m (Helene) = rot, m (Rebecca) = strohgelb, m (Myrtle) = braun, m (Georg) = schwarz, m (Goldköpfchen) = golden, m (Peter) aber nicht definiert ist, dann ist es nicht allzu schwierig zu erraten, daß die Funktion m die Regel ist, die jede Person mit ihrer Haarfarbe verbindet, und daß Peter eine Glatze hat. Also ist m(x) nur eine Schreibweise dafür, welche Haarfarbe x hat. Genausogut könnte man mit p(x) den Autor von x definieren oder mit q(x) die Landeshauptstadt, die x am nächsten ist, so daß p (Die Blechtrommel) = Grass und q (Bayern) = Stuttgart wäre.

In den angeführten Beispielen ist die Zahl der produzierten Stühle, die Fahrenheit-Temperatur, die Zahl der Wochen bis zur Rückzahlung des Kredits, die Zahl der Sekunden, die der Ball in die Luft fliegt, und der Name einer Person jeweils eine sogenannte unabhängige Variable. Als abhängige Variable bezeichnet man dagegen die Gesamtkosten der Stuhlproduktion, die Celsius-Temperatur, den zurückgezahlten Schuldbetrag, die Höhe des Balls und die Haarfarbe der Person. Sobald der Wert einer unabhängigen Variablen fix ist, bestimmt er ganz allein den Wert der abhängigen Variablen, so daß diese eine Funktion der ersten ist.

Wenn wir es mit Variablen zu tun haben, die von mehr als einer anderen Größe abhängen, d. h., wenn in einer Funktion zwei oder mehr Variablen vorkommen, muß die Schreibweise natürlich abgeändert werden. Wenn z. B. $z = x^2 + y^2$, dann ist $z = 13$, wenn $x = 2$ und $y = 3$. Um hervorzuheben, daß z von x und y abhängig ist, schreiben wir $z = f(x, y)$ und $13 = f(2, 3)$.

Die Schreibweise für eine funktionale Abhängigkeit erlaubt es uns, bestehende Beziehungen in kompaktester Form auszudrücken. Vieles von der Flexibilität und Stärke mathematischer Analysis wäre ohne sie kaum möglich.

(Die Auflösungen zu den Fragen: $f(37) = 1910$; $h(59) = 15$; $f(4) = 11{,}6$ m und $f(1) = 55{,}1$ m; bei $t = 1$ s fliegt der Ball nach oben, bei $t = 4$ s wieder nach unten.)

Gödel und sein Lehrsatz

Der Mathematiker und Logiker Kurt Gödel gehört zu den gescheitesten Köpfen des 20. Jahrhunderts. Wahrscheinlich ist er einer der wenigen Zeitgenossen, an die man sich in 1000 Jahren noch erinnern wird, vorausgesetzt, die Menschheit überlebt so lange. Diese Behauptung ist kein Erguß eines Übergeschnappten (obschon so etwas durch die Ähnlichkeit der Wörter »Gott«, »Gödel« und »Godot« einem ganz infinitesimal nähergebracht wird). Und auch wenn in jeder Disziplin ein gerüttelt Maß an beruflich bedingter Kurzsichtigkeit gepflegt wird, heißt es nicht, daß sich Mathematiker selbst auf die Schulter klopfen müßten. Es stimmt einfach.

Wer war Kurt Gödel? Biographisch läßt sich das ganz einfach sagen. Er wurde 1906 in Brünn (in der heutigen Tschechoslowakei) geboren, ging 1924 an die Wiener Universität, wo er bis zu seiner Emigration 1939 in die Vereinigten Staaten blieb. In Princeton, New Jersey, arbeitete er dann bis zu seinem Tod am Institute for Advanced Study. Während der dreißiger und frühen vierziger Jahre machte er auf dem Gebiet der mathematischen Logik revolutionierende Entdeckungen, die zu einem ganz neuen Verständnis führten. Auch mathematisch verwandte Bereiche, die Computerwissenschaft und die Philosophie konnten von seinen Erkenntnissen profitieren.

Die berühmteste Entdeckung ist der sogenannte erste Unvollständigkeitssatz. Er besagt, daß jedes formale mathematische System, das auch nur ein Quentchen Arithmetik enthält, unvollständig ist: Immer wird es wahre Aussagen geben, die sich innerhalb eines auch noch so durchdachten Systems weder beweisen noch widerlegen lassen. Kein Mensch wird je imstande sein, eine Liste von Axiomen aufzuschreiben, und dann mit Recht behaupten können, daß aus diesen Axiomen die ganze Mathematik folgt (und wenn es so viele Axiome wie Sandkörner in der Sahara sind!). Zu einer arithmetischen Aussage, die von sich selbst »sagt«, daß sie nicht beweisbar ist, konnte Gödel deshalb kommen, weil er zwischen Aussagen innerhalb eines formalen Systems und Meta-Aussagen über das System rigoros unterschied, arithmetischen Aussagen Zahlencodes zuordnete und clevere rekursive Definitionen gebrauchte.

Ein alternativer Beweis für Gödels Lehrsatz wurde von dem Computerwissenschaftler Gregory Chaitin unter Anwendung von Begriffen aus der Komplexitätstheorie erbracht (siehe auch das Kapitel über *Komplexität*). Seine unentscheidbare arithmetische Behauptung »sagt« mittels Zahlencode, daß eine bestimmte zufällige Bitfolge eine größere Komplexität hat als das vorgegebene formale System. Aufgrund von Überlegungen auf Meta-Ebene weiß man das. Aber damit die Behauptung innerhalb des Systems beweisbar ist, müßte dieses System eine Bitfolge generieren, die eine größere Komplexität hat als es selbst. Und das ist der Definition von Komplexität nach unmöglich.

In diesem Zusammenhang ist auch das sogenannte Berry-Paradoxon zu sehen. Es heißt: »Finde die kleinste ganze Zahl heraus, die zu ihrer Spezifizierung mehr Wörter erfordert, als in diesem Satz sind.« Solche Beispiele wie die Anzahl der Haare auf meinem Kopf oder die der verschiedenen Stadien des Rubikwürfels oder die Lichtgeschwindigkeit in Millimetern pro Jahrhundert, sie alle spezifizieren mit weniger Wörtern als im vorgegebenen Satz eine bestimmte ganze Zahl. Das Paradoxe an der Berry-Aufgabe kommt zutage, wenn wir festhalten, daß der Satz eine bestimmte ganze Zahl spezifiziert, für deren Spezifizierung er laut Definition zu wenig Wörter hat. Beide Beweise für Gödels Theorem sind zwar recht bekannten Paradoxa nachempfunden, dem Lügner-Paradoxon für den Standardbeweis, dem Berry-Paradoxon für Chaitins, aber die Unvollständigkeitstheorie selbst ist nicht im geringsten paradox. Sie ist merkwürdig, aber sie ist wirkliche und unproblematische Mathematik.

Zu erwähnen ist noch, daß das Theorem, so sehr man auch das Gegenteil aufzeigen wollte, nicht darauf abzielt, zwischen Gehirn und Maschine eine fundamentale Trennung zu sehen. Beide unterliegen Begrenzungen und Einschränkungen, die zumindest im Prinzip recht ähnlich sind. Wenn ihre Meta-Sprache und, falls notwendig, auch ihre Meta-Meta-Sprache formalisiert wird, könnte selbst eine Maschine dazu befähigt werden, »sich zurückzunehmen«.

Gödel beschäftigte sich im weiteren erfolgreich mit solchen Dingen wie Intuitionismus, Beweisbarkeit und Schlüssigkeit in der Mathematik, rekursiven Funktionen und später auch mit Kosmologie. Sein zweiter Unvollständigkeitssatz, der auf zahlreiche Ideen und Konstruktionen des ersten zurückgreift, besagt, daß kein vernünftiges mathematisches System seine eigene Schlüssigkeit demonstrieren kann. Wir können die Konsistenz eines solchen Systems nur annehmen. Beweisen können wir es nicht. Dazu müßte man etwas noch Schlagkräftigeres postulieren.

Gödel führte ein abgekapseltes Leben, so daß wir nicht viel von seinem Privatleben wissen, außer daß er lange verheiratet war und an zeitweiligen Depressionen litt, derentwegen er häufig in die Klinik kam. In jungen Jahren war er nicht ganz so einsam, denn immerhin hatte er damals zum Wiener Philosophenzirkel Kontakt, auch wenn ihm der Positivismus nicht gefiel, der dort gepredigt wurde. Außer seiner späteren Freundschaft mit Einstein am Institute for Adavanced Study hatte er zu seinen Zeitgenossen so gut wie keine Beziehung, und wenn, dann lediglich durch wissenschaftliche Aufsätze, Briefe und Telefongespräche. Das leidenschaftliche Engagement eines Bertrand Russell oder der robuste Humor eines Albert Einstein waren Gödel nicht gegeben.

Schließlich kam Gödel durch seine Arbeit zu der Überzeugung, daß Zahlen auf einem bestimmten Gebiet unabhängig vom Menschen existieren und daß sich der menschliche Geist nicht auf mechanistische Weise erklären ließ, da er von der Materie getrennt und auch nicht auf sie zurückzuführen war. Einem lutherisch geprägten Elternhaus entstammend, war Gödel nicht im konventionellen Sinne gläubig, hielt aber stets an seinem Theismus und der Möglichkeit einer vernunftmäßigen Theologie fest. Er versuchte sogar, eine

Variante des mittelalterlichen Gottesbeweises aufzustellen, der Gottes Existenz gewissermaßen von unserer Fähigkeit ableitet, uns Gott vorzustellen, uns einen Begriff von ihm zu machen. Auch wenn er als wirklich großer Logiker gewiß enorme »intellektuelle Hochgefühle« erlebt haben muß, wirklich glücklich war er wohl nie.

Am 14. Januar 1978 starb Gödel in Princeton an »Unterernährung und Entkräftung« als Folge von »Persönlichkeitsstörungen« (so der Totenschein).

Das Goldene Rechteck und Fibonacci-Reihen

Lassen Sie mich zunächst einen anderen Begriff definieren, der mit dem des Goldenen Rechtecks eng zusammenhängt: den Goldenen Schnitt. Stellen Sie sich eine Strecke AB vor, die an einer bestimmten Stelle C geteilt werden soll – wenn der Punkt C genau in der Mitte liegt, ist es allerdings langweilig. Also teilen wir AB in einen längeren Abschnitt AC und einen kürzeren CB. Halten wir uns an die Pythagoräer und wählen wir C so, daß das Verhältnis der ganzen Geraden zum längeren Abschnitt gleich ist dem Verhältnis des längeren Abschnitts zum kürzeren, d. h. AB/AC = AC/CB, dann teilt der Punkt C die Gerade AB im Goldenen Schnitt. Rechnerisch beträgt dieses Goldene Verhältnis etwa 1,61803 zu 1.

C teilt die Strecke AB im Goldenen Verhältnis, wenn AB/AC = AC/CB.

Doch nun zum Goldenen Rechteck: Der Definition nach verstehen wir darunter jedes Rechteck, dessen Verhältnis von Länge zu Breite diesem Goldenen Verhältnis genau entspricht. Da diese Form schon den alten Griechen sehr gefiel, überrascht es nicht, daß der Parthenon in Athen und viele Teile seines Inneren dem Grundriß nach ein Goldenes Rechteck bilden. Auch bei vielen anderen griechischen Kunstwerken spielten die Proportionen des Goldenen Rechtecks eine Rolle. Man findet sie später wieder in Werken von da Vinci bis zu Mondrian und Le Corbusier. Selbst die berühmte Fibonacci-Zahlenfolge: 1, 1, 2, 3, 5, 8, 13, 21, 34, 55, 89, 144, 233, . . . hat mit diesen Goldenen Rechtecken eine unerwartete Ähnlichkeit. Die Fibonacci-Reihe ist dadurch definiert, daß jeder Term (außer den ersten beiden) die Summe der beiden vorausgehenden Terme ist: $2 = 1 + 1$, $3 = 2 + 1$, $5 = 3 + 2$, $8 = 5 + 3$, $13 = 8 + 5$. (Siehe auch das Kapitel über *Rekursion*.)

Jedes Rechteck, dessen Länge/Breite-Verhältnis gleich dem Goldenen Verhältnis ist, heißt Goldenes Rechteck.

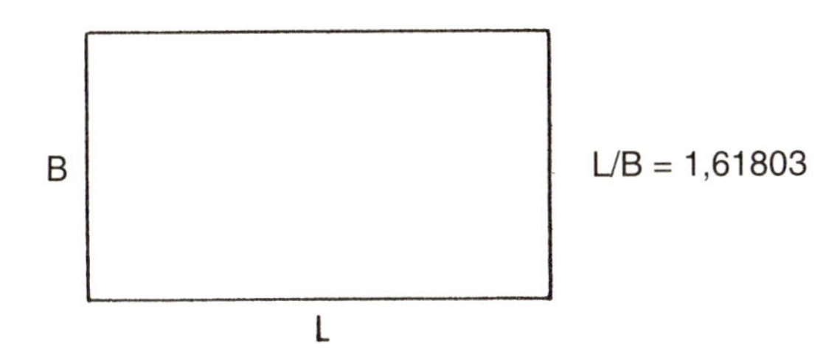

Wie wir wissen, ist das Goldene Verhältnis etwa 1,61803 (die Zahl nimmt dezimal kein Ende). Wenn wir nun fleißig dividieren, stellen wir fest, daß das Verhältnis eines Terms in der Fibonacci-Reihe zum vorangegangenen Term an das Goldene Verhältnis herankommt: $5/3 = 1{,}66666$; $8/5 = 1{,}6$; $13/8 = 1{,}625$; $21/13 = 1{,}615384$; $34/21 = 1{,}61905$; usw.

Das Goldene Rechteck mit seiner statischen Harmonie ist für die klassische griechische Geometrie geradezu charakteristisch. Die Fibonacci-Reihe, die aus der Zeit um 1200 stammt, läßt dagegen vermuten, daß man sich der Mathematik damals schon eher quantitativ und numerisch näherte. In jedem Fall geht von beiden eine gewisse innere Ruhe aus, die nicht so ganz in unsere heutige Zeit zu passsen scheint, wo die Mathematik eher durch die Chaostheorie versinnbildlicht wird.

Dennoch kam es in den frühen siebziger Jahren zu einer neuen Entdeckung in bezug auf das Goldene Verhältnis. Der englische Mathematiker und Physiker Roger Penrose fand nämlich zwei einfache Formen (die eine ähnlich einem Pfeil, die andere ähnlich einem Drachen), deren Kopien die Ebene in nichtperiodischer Weise abdecken können und deren jeweilige Maße durch das Goldene Verhältnis beschrieben werden. Das »Moderne« daran ist, daß die Ebene von diesen Formen nicht in regelmäßigem Wechsel bedeckt werden kann.

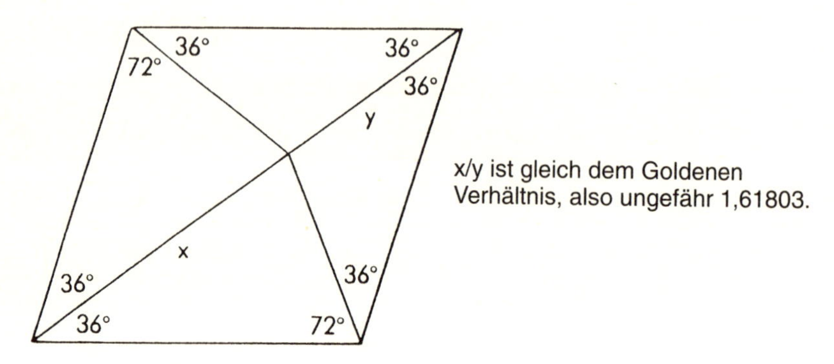

Die beiden einfachen Formen von Penrose (ein Pfeil und ein Drachen) und wie sie zusammenpassen.

Hier wird eine nichtperiodische Abdeckung der Ebene mit den beiden einfachen Formen von Penrose sichtbar.

Grenzwerte

Man nehme einen Kreis mit einem bestimmten Durchmesser, sagen wir, von einem Fuß (30,5 cm). In ihn schreibe man ein gleichseitiges Dreieck. In dieses schreibe man nun wieder einen Kreis und in diesen ein Quadrat. In das Quadrat schreibe man einen weiteren Kreis, in den als nächstes ein regelmäßiges Fünfeck kommt. So verfahre man dann weiter, indem man immer abwechselnd einen Kreis und ein regelmäßiges Vieleck, dem mit jedem Schritt eine Seite hinzuwächst, ineinanderzeichnet. Mit jeder Wiederholung dieses Vorgangs wird die Fläche der ineinandersteckenden Figuren kleiner, das ist klar. Aber welche Fläche kommt durch diesen Prozeß letztendlich zustande? Auf den ersten Blick sieht es so aus, als liefe alles auf einen isolierten Punkt hinaus. Dann wäre die Fläche gleich Null. Doch je mehr Seiten das Polygon erhält, desto kreisförmiger wird es, so daß nach einer Weile fast so etwas wie ein Kreis entsteht, der einfach in den anderen hineinkommt, ohne daß fortan von einem Schritt zum anderen viel Fläche verlorengeht. Damit ist der Prozeß auch zu Ende. Was wir haben, ist ein Grenzwert, und der ist in unserem Beispiel ein Kreis, der denselben Mittelpunkt hat wie der Originalkreis und einen Durchmesser von etwa einem Zoll, was 1/12 des Originaldurchmessers ist.

Daneben gibt es viele andere geometrische Probleme, die zu Grenzwerten führen. Traditionell hängt der Begriff mit der Sparte der Mathematik zusammen, die sich mit Veränderungen befaßt, der Infinitesimalrechnung, wo er ja von fundamentaler Bedeutung ist.

Damit sind Veränderungsraten keine böhmischen Dörfer mehr. Wir können genau ermitteln, wie groß die Summe einer sich kontinuierlich verändernden Größe ist, etwa der Wasserdruck gegen einen Damm. (Siehe das Kapitel über *Infinitesimalrechnung.*) Ohne so einen Begriff können wir uns nur auf Näherungen und Durchschnittswerte verlassen. Mit einem Grenzwert können wir das, was sozusagen zu einem äußersten Endwert tendiert bzw. sich ihm nähert und für uns nur intuitiv erfaßbar ist, auf formale Weise beherrschen. Außerdem wird dabei die Verbindung zwischen idealen geometrischen Figuren und unendlichen Größen deutlich.

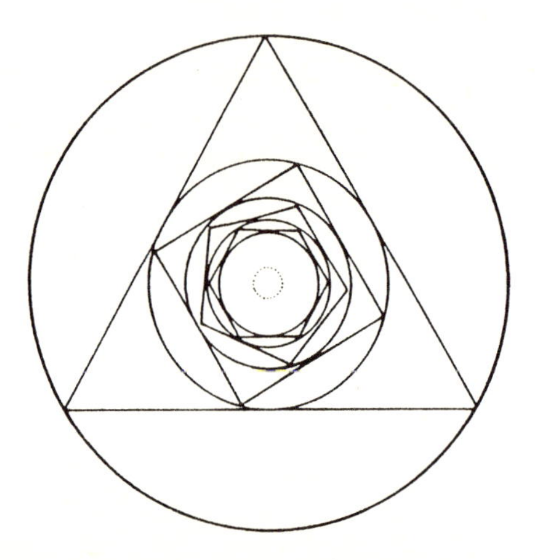

Abwechselnd ineinandergeschachtelte Kreise und regelmäßige Vielecke, deren Seitenzahl bei jedem Schritt zunimmt. Der Grenzwert dieses Prozesses ist ein Kreis mit etwa 1/12 des Originaldurchmessers.

Allerdings stelle ich die zentrale Rolle in Frage, die dem Grenzwert im Infinitesimalunterricht von Anfang an zugemessen wird. Meistens hat das nämlich zur Folge, daß der Blick für die ganze Mathematik, Wissenschaft und Technik weitgehend reduziert wird. Man muß nicht genau wissen, wie Grenzwerte und damit zusammenhängende Begriffe definiert sind, zumal selbst die Erfinder der Infinitesimalrechnung, Isaac Newton und Gottfried Wilhelm Leibniz, sich nur intuitiv einen Begriff davon machten und trotzdem recht erfolgreich waren. Denn mit der Infinitesimalrechnung und den Ideen über Bewegung und Gravitation half Newton schließlich die revolutionärsten Entwicklungen auf den Weg zu bringen, die je unsere Vorstellung von der physikalischen Welt gesprengt haben. Auch Leonhard Euler konnte produktiv arbeiten, ohne die Definitionen zu kennen, und nicht anders war es in der Mathematiker-Familie Bernoulli im 18. Jahrhundert. Warum also sollte man sie als Physiker oder Ingenieur nicht auch heutzutage ohne großes Handicap vergessen können?

Wie das Problem der ineinandergeschachtelten Flächen oben gezeigt hat, bedarf es zur Lösung gewöhnlich eines klugen Kopfes, aber nie mehr als eines groben Verständnisses von Grenzwerten. In bestimmter Hinsicht ist die traditionelle Auffassung von der zentralen Bedeutung der Grenzwerte jedoch richtig. Denn mit weiterführenden theoretischen Entwicklungen in so mathematischen Spezialfällen wie Differentialgleichungen, unendlichen Reihen usw. wurde eine solidere Grundlage erforderlich, als sie Newtons »Fluxionsrechnung« gewährleistete, die, wörtlich genommen, ohnehin Unsinn war.

Diese solidere Grundlage wurde im 19. Jahrhundert von den Mathematikern Augustin Louis Cauchy, Richard Dedekind und Karl Weierstrass geschaffen. Dabei geht es teilweise um den Grenzwert einer Zahlenfolge, der als die Zahl L definiert ist, wenn die Differenz zwischen den Gliedern der Folge und der Zahl L irgendwann kleiner wird (und bleibt) als ε, wobei ε noch so klein sein kann. Folglich nähert sich die Sequenz 1/2, 3/4, 7/8, 15/16, 31/32 ... allmählich 1, da sich für *jede* kleine Zahl ε zeigen läßt, daß die Differenz zwischen den Gliedern der Folge und der Zahl 1 kleiner wird (und bleibt) als ε.

Mit dieser Definition (die äquivalent zu einigen anderen ist) können wir, wenn wir wollen, den Grenzwert einer Funktion $y = f(x)$ definieren, wenn sich x einer Zahl a annähert. Formell ist dieser Grenzwert L, sofern jedes Mal, wenn eine Folge von x-Werten einem Grenzwert a näher kommt, die korrespondierende Folge von y-Werten (die durch die Funktion entstehen) dem Grenzwert L näher kommt. y kommt so nahe an L heran, wie wir wollen, wann immer x nahe genug an a herankommt. Mit dieser Definition können wir die Ableitung einer Funktion ihrer Idee nach ganz präzis beschreiben. Da wir sie als Grenzwert (von einer bestimmten dazugehörigen Quotientenfunktion) definieren, bleibt uns eine Menge von der Kritik erspart, die Newton einstecken mußte. Sie war hauptsächlich dagegen gerichtet, daß er die momentane Geschwindigkeit eines Objekts als formlosen Grenzwert von Quotienten, nämlich von zurückgelegten Entfernungen durch verstrichene Zeiten, beschrieb; auch dagegen, daß er anschließend erklären mußte, wie diese verschwindenden Größen sowohl gleich Null als auch nicht gleich Null sein konnten. (Wenn Sie sich an dieser Stelle nicht mehr auskennen – keine Bange; Sie sind in guter Gesellschaft!)

So verkehrt es ist, die vielen heiklen Punkte, wo es um Grenzwerte geht, *im frühreifen Stadium* eindringlich zu betonen, so verkehrt ist es natürlich, sich total auf die intuitive Erkenntnis zu verlassen. Eine präzise Definition eines Grenzwerts ist nötig, damit genau geklärt ist, was mit der Fläche eines gekrümmten Bereichs gemeint ist oder mit dem asymptotischen Grenzwert einer oder mehrerer Kurven oder mit der Summe einer Reihe wie $(1 + 1/3 + 1/9 + 1/27 + \ldots)$ (siehe das Kapitel über *Reihen*) usw. – da wäre noch eine Menge mathematischer Konstrukte, und zudem noch weit unzugänglichere. Newton sagte einmal von sich, wenn er weiter gesehen habe als andere, so deshalb, weil er auf den Schultern von Riesen gestanden habe. Inzwischen stehen wir auf seinen und Cauchys Schultern und auf unzähligen anderen und sehen noch weiter. Der Grenzwert dieser akrobatischen Folge von Schulterständen ist unbestimmt.

Gruppen und abstrakte Algebra

Die abstrakte Algebra und die moderne Geometrie (siehe auch das Kapitel über *Die nichteuklidische Geometrie*) sind Errungenschaften des 19. Jahrhunderts. Sie ergaben praktisch ein ganz neues Bild. Seither denken wir nicht mehr, daß die Mathematik nur mit ewigen Wahrheiten befaßt ist; wir haben erkannt, daß sie oftmals nur etwas ableitet, was aus dem einen oder anderen Axiom resultiert. Bertrand Russell drückte es einmal so aus: »Insgesamt besteht die reine Mathematik doch bloß aus Beschwörungen wie: Trifft für etwas das und das Axiom zu, dann trifft das und das andere Axiom für das da zu.« Nun ist so ziemlich das wichtigste »Etwas« in der abstrakten Algebra eine Gruppe.

Eine mathematische Gruppe ist eine abstrakte algebraische Struktur. Wegen der Abstraktheit von Gruppen möchte ich zunächst ein paar Beispiele anführen, ehe ich mich an ihre Definition mache. Betrachten wir einmal die Menge ganzer Zahlen, positive, negative und Null, und wie man bei der Addition verfährt. Was vielleicht nicht auf den ersten Blick bedeutsam erscheint: Die Summe von zwei Zahlen ist eine Zahl; die Gleichung $(3 + 9) + 11 = 3 + (9 + 11)$ stimmt, oder, allgemeiner gesagt, wie wir Additionen verknüpfen, hat keinen Einfluß auf die Summe; mit einer Zahl, nämlich 0, ist es so, daß $x + 0 = x$ für jede Zahl x gilt; und für jede Zahl x gibt es eine andere Zahl, die, zu x addiert, 0 ergibt: $6 + (-6) = 0$, $(-118) + 118 = 0$ usw.

Oder schauen wir uns die zwölf Objekte *0, 1, 2, 3, ..., 10* und *11* an. Man verfährt mit diesen Objekten wie bei der Addition von

Zahlen, außer daß die Summe, übersteigt sie 11, durch 12 dividiert und durch die Restzahl ersetzt wird (dieses Verfahren nennt man gewöhnlich Addition modulo 12). Demnach ist $8 + 7 = 3$ und $(6 + 5) + 9 = 8$. Daß die ersten drei der oben erwähnten Eigenschaften für diese Objektgruppe und diese Operation zutreffen, läßt sich leicht überprüfen. Die vierte Eigenschaft trifft auch zu, aber sie ist nicht ganz so klar. Was muß zu *7* addiert werden, damit *0* herauskommt? Es gibt in diesem Fall ja keine -7, aber eine *5*, und $7 + 5 = 0$. Es läßt sich nachweisen, daß jedes Objekt ein »inverses Objekt« hat, das, hinzuaddiert, *0* ergibt.

Wenn wir schon dabei sind, dann betrachten wir doch einmal die vier Objekte *1, 2, 3* und *4*, verfahren aber wie bei einer Multiplikation. Nur wenn ein Produkt größer als 4 ist, teilen wir es durch 5 und ersetzen es durch den Rest (Multiplikation modulo 5). So ist $4 \times 3 = 2$. Und wiederum stimmen analog dazu die vier Merkmale. Das Produkt von zwei Objekten ist ein Objekt; die Gleichung $(3 \times 2) \times 4 = 3 \times (2 \times 4)$ stimmt, und um es allgemeiner zu sagen: wie Produkte miteinander verknüpft werden, ist unerheblich; mit einem Objekt, in diesem Fall *1*, ist es so, daß $1x = x$ für jedes Objekt x ist; und für jedes Objekt x gibt es ein anderes Objekt, das, multipliziert mit x, *1* ergibt. Für *2* ist es *3*, da $2 \times 3 = 1$, während es für *4* selbstverständlich *4* ist, denn $4 \times 4 = 1$.

Es handelt sich zwar oben in allen drei Fällen um Gruppen, aber ich möchte mit der allgemeinen Definition noch etwas abwarten und statt dessen demonstrieren, daß Gruppen nichts mit Zahlen oder zahlenähnlichen Objekten zu tun haben müssen. Die Elemente der nächsten Gruppe sind Permutationen (oder Neuanordnungen) von drei Objekten, die ich der Einfachheit halber mit A, B und C bezeichne. Für die erste Permutation schreibe ich P_1. Sie berührt A, B und C überhaupt nicht und heißt deshalb »Identitätspermutation«. Ihre Rolle ist analog zu der von 0, *0* und *1* wie oben, die ja auch nur Identitätselemente ihrer entsprechenden Gruppe sind. Die nächste Permutation ist P_2. Sie vertauscht A und B und läßt C unberührt. P_3 vertauscht B und C und läßt A unberührt. P_4 vertauscht A und C, ohne B zu verstellen. P_5 arrangiert A, B und C um zu C, A und B. P_6 permutiert A, B und C zu B, C und A. Obendrein wirkt sich jede einzelne Permutation P auf jede Anordnung aus, auf die sie angesetzt wird. Das heißt: Wenn das Arrangement B, A und C einer P_4-Permutation unterzogen wird, dann werden dadurch die Elemente an der ersten und dritten Position vertauscht bzw. zu C, A und B umarrangiert.

Um zu überprüfen, daß auch hier die vier Eigenschaften in analoger Weise zutreffen, müssen wir das Permutationspaket von P_1 bis P_6 einer bestimmten Operation unterziehen, einer Hintereinanderschaltung, um es mal so zu sagen. Dazu setzen wir die eine Permutation auf das *Resultat* einer anderen an, um eine dritte, eine sogenannte »Produktpermutation«, zu bekommen. Was wäre z. B. das Produkt $P_2 * P_3$? Gehen wir der Sache nach und sehen uns an, was dabei mit A geschieht. P_2 plaziert A an die Stelle von B und B an die Stelle von A, während P_3 B und C miteinander vertauscht, wobei A an die Stelle von C kommt. Verfolgen wir als nächstes B: P_2 bringt B an die Stelle von A, während P_3 B und C vertauscht und A in Ruhe läßt. Was C betrifft, so bleibt es von P_2 verschont, um dann aber von P_3 an die Position von B geschoben zu werden. So arrangiert $P_2 * P_3$ die Elemente A, B und C zu B, C und A um, was P_6 allein schafft. Also ist $P_2 * P_3 = P_6$.

So ist z. B. $P_2 * P_2 = P_1$; oder $P_4 * P_6 = P_2$. Es geht hier aber nicht darum, massenweise solche Produkte aufzuführen, sondern vorzuführen, daß diese sechs Permutationen unter Zuhilfenahme der Hintereinanderschaltung, kurz: $*$, den vier Eigenschaften oben genügen: Das Produkt zweier Permutationen ist eine neue Permutation; wie diese Permutationen geschrieben werden, ist für das Produkt ohne Auswirkung: $P_i * (P_j * P_k) = (P_i * P_j) * P_k$; bei einer Permutation, nämlich P_1, ist es so, daß $P_1 * P_i = P_i$; für jede Permutation P_i gibt es eine weitere Permutation P_j der Art, daß $P_i * P_j = P_1$ ist.

Nun kann ich aber mit der formalen Definition nicht länger hinter dem Berg halten. Eine Gruppe kann also jede Menge mit einer bestimmten vorgeschriebenen Verknüpfung sein, die sich den vier oben zitierten Eigenschaften entsprechend verhält. Es gibt unzählige andere Beispiele von Gruppen, davon viele geometrische. Die oben vorgestellte Gruppe von Permutationen könnte z. B. ein Bündel von Spiegelungen und Drehungen eines Dreiecks sein, wenn man sich vorstellt, daß jede Permutation der Scheitelpunkte mit einer Bewegung des Dreiecks korrespondiert. (Gruppen wie diese nennt man isomorph, da sie im wesentlichen gleich sind, also korrespondierende Identitätselemente und korrespondierende Operationen haben, und sich nur darin unterscheiden, daß ihre Elemente und Operationen anders lauten.) Gruppen sind fast überall dort vertreten, wo die Mathematik zur Anwendung kommt: in der Kristallographie, Quantenforschung und Quantenmechanik genauso wie in der Theo-

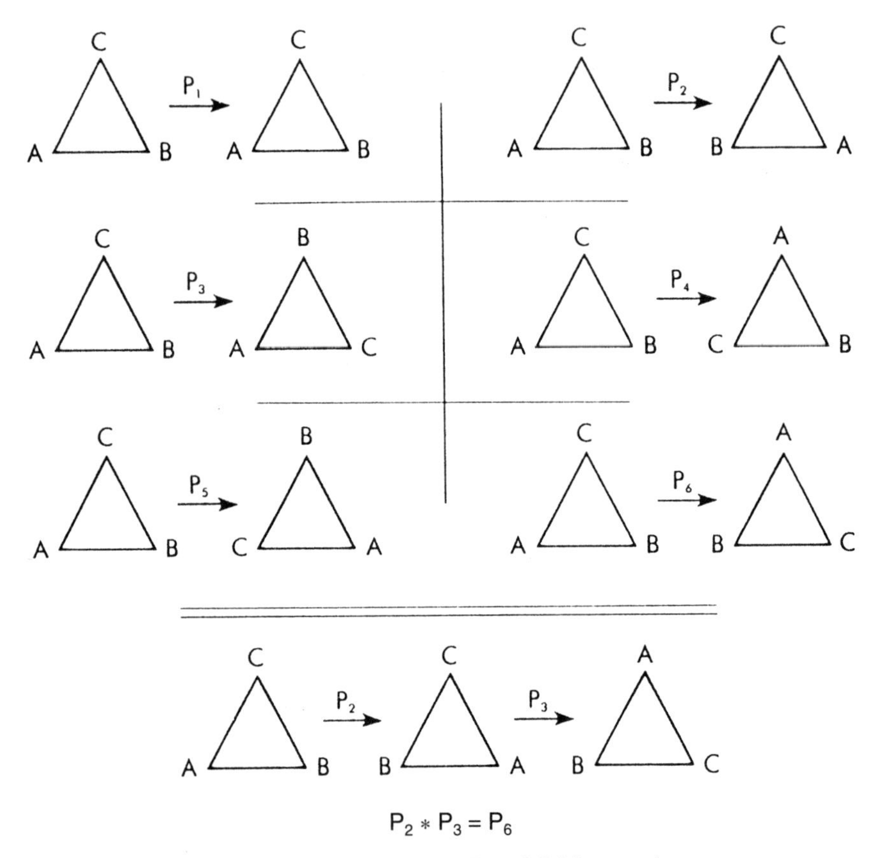

Die Permutationen von A, B und C können als Spiegelungen und Drehungen eines Dreiecks aufgefaßt werden, die Operation * als die sukzessive Umsetzung dieser Bewegungen.

rie der Graphen, wo sie zum Analysieren und Klassifizieren von Knoten außerordentlich wichtig sein können. Meistens stehen hinter den Elementen in einer Gruppe gewisse Arten von Aktionen – denken wir nur an eine Permutation oder an eine Beugung oder an eine Funktion und dergleichen. Sogar die verschiedenen Drehungen der Seiten eines Rubikwürfels sind eine Gruppe für sich.

Daß das Ganze hier bloß so etwas ist wie mathematische Botanik (Definition und Klassifikation, aber ohne viel Tiefgang), davor bewahrt Gott sei Dank die Tatsache, daß eine Unmenge an Theoremen über Gruppen, Untergruppen, Faktorgruppen und ihre Beziehung zu anderen abstrakten Strukturen längst bewiesen ist. Nur um ein Beispiel zu nennen: Wenn G eine endliche Gruppe darstellt und H eine x-beliebige Untergruppe von G ist, dann teilt die Zahl der Elemente in H die Zahl derer in G. Daß es möglich ist, diese abstrakten Strukturen zu isolieren und lehrsatzgerechte Aussagen darüber zu beweisen, geht größtenteils auf eine ganz simple Tatsache zurück. Ist ein Theorem über eine abstrakte Gruppe erst einmal bewiesen, dann gilt es für jedes der disparaten Gruppenbeispiele. Auf die abstrakte Struktur statt auf die spezifischen Erscheinungen konzentriert, sind wir imstande, den mathematischen Wald statt die einzelnen Bäume zu sehen.

Und darum geht es schließlich in der abstrakten Mathematik. Denn so wie die elementare Algebra Variablen verwendet, um Zahlen zu symbolisieren und ihre Eigenschaften zu untersuchen, so treiben die Theorien über Gruppen, Ringe, Felder, Vektorräume und andere algebraische Strukturen die Abstraktion immer weiter. Diese Theorien greifen auch auf Symbole zurück, die für Mengen aller Art stehen können, für irgendwelche Operationen damit oder für Strukturen oder für Funktionen zwischen den Strukturen usw.; sie helfen beim Beweisen genereller Theoreme und Behauptungen.

Das Russell-Zitat eingangs geht noch weiter, was eigentlich ein ganz guter Schluß ist: »Wesentlich ist, nicht darüber zu diskutieren, ob das Axiom wirklich wahr ist, noch zu erwähnen, was das Etwas ist, wofür es gelten soll . . . Wenn unsere Hypothese um irgend etwas geht und nicht um ein oder mehrere bestimmte Dinge, dann wird aus unseren Deduktionen Mathematik. So gesehen ließe sich Mathematik als das Fachgebiet definieren, bei dem wir nie wissen, wovon wir gerade reden, noch ob das, was wir da sagen, überhaupt wahr ist.«

Ist das nicht gut auf den Punkt gebracht? Wenngleich diese Zusammenfassung der formalen axiomatischen Angehensweise in Sachen Mathematik bestimmt überzogen ist; zumal sich daraus ja auch noch schließen ließe, daß das mathematische Genie nur so um sich greift, wenn überall so viele Leute herumlaufen, die weder wissen, was sie sagen, noch ob das, was sie sagen, wirklich stimmt.

Imaginäre und negative Zahlen

Geschichtlich lassen sich Zahlensysteme kurz mit ein paar Gedanken über die Lösungen für verschiedene Arten von algebraischen Gleichungen darstellen. (Siehe auch das Kapitel über *Arabische Ziffern.*) Die Gleichung $2x + 5 = 17$ hat als Lösung die ganze Zahl 6. Das ist kein Problem. Wollen wir jedoch den gesuchten Wert für $3x + 11 = 5$ herausfinden, kommen wir mit so einfach zu handhabenden Zahlen nicht mehr weiter. Diese letzte Gleichung hat nämlich eine negative Zahl, -2, als Lösung. Es ist auf Anhieb nicht ganz leicht, -2 auch als Zahl zu bezeichnen. Lange Zeit war es Mathematikern nicht klar, welchen Status negative Zahlen eigentlich haben. Selbst heutzutage kommen sie so manchem Algebraschüler noch ziemlich spanisch vor. Nicht daß wir Probleme mit negativen Zahlen an sich hätten. Was fünfzehn Grad unter Null bedeuten, wissen wir, sowohl vom Körper als auch vom Verstand her. Aber wieso wird aus zwei negativen Zahlen, die man malnimmt, eine positive?

Das hat formale Gründe. Das Produkt zweier negativer Zahlen ist der Definition nach positiv, damit diese Zahlen denselben arithmetischen Gesetzen gehorchen wie die positiven ganzen Zahlen. Das läßt sich ganz einfach veranschaulichen, wenn es z. B. ums liebe Geld geht. Angenommen, Sie erzielen momentan aus einer Geldanlage monatlich 100 Mark Zinsen, die Sie sofort unter die Matratze legen. Nach sieben Monaten sind es also 700 Mark (7×100 DM $= 700$ DM), während es vor 5 Monaten 500 Mark weniger waren

(-5×100 DM $= -500$ DM). Jahre vergehen, und plötzlich bekommen Sie aus irgendeinem Grund keine Zinsen mehr. Nun haben Sie vor drei Monaten angefangen, monatlich 100 Mark von Ihren Ersparnissen unter der Matratze wegzunehmen, so daß es nach 8 Monaten 800 Mark weniger sind als heute (8×-100 DM $= -800$ DM), während es dann vor 3 Monaten noch 300 Mark mehr waren ($(-3) \times -100$ DM $= 300$ DM).

Also kommen die negativen ganzen Zahlen zu unserem Zahlensystem dazu. Dennoch reichen die ganzen Zahlen, positive und negative zusammen, immer noch nicht, um damit den gesuchten Wert für $5x - 1 = 7$ zu bekommen. Wir haben es in diesem Fall mit einem Bruch bzw. einer rationalen Zahl zu tun, da die Lösung 8/5 lautet. Wir meinen es aber auch dieses Mal gut und ergänzen unser Zahlensystem mit sämtlichen Bruchzahlen. Doch selbst mit den rationalen Zahlen kommen wir in unserer Lösungswut nicht weiter, wenn wir uns nun die Gleichung $x^2 - 2 = 0$ vornehmen. Ihre Lösung, die zweite Wurzel aus 2, ist keine rationale Zahl, genausowenig die Lösung für $4x^3 - 7x + 11 = 0$. Nun, vielleicht läßt sich jede algebraische Gleichung lösen, wenn wir alle algebraischen und alle irrationalen Zahlen in unser Zahlensystem aufnehmen.

Aber selbst dann kommen wir noch nicht hin. Für die einfache Gleichung $x^2 + 1 = 0$ gibt es keine Lösung. Es gibt keine reelle Zahl x (ob rational oder irrational, spielt keine Rolle), die so beschaffen ist, daß $x^2 = -1$ ist, weil das Quadrat jeder reellen Zahl, wenn nicht größer als 0, dann zumindest gleich 0 ist. Was nun? Warum erfinden wir nicht ein neues Symbol, z. B. i, das wir (wie Euler, d'Alembert und andere) ganz einfach als $\sqrt{-1}$, also die zweite Wurzel aus -1, definieren? Damit ist $i^2 = -1$, und schon haben wir unsere Gleichung gelöst. Ursprünglich sollte der Buchstabe den imaginären Charakter dieser Zahl andeuten. Je abstrakter die Mathematik jedoch im Lauf der Zeit wurde, desto mehr merkte man, daß i nicht imaginärer war als viele andere mathematische Konstrukte. Gewiß, sie eignet sich nicht gerade zum Messen von Größen, aber sie gehorcht immerhin den gleichen arithmetischen Gesetzen wie die reellen Zahlen. Und nicht nur das. Auch was verschiedene physikalische Gesetze sagen, wird mit ihr zur natürlichsten Sache der Welt.

Komplexe Zahlen werden von einer Zahlenmenge umfaßt, die die Form $a + bi$ hat, wobei a und b reelle Zahlen darstellen. In diesem Zahlensystem sind die reellen Zahlen als Teilmenge enthalten. (Die reellen Zahlen sind einfach diejenigen komplexen Zahlen, bei denen $b = 0$ ist. Folglich könnten so reelle Zahlen wie 7,15 und π entsprechend mit $7{,}15 + 0i$ und $\pi + 0i$ wiedergegeben werden. Die Zahl i könnte genausogut in Form von $0 + 1i$ geschrieben werden.) Die Summe zweier komplexer Zahlen, sagen wir mal, die eine lautet $3 + 5i$, die andere $6 - 2i$, ist der Definition nach dann $9 + 3i$. Analog dazu ist die Subtraktion definiert, wohingegen Multiplikation und Division die Tatsache nutzen, daß $i^2 = -1$ ist. Mit so einem erweiterten Zahlensystem ist das fundamentale Theorem der Algebra einfach zu beweisen. Demzufolge gibt es in komplexen Zahlensystemen nicht nur Lösungen für Gleichungen wie $x^2 + 1 = 0$, sondern überhaupt für jede algebraische Gleichung. (Siehe auch das Kapitel über *Die quadratische und andere Formeln*.) All die Gleichungen wie $2x^7 - 5x^4 + 19x^2 - 11 = 0$ oder $x^{17} - 12x^5 + 8x^3 = 0$ oder $3x^8 - 26x - 119 = 0$ sind in komplexen Zahlensystemen zu lösen. Obendrein haben quadratische Gleichungen (Gleichungen, in denen die Variable hoch 2 genommen wird) zwei Lösungen, kubische Gleichungen drei und die vierten Grades vier; oder allgemein gesagt: polynomische Gleichungen n-ten Grades besitzen n Lösungen.

Obwohl die frühen Verfechter imaginärer Zahlen auf formale Weise verfuhren, ohne jedoch viel davon zu verstehen, machten sich andere bald daran, die Definition trigonometrischer und exponentieller Funktionen so zu erweitern, daß sie auch für komplexe Zahlen galt; und entsprechend der erweiterten Definition verallgemeinerten sie die mathematische Analysis (Infinitesimalrechnung, Differentialgleichungen und dergleichen). Eine Zahl zu einer imaginären Potenz zu erheben war ein Phänomen, dem man sich ganz besonders widmete. Dabei kam eine der tollsten Formeln in der Mathematik heraus: $e^{\pi i} = -1$ (mit e als Basis der natürlichen Logarithmusfunktion). Schreibt man die Formel so: $e^{\pi i} + 1 = 0$, dann stecken die fünf bedeutendsten Konstanten in der Mathematik miteinander in einer einzigen Gleichung. (Ich weiß, das ist bei der Gleichung $e^{0\pi i} = 1$ genauso der Fall, aber da die 0-te Potenz von weiß Gott was allem immer 1 ist, sagt der Gebrauch von e, π und i in diesem Fall überhaupt nichts.) Derartige technische Fortschritte und mithin auch die geometrische Interpretation verschiedener Operationen mit komplexen Zahlen machten diese schließlich in der Elektrizitätstheorie und anderen physikalischen Bereichen unersetzlich. Ihre Entwicklung brachte auch einen Impuls für die abstrakte Algebra und ganz besonders für die Vektoranalysis und Quaternionen.

Letztlich führt die Zahl i doch nur zu deutlich vor Augen, daß man mit dem Postulieren imaginärer Einheiten durchaus reale Fortschritte erzielen kann. Vielleicht sollten sich das mal ein paar Theologen hinter die Ohren schreiben, die sich ja auch einiges ganz gut zurechtgelegt haben, wenn auch auf dem Boden von noch viel fadenscheinigeren Analogien.

Infinitesimalrechnung

Unabhängig voneinander stießen im späten 17. Jahrhundert Isaac Newton und Gottfried Wilhelm von Leibniz auf die Infinitesimalrechnung. In ihrem Mittelpunkt stehen die fundamentalen Konzepte, die Grenzwerten und Veränderungen zugrunde liegen. Wie die axiomatische Geometrie der alten Griechen, so hatte auch die Infinitesimalrechnung fast vom Tag ihrer Geburt an einen nachhaltigen Einfluß auf das Denken von Mathematikern und anderen Wissenschaftlern, ja der gesamten Gesellschaft. Das liegt zum einen an der Stärke, Schönheit und Vielseitigkeit dieser Ideen und Methoden, zum anderen an ihrer Verbindung mit der Newtonschen Physik und der Metapher vom Universum als einem gigantischen Uhrwerk, das der Infinitesimalrechnung und zeitlosen Differentialgleichungen gehorcht. Allerdings ist diese Metapher infolge der Entwicklungen in der modernen Physik in den letzten Jahrzehnten längst nicht mehr so überzeugend. Wenn wegen der Computer die Note im Infinitesimalrechnen heute vielleicht nicht mehr die Rolle spielt wie früher, so bleibt die Infinitesimalrechnung dennoch einer der wesentlichsten Zweige der Mathematik, nicht nur für Wissenschaftler und Ingenieure, sondern auch immer mehr für Wirtschaftsexperten und Geschäftsleute.

Es ist zwar etwas vereinfachend, aber ganz nützlich, wenn ich das Thema unterteile: in die Differentialrechnung, die sich mit Veränderungsraten beschäftigt, und in die Integralrechnung, die sich mit der Summierung von variablen Größen befaßt. Fangen wir am besten mit der Differentialrechnung an. Angenommen, Sie fahren nach dem Mittagessen von München weg, Richtung Salzburg. Allerdings hat Ihr Auto keinen Tacho, sondern nur eine Uhr und einen Kilometerzähler. Sie merken, wie Sie je nach Verkehr, Musik und Stimmung mal schneller, mal langsamer fahren. Nun könnten Sie sich fragen, wie Sie Ihre Geschwindigkeit bestimmen, die Sie z. B. um 13 Uhr haben, wobei Sie eher auf eine theoretische Erklärung aus sind als auf eine praktische Methode.

Sie könnten die Frage einigermaßen annähernd beantworten, wenn Sie die Geschwindigkeit zwischen 13:00 und 13:05 Uhr ermitteln. Wie Sie wissen, ist die durchschnittliche Geschwindigkeit gleich der zurückgelegten Distanz, dividiert durch die benötigte Zeit. Sie könnten also mit Hilfe des Kilometerzählers die Entfernung messen, die Sie in den 5 Minuten zurücklegen. Diese Distanz wäre dann durch 1/12 einer Stunde (= 5 Minuten) zu dividieren. Noch besser wäre es, wenn Sie die durchschnittliche Geschwindigkeit zwischen 13:00 und 13:01 Uhr herausfinden. Lesen Sie also schon nach einer Minute die Entfernung ab und teilen Sie sie dann durch 1/60 einer Stunde. So kommen Sie Ihrer augenblicklichen Geschwindigkeit um 13:00 um einiges näher. Denn je kürzer der Zeitraum ist, desto geringer sind die Geschwindigkeitsschwankungen. Ziemlich nah kämen Sie der Antwort, wenn Sie die durchschnittliche Geschwindigkeit innerhalb von zehn Sekunden, also zwischen 13:00:00 und 13:00:10 Uhr, errechnen. In diesem Fall dividieren Sie die Entfernung, die Sie nach zehn Sekunden haben, durch 1/360 einer Stunde.

Nicht gerade eine sehr wirksame Methode, ich weiß; aber immerhin können Sie auf diese Weise theoretisch definieren, welche Geschwindigkeit Sie zu einem bestimmten Zeitpunkt haben. Danach ist sie sozusagen der Grenzwert aus den Geschwindigkeiten, die Sie, ausgehend von einem bestimmten Moment, in immer kleiner werdenden Zeiträumen durchschnittlich fahren. Der Begriff »Grenzwert« ist hier etwas heikel (siehe *Grenzwerte*), aber ich meine, es ist in diesem Zusammenhang klar, welche Erkenntnis unmittelbar dahintersteckt. Wichtig ist: Wenn die Entfernung, die Sie da auf der Salzburger Autobahn zurückgelegt haben, aus einer Formel resultiert, die nur von der Zeit abhängig ist, die Sie für die Strecke benötigt haben, dann können Sie mit Hilfe der manipulativen Möglichkeiten der Infinitesimalrechnung sagen, wie hoch Ihre Geschwindigkeit zu einem bestimmten Zeitpunkt ist. Wenn Sie die Formel graphisch darstellen, indem Sie die zurückgelegte Distanz auf der y-Achse und die abgelaufene Zeit auf der x-Achse anzeigen, dann entspricht die Geschwindigkeit zu einem gewissen Zeitpunkt der Steigung des Graphen an einem bestimmten Koordinatenpunkt.

Wie schnell sich eine bestimmte Größe in Abhängigkeit von der Zeit verändert, ist eine uralte Frage. Wie schnell wird sich der Ölteppich in drei Tagen ausbreiten? Wie schnell veränderte sich die Schattenlänge vor einer Stunde? Aber oftmals interessieren uns eigentlich viel allgemeinere Veränderungsraten. Wie schnell wird unser Gewinn in bezug auf die Stückzahlen dieses oder jenes Produkts wachsen, wenn wir davon 12000 Stück am Tag produzieren? Wie schnell wird sich die Temperatur eines eingeschlossenen Gases in bezug auf sein Volumen verändern, wenn dieses 5 Liter beträgt? Wie schnell werden die Zinseinkünfte in bezug auf die Kapitalinvestition wachsen, wenn ich 800 Millionen Mark einsetze (vorausgesetzt, andere Faktoren bleiben konstant)? Solange die Relation zwischen den fraglichen Größen bekannt ist, kann die Veränderungsgeschwindigkeit der einen Größe in bezug auf die andere, die »Ableitung«, wie man generell dazu sagt, mittels Differentialrechnung bestimmt werden. (Wenn die Abhängigkeit von x und y durch die Formel $y = f(x)$ wiedergegeben wird (siehe auch *Funktionen*), dann muß die Ableitung eine verwandte Formel haben. Tatsächlich schreibt man dafür in der Regel einfach $f'(x)$; nach Leibniz dy/dx. Die Ableitungsformel sagt uns, wie schnell sich y in bezug auf x an einem bestimmten Punkt x verändert.)

Formeln zu kennen, wie in diesem Fall Ableitungsformeln, ist wie vieles in der Mathematik nicht gleich von sich aus von großem Wert. Jeder Schüler »lernt«, daß die Ableitung von $y = x^n$ gleich nx^{n-1} ist. Das könnte man auch schon einem Kind im Vorschulalter beibringen, daß es immer nur nx^{n-1} sagen muß, wenn es nach der Ableitung von x^n gefragt wird.

Sobald wir verstehen, was eine Ableitung eigentlich ist, können wir viele Arten von Problemen lösen. Da Profite als Funktion von Produktmengen gemeinhin steigen und dann abfallen, wissen wir, daß sich der Profit zuerst positiv entwickelt; wie schnell, das wissen wir auch, hängt von der produzierten Menge ab. Wenn wir weiterhin so große Mengen produzieren, nimmt er ab und entwickelt sich negativ. Wenn wir die genaue Relation zwischen Profit und Stückzahl kennen, können wir sagen, welche Mengen produziert werden müssen, um einen maximalen Profit zu erzielen. Das heißt, wir müssen herausfinden, wo die Ableitung oder Veränderungsgeschwindigkeit 0 ist. Generell sind mit dieser Methode sämtliche knappen Ressourcen optimierbar.

Um nun auch etwas von der Integralrechnung mitzubekommen, stellen Sie sich wieder vor, Sie seien auf der Salzburger Autobahn (der Königsweg der Infinitesimalrechnung). Dieses Mal fehlt Ihnen allerdings der Kilometerzähler im Auto; dafür haben Sie nun einen Tacho und eine Uhr (sie steht gerade auf 14:00 Uhr). Vor lauter Monotonie unterwegs kommen Sie ganz in Gedanken; Sie fragen sich, wie Sie aus der augenblicklichen Geschwindigkeit genau die Kilometer ableiten können, die Sie in einer Stunde hinter sich lassen. Wenn Sie die 120 km/h konstant einhalten, ist es kein Problem: genau 120 km.

Aber angenommen, Ihre Geschwindigkeit variiert ganz beträchtlich. Eine Möglichkeit wäre nun, davon auszugehen, daß die Geschwindigkeit in den nächsten 5 Minuten einigermaßen konstant ist, und sie nach zweieinhalb Minuten auf dem Tacho abzulesen. Um 14:02:30 zeigt Ihr Tacho, sagen wir, 130 km/h. Da die Entfernung, die man in einem bestimmten Zeitraum zurücklegt, gleich dem Produkt aus Geschwindigkeit und Zeitdauer ist, multiplizieren Sie die 130 km/h mit 1/12 Stunde. Auf diese Weise bekommen Sie annähernd die Distanz, die Sie zwischen 14:00 und 14:05 zurücklegen (fast 11 km). Um 14:07:30 nehmen Sie erneut die Geschwindigkeit auf dem Tacho; dieses Mal sind es 120 km/h. Wenn sie der mehr oder weniger konstanten Geschwindigkeit zwischen 14:05 und 14:10 Uhr entsprechen, dann multiplizieren Sie sie wiederum mit 1/12 Stunde. Damit haben Sie ungefähr die

Distanz, die Sie in den 5 Minuten zwischen 14 : 05 und 14 : 10 fahren. Um 14 :12 : 30 schauen Sie wieder auf den Tacho. Wegen des vielen Verkehrs fahren Sie jetzt nur 90 km/h. Auch die multiplizieren Sie wieder mit 1/12 Stunde und ermitteln Ihre Strecke zwischen 14 : 10 und 14 : 15 Uhr. So kommen Sie ziemlich genau auf die Distanz, die Sie in der einen Stunde zurücklegen.

Sollten Sie eine bessere Annäherung wünschen, dann verkürzen Sie die Zeiträume einfach und zählen die kleineren Distanzen genauso zusammen wie vorher die größeren. In einer Minute schwankt Ihre Geschwindigkeit weniger als in fünf und in 10-Sekunden-Intervallen noch weniger, so daß Sie die Entfernung, die nach einer Stunde insgesamt zusammenkommt, immer genauer bestimmen können. Die exakte Distanz ist der Grenzwert dieses Verfahrens; man spricht in diesem Fall vom »bestimmten Integral« einer Geschwindigkeit. Welche Summe hier herauskäme, hinge natürlich von der Geschwindigkeit ab, mit der Sie fahren, und wie exakt Sie in der einen Stunde messen, um möglichst jede Schwankung zu berücksichtigen.

Diese Methode ist genauso verallgemeinerbar wie die vorherige. Wir greifen auf sie jedes Mal zurück, wenn wir uns den Kopf über eine sich verändernde Größe zerbrechen und uns fragen, was dabei letzten Endes alles zusammenkommt. Mit welcher Kraft insgesamt ein See gegen einen Damm drückt, läßt sich beispielsweise so approximieren, daß man den Druck auf den untersten Dammabschnitt, meinetwegen in der Höhe bis zu einem halben Meter, ermittelt, dann den Druck auf den halben Meter darüber, danach den Druck auf den übernächsten halben Meter usw. bis zum obersten Rand des Damms und eins ums andere Mal addiert; weil der Wasserdruck mit der Tiefe zunimmt, kann man nur so vorgehen. Noch genauer wäre der gesamte Druck zu ermitteln, wenn man den ganzen Damm in Lagen einteilt, die nur einen Zentimeter hoch sind, und die darauf wirkenden Wasserkräfte nach und nach addiert. Der genaue Druck ist wiederum der Grenzwert dieser Prozedur – das bestimmte Integral. Wenn wir nun wissen wollen, wie hoch sich die Gesamteinkünfte aus dem Verkauf dieses oder jenes Produkts belaufen, das bei steigender Produktion immer billiger wird, dann haben wir es dem Konzept nach bereits mit dem bestimmten Integral zu tun. (Die Schreibweise für das Integral einer Größe $y = f(x)$ ist gewöhnlich $\int f(x)\,dx$; das $\int$ ist ein stilisiertes S und sozusagen symbolisch für »Summe«.)

Seine Nützlichkeit verdankt das bestimmte Integral dem sogenannten Fundamentaltheorem der Infinitesimalrechnung. Es besagt, daß diese Operation und die andere elementare Operation, mit der sich ausrechnen läßt, wie schnell sich eine bestimmte Größe in Abhängigkeit von einer anderen verändert, die Ableitung also, in der Tat inverse Operationen sind; die heben sich nämlich gegenseitig auf. Das Theorem und die Methodik, die aus den beiden Definitionen hervorgehen, geben uns das nötige Instrumentarium zum Verständnis sich kontinuierlich verändernder Größen. Differentialgleichungen (Gleichungen, die Ableitungen mit einbeziehen; siehe auch *Differentialgleichungen*) sind dafür ein gutes Beispiel und von unschätzbarem Wert.

Diese Ideen waren die treibende Kraft für die Entwicklung der Analysis auf mathematischem Gebiet; und als die Physik mit der Infinitesimalrechnung und den Differentialgleichungen ihre Sprache fand, war die Welt ein für alle Mal verändert. Denken Sie daran, wenn Sie mal auf der Salzburger Autobahn fahren und einen kaputten Tacho oder Kilometerzähler haben.

Kombinatorik, Graphen und Landkarten

Stellen Sie sich vor, Sie würden zur aussterbenden Zunft der Kartenzeichner gehören. Vor Ihnen liegt eine Karte von den Retikulierten Provinzen Konvolutiens. Leider hat der Verlag, bei dem Sie angestellt sind, einschneidende Sparmaßnahmen ergriffen. Wie sollen Sie mit höchstens vier Farben auskommen? Und wie sollen Sie gewährleisten, daß die Nachbarländer, die ja zumindest einen Teil der Grenzen ausmachen, verschiedenfarbig ausfallen? Dem 4-Farben-Satz zufolge können Sie Ihre Aufgabe garantiert lösen, egal, wie viele Länder auf der Karte eingezeichnet sind und wie sie liegen, solange sie zusammenhängende Regionen sind (d. h., Schizostan kann nicht mit einem Teil hier liegen und mit einem anderen 1000 km weit entfernt).

Theoretisch nahm man bereits Mitte des 19. Jahrhunderts an, daß für eine gewöhnliche Landkarte nicht mehr als vier Farben nötig seien. Obwohl man sich ständig mit dieser Theorie auseinandersetzte, konnte sie letztendlich erst 1976 von den beiden amerikanischen Mathematikern Kenneth Appel und Wolfgang Haken bewiesen werden. Zuvor war nur bewiesen, daß höchstens sieben Farben nötig sind, um auf der Oberfläche eines Torus (einer Figur, die der Form nach ans Innere eines Schlauches erinnert) eine Landkarte zu kolorieren. Die meisten werden von dieser Idee nicht viel halten, weil sie meinen, es fehle ihr der natürliche Reiz, der vom 4-Farben-Satz ausgeht – nur weil sie sich nicht daran gewöhnen mögen, eine Landkarte in einem Schlauch zu malen.

Für den Beweis des 4-Farben-Satzes muß schon ein Computer her. Unzählige Möglichkeiten sind zu prüfen, die mit den verschiedenen Arten von Landkarten zusammenhängen. Eine ganz neue Entwicklung, die sich da abzeichnet – scheinbar im Widerspruch zum Begriff des mathematischen Beweises. Aber was ist das, ein mathematischer Beweis? Seit dem griechischen Altertum gilt die stillschweigende Übereinkunft, daß ein Beweis immer verstehbar und nachvollziehbar sein muß, also auch logisch überzeugen muß. (Siehe auch *Q. e. d.*). Wenn ein solcher Beweis wie der des 4-Farben-Satzes so sehr von Computern abhängt, dann läßt er sich nicht auf die gleiche Weise verstehen oder verifizieren wie andere mathematische Beweisführungen. Auch von der Logik her ist er keinesfalls wasserdicht. Obwohl die Wahrscheinlichkeit eines Fehlers bei einer bestimmten Konfiguration winzig klein ist, müssen so viele Einzelfälle überprüft werden, daß wir nur zu dem Schluß kommen können, der Satz trifft aller Wahrscheinlichkeit nach zu. Aber wenn etwas »aller Wahrscheinlichkeit nach zutrifft«, ist das noch lange nicht dasselbe, wie wenn etwas »schlüssig bewiesen« ist.

In der mathematischen Gruppentheorie gibt es etliche Sätze, wie der eine und andere Mathematiker schon hervorgehoben hat, die so kompliziert und umfangreich sind – ohne daß es für ihren Beweis eines Computers bedarf –, daß man gegen sie durchaus die gleichen Einwände erheben könnte. Wie immer man es betrachtet, klar ist, daß der Beweis des 4-Farben-Satzes nicht gerade elegant, zwingend oder selbstverständlich ist. Er gehört sicherlich nicht zu den ganz ideal gestalteten Beweisen, die Paul Erdos mal in seinem »Buch Gottes« (»God's Book«) zusammengetragen hat. Dennoch eine recht beeindruckende Lösung eines alten Problems.

Leider schaute dabei, mathematisch gesehen, nicht so viel heraus; ein anderes altes Rätsel, das Königsberger Brückenproblem von Leonhard Euler, hatte da schon mehr zu bieten. Euler begann seine klassische Schrift von 1736 (für viele wurde damit die Tür zur Kombinatorik aufgemacht) mit der Diskussion darüber, wie die ostpreußische Stadt Königsberg angelegt ist: an den Ufern und auf zwei Inseln der Pregel. Die verschiedenen Stadtteile waren mit sieben Brücken verbunden, und sonntags machten die Königsberger immer einen Stadtbummel. Da erhebt sich doch die Frage, ob sie, wenn sie von zu Hause losspazierten, exakt einmal über jede Brücke gehen konnten, bis sie wieder daheim waren? Euler zeigte, daß es so eine Strecke nicht gab. Er verstand von vorneherein, daß jede solche Route genauso oft in jeden Stadtteil hineinführen, wie sie dort auch wieder hinausführen mußte, was nur funktioniert, wenn jeder Stadtteil eine gerade Zahl von Brücken hat, was in Königsberg aber nicht der Fall war.

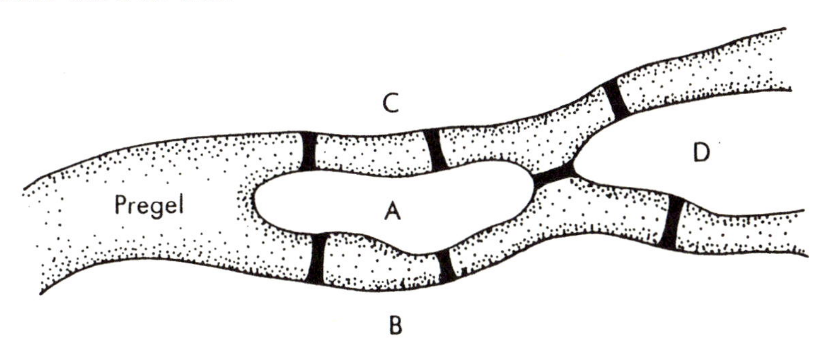

Die sieben Brücken von Königsberg

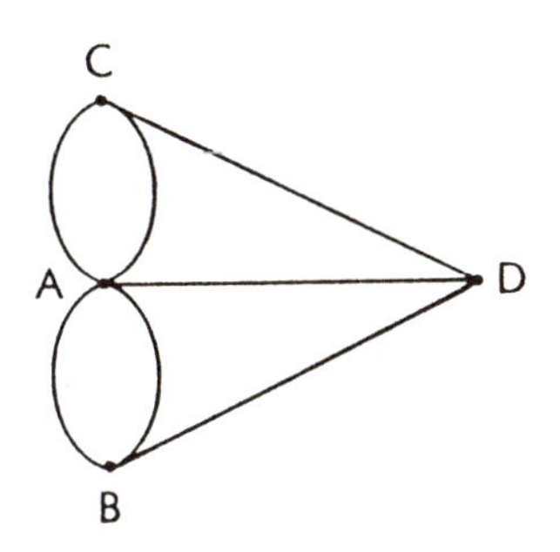

Eulers Diagramm der Stadt

Euler stellte die verschiedenen Stadtteile als Punkte dar, die Brücken dazwischen als Linien. Aus den Punkten und Verbindungslinien entstand ein Graph; und dann beschäftigt sich Euler bis zum Schluß nur noch mit dem allgemeinen Problem: Wo, d. h. in welchen Graphen dieser Art, läßt sich ein Weg finden, der durch jede Linie nur einmal geht, um zum Ausgangspunkt zurückzukehren? (Im Gegensatz zur Königsberger Situation läßt sich so ein Weg sehr wohl finden, wenn der Graph wie ein Davidsstern aussieht, mit zwei übereinander liegenden Dreiecken, das eine nach oben, das andere etwas tiefer und nach unten gerichtet.)

Eine scheinbar so einfältige Darstellungsweise von mathematischen Relationen mit Punkten und verbindenden Linien ist in der Lehre von den Graphen längst eine unerläßliche Hilfsmethode. Sie kann z. B. dazu dienen, Verflechtungen innerhalb einer Gruppe von Leuten (Bekannte sind durch eine Linie verbunden) wiederzugeben oder als Baumdiagramm darzustellen, was alles bei einer komplizierten Folge von Auswahlentscheidungen herauskommen kann. Dagegen scheint der 4-Farben-Satz in eine Sackgasse zu führen.

Es ist unmöglich, vorherzusagen, ob ein Problem zu weiteren Erkenntnissen und Entwicklungen führt oder zu nichts. Können Sie sagen, warum Sie mit einem der beiden folgenden Rätsel nicht weiterkommen?

Rätsel 1: Gehen Sie von einer x-beliebigen positiven ganzen Zahl aus; ist es eine gerade Zahl, dividieren Sie sie durch 2, andernfalls multiplizieren Sie sie mit 3 und addieren dann 1 hinzu. Auf die Zahl, die dabei herauskommt, wenden Sie wieder die gleichen Regeln an. Wiederholen Sie diesen Vorgang einige Male. Mit 11 als Ausgangszahl ergibt sich folgende Sequenz: 11, 34, 17, 52, 26, 13, 40, 20, 10, 5, 16, 8, 4, 2, 1, 4, 2, 1, ...; mit 92 sieht sie so aus: 92, 46, 23, 70, 35, 106, 53, 160, 80, 40, 20, 10, 5, 16, 8, 4, 2, 1, 4, 2, 1, ... Die Frage ist, ob jede positive Zahl letztlich immer den 4-2-1-Zyklus erreicht; man glaubt, daß es so ist, aber bewiesen wurde es noch nie.

Rätsel 2: Am besten läßt es sich anhand einer Party darstellen, wobei die Frage ist: Wie viele Gäste müssen mindestens anwesend sein, damit sich garantiert wenigstens 3 von ihnen kennen bzw. nicht kennen? (Freilich ist davon auszugehen, daß Georg Martha kennt, wenn Martha Georg kennt.) Wenn Sie nun einmal selbst in die Rolle eines der Partygäste schlüpfen, werden Sie schnell verstehen, warum es mindestens 6 Gäste sein müssen. Da Sie selbst jeden der fünf anderen kennen bzw. nicht kennen, kennen Sie also entweder mindestens 3 von ihnen oder mindestens 3 von ihnen nicht.

Angenommen, Sie kennen drei (der Parallelfall ist, wenn Sie drei von den Gästen nicht kennen). Überlegen Sie, welches Verhältnis zwischen Ihren drei Bekannten besteht. Wenn sich zwei von ihnen kennen, dann sind es zusammen mit Ihnen bereits drei Gäste, die sich gegenseitig kennen. Wenn auf der anderen Seite keiner Ihrer drei Bekannten den anderen kennt, dann bilden sie zusammen eine Gruppe von drei Gästen, die sich gegenseitig nicht kennen. Also sind 6 Gäste genug. Daß es z. B. bei einer Party mit 5 Gästen nicht geht, sehen Sie, wenn Sie sich vorstellen, Sie kennen genau zwei von den vier anderen Gästen und jeder der beiden kennt einen anderen der beiden, die Sie nicht kennen.

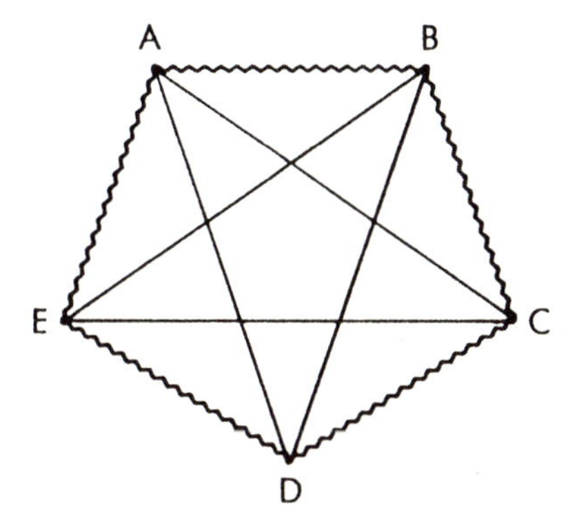

Es gibt keine Gruppe von drei Leuten, die sich gegenseitig kennen, und keine, wo sich drei untereinander nicht kennen.

Auf der Metaebene stellt sich die Frage: Welches Rätsel führt zu einem vernünftigen Ergebnis, und welches führt zu nichts? Zwar sind beide praktisch nutzlos, aber das ändert nichts daran, daß das erste in einer Sackgasse endet (wenigstens soweit man es heute weiß), das zweite hingegen mit einer ganz neuen Seite der Kombinatorik, der *Ramsey-Theorie*, so benannt nach dem englischen Mathematiker Frank Ramsey. Er hatte sich der Frage zugewandt, wie sich die kleinste Zahl von Elementen ermitteln läßt, die simple, aber verschiedene kombinatorische Bedingungen erfüllen. Eine Frage, die voller Probleme steckt. Sie lassen sich ganz einfach konstatieren, aber nicht lösen, auch nicht mit brachialen Computermethoden. Wie viele Gäste auf einer Party mindestens anwesend sein müssen, damit garantiert ist, daß es mindestens 5 Gäste gibt, die sich gegenseitig kennen, bzw. daß es mindestens 5 Gäste gibt, die sich nicht gegenseitig kennen – ist diese Frage überhaupt generalisierbar? Dies ist z. B. eines der Probleme.

Eine allerletzte Übung: Laut 4-Farben-Satz sind nicht mehr als 4 Farben nötig, um eine gewöhnliche Landkarte auszumalen. Es gibt auch eine Reihe ganz unterschiedlicher kleiner Landkarten, anhand derer es leicht zu demonstrieren ist, daß mindestens 4 Farben nötig sind. Probieren Sie es mal.

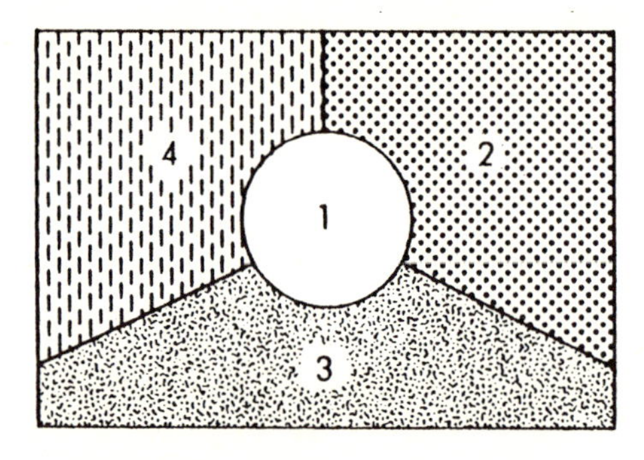

Eine vierfarbige Karte.
Vier Farben sind immer ausreichend.

Komplexität bei Programmen

Eine Freundin von mir hatte ein Buch über Gedächtnishilfen gelesen, aber anscheinend falsch verstanden. Um sich z. B. eine Telefonnummer zu merken, konnte sie sich die umständlichste Eselsbrücke bauen: daß ihre beste Freundin 2 Kinder hat, ihr Zahnarzt 5, ihre Kommilitonin 3, ihre eine Nachbarin 3 Hunde, die andere 7 Katzen, ihr ältester Bruder 8 Kinder, wenn man die aus seinen ganzen Frauenbeziehungen zusammenzählte, und sie selbst 4 Geschwister. Also war die Telefonnummer 2533784. Ihre Algorithmen (Rezepte, Programme) waren amüsant, phantasiereich um tausend Ecken gedacht und immer viel länger als das, was sie sich eigentlich merken wollte. Natürlich sind Algorithmen, die mit einer ellenlangen Liste oder Geschichte zusammenhängen, die man problemlos auswendig kann, durchaus sinnvoll. Nicht so bei meiner Freundin: Sie vergaß leider eins ums andere Mal wichtige Elemente.

Schauen Sie sich mal die folgenden Zahlenkolonnen an. Wie würden Sie jemandem alle drei beschreiben, der sie nicht sehen kann?

1) 0 0 1 0 0 1 0 0 1 0 0 1 0 0 1 0 0 1 0 0 1 0 0 1 0 …
2) 0 1 0 1 1 0 1 0 1 0 1 0 1 0 1 0 1 1 0 1 0 1 0 1 1 …
3) 1 0 0 0 1 0 1 1 0 1 1 0 1 1 0 0 0 1 0 1 0 1 1 0 0 …

In der ersten, der einfachsten, wiederholen sich am laufenden Band zwei Nullen und eine 1. Auch in der zweiten ist eine gewisse Regelmäßigkeit zu erkennen – manchmal wechseln eine 0 und eine

1 miteinander ab, manchmal eine 0 und zwei Einsen. Am schwierigsten ist die dritte zu beschreiben, da sie überhaupt kein Muster zu haben scheint. Wie die erste Sequenz weitergeht, ist klar. Weniger eindeutig ist, wie sich die zweite fortsetzt; und wie es mit der dritten weitergeht, ist ein völliges Rätsel. Nehmen wir aber trotzdem mal an, daß jede für sich eine Billion Bits lang ist (ein Bit ist eine 0 oder eine 1) und immer »so weitergeht«.

Mit diesen Beispielen vor Augen können wir dem Computerwissenschaftler Gregory Chaitin und dem russischen Mathematiker A. N. Kolmogorow folgen und sagen, daß die Komplexität einer Folge von 0 und 1 definiert ist als die Länge des kürzesten Computerprogramms, das die fragliche Sequenz generiert (d. h. ausdruckt).

Was bedeutet das? Ein Programm, aus dem die erste Bit-Folge hervorgeht, kann einfach nach dem Rezept ablaufen: Drucke zweimal eine 0, dann eine 1, und wiederhole dies abertausendmal. Verglichen mit der langen Sequenz, die dabei herauskommt, ist das Programm recht kurz. Die Komplexität der ersten Sequenz kann vielleicht nur um die 1000 Bits betragen oder wie lang das kürzeste Programm sein mag, aus dem diese Sequenz hervorgeht. Zum Teil hängt das von der Computersprache ab, mit der das Programm geschrieben ist. Aber ganz gleich, in welche Sprache man »Drucke zweimal eine 0, dann eine 1, und wiederhole« übersetzt – ein langes Programm entsteht dabei nicht. (Der Einheitlichkeit wegen könnten wir sogar annehmen, daß unsere Programme, die die Sequenzen oben generieren, in einer sehr spärlichen Maschinensprache aus 0 und 1 geschrieben sind; die Programme selbst sind dann Sequenzen aus 0 und 1.)

Ein Programm, das die zweite Sequenz erzeugt, wäre die Übersetzung von »Drucke eine 0, dann entweder einmal oder zweimal eine 1«, wobei die Einsen dazwischen nach dem Muster eins-zwei-eins-eins-zwei-eins-eins-zwei usw. vorkommen. Sollte es nach diesem Muster weitergehen, fiele jedes Programm relativ lang aus, um das »usw.«-Muster der Einsen dazwischen im vollem Umfang zu spezifizieren. Allerdings wäre es wegen der immer noch regelmäßig abwechselnden 0 und 1 beträchtlich kürzer als die eine

Billion Bits lange Sequenz, die es generiert. Daher ist die zweite Bit-Folge vielleicht nur halb so komplex wie lang, vielleicht auch viel weniger, je nachdem, wie lang das kürzeste Programm für diese Folge ist.

Anders ist es bei der dritten Bit-Sequenz (bei weitem die häufigste). Angenommen, sie ist eine Billion Bits lang und von Anfang bis Ende so unregelmäßig, daß kein Programm kürzer wäre als die Sequenz, die es erzeugen soll. Es wäre nichts anderes als eine einfältige Aneinanderreihung sämtlicher Bits in der Sequenz: Drucke 1, dann 0, dann 0, dann 0, dann 1, dann 0, dann 1, ... – sie läßt sich einfach nicht weiter komprimieren. Das Programm wird mindestens so lang wie die Sequenz selbst sein, die es ausgeben soll, wobei die Komplexität dieser dritten Bit-Folge also bei mehr oder weniger einer Billion Bits liegt.

Eine Sequenz, die wie die dritte ein Programm benötigt, das so lang ist wie sie selbst, nennt man zufällig. Zufällige Sequenzen lassen kein Muster, keine Regelmäßigkeit, keine Ordnung erkennen. Programme, die solche Sequenzen generieren, können sich nur immer an den Befehl halten: Drucke 1 0 0 0 1 0 1 1 0 1 1 ... und sich quasi nur ständig wiederholen. Man kann sie nicht kürzen. Die Komplexität der von ihnen erzeugten Sequenzen entspricht genau der Länge dieser Sequenzen. Im Gegensatz dazu können geordnete, d. h. regelmäßige Sequenzen wie die erste durch ganz kurze Programme entstehen und weitaus weniger komplex sein als lang.

In mancher Hinsicht sind Sequenzen wie die zweite am interessantesten. Sie weisen Elemente der Ordnung und des Chaos auf und haben somit etwas Lebendiges an sich. Sie sind, gemessen an ihrer Länge, nicht so komplex, aber auch nicht gerade so klein und einfach wie völlig geordnete oder so groß wie vollkommen zufällige. Was die Regelmäßigkeit der ersten von den drei Sequenzen oben betrifft, so ist sie sozusagen mit der eines Diamanten oder eines Quarzes vergleichbar. Dagegen ist die dritte so chaotisch und zufällig wie eine Wolke voller Gasmoleküle oder wie eine Serie Münzwürfe. Analog dazu könnte man die zweite mit einer Rose vergleichen (oder mit einer Artischocke – um nicht für einen Poeten gehalten zu werden); in ihr vereinen sich Ordnung und Zufälligkeit.

Diese Vergleiche sind mehr als bloße Metaphern. Die meisten Phänomene können nämlich mittels eines Codes beschrieben werden. Sei es nun die molekulare Sprache der Aminosäuren und DNS-Moleküle oder die deutsche Sprache in Briefen oder Büchern – digitalisierbar, d. h. auf Bit-Folgen von 0 und 1 reduzierbar, ist jeder dieser Codes. (Siehe auch das Kapitel über den *Turing-Test.*) Sowohl die DNS als auch ein Liebesroman, in ihrem jeweiligen Code ausgedrückt, sind Sequenzen, in denen, wie in der zweiten oben, Ordnung und Redundanz neben Komplexität und Zufälligkeit enthalten sind. Das ist wie in der Musik, wo zwischen einfachen, sich immer wiederholenden Takten und reinem Rauschen (analog zu Sequenzen wie der ersten und dritten) komplexe Melodien liegen.

Auf diese Weise könnte man sich die ganze Wissenschaft vorstellen. Ray J. Solomonoff *et al.* haben die Theorie aufgestellt, daß naturwissenschaftliche Beobachtungen in Sequenzen aus 0 und 1 codierbar sind. Das Ziel der Wissenschaft wäre dann, kurze Programme zu finden, die in der Lage sind, diese Beobachtungen zu generieren (d. h. abzuleiten oder vorherzusagen). Ein solches Programm wäre demnach eine wissenschaftliche Theorie, die um so durchschlagender wäre, je kürzer sie relativ zu dem beobachteten und vorhergesagten Phänomen wäre. Zufallserscheinungen wären, außer in einem sehr pickwickschen Sinn, nicht vorhersagbar von einem Programm, das sich lediglich auflisten kann. Dies ist eine sehr vereinfachende Wissenschaftssicht, die allenfalls in Verbindung mit einem gut definierten und bereits festgesetzten wissenschaftlichen Gefüge Sinn machen kann. Man kommt aber nicht daran vorbei, daß der Begriff »Komplexität« von allgemeiner Natur ist.

Die Komplexität, wie ich den Begriff hier definiert habe, ist eine algorithmische Komplexität, weil sie die Länge des kürzesten Programms (Algorithmus oder Rezepts) wiedergibt, das man zur Generierung einer bestimmten Sequenz braucht. Ein verwandter Begriff ist die Rechenkomplexität einer Sequenz. Sie ist definiert als der kürzeste Zeitraum, den ein Programm zur Generierung einer bestimmten Sequenz benötigt. In der Praxis ist Zeit oft ein entscheidender Faktor bei der Wahl eines Programms. Ein kurzes Programm kann Ewigkeiten brauchen, um die gewünschte Sequenz (oder die

Vorhersage nach Solomonoffs Wissenschaftsverständnis) hervorzubringen, während umgekehrt ein längeres Programm im Endergebnis schneller sein kann.

Die meisten Rechenprobleme (die wie ihre Lösungen immer in Bitsequenzen codiert werden können) brauchen für die Lösung um so länger, je größer sie sind. Das vielzitierte Problem des Vertreters, der von einer Stadt zur anderen tingeln und die kürzeste Tour wählen soll, ohne durch eine Stadt mehr als einmal zu kommen, und schließlich wieder in der landen soll, wo er losgefahren ist, dieses Problem zu lösen braucht natürlich um so mehr Zeit, je mehr Städte er aufsuchen muß.

Eine wichtige Unterscheidung ist zwischen jenen mathematischen Problemen zu treffen, deren Rechenkomplexität eine exponentielle Funktion der Problemgröße ist, und jenen, deren Rechenkomplexität eine polynome Funktion davon ist. Das Problem des Vertreters auf Reisen ist ein anschauliches Beispiel: Die Größe des Problems wird durch z bestimmt, die Zahl der aufzusuchenden Städte; man weiß nicht, ob die zur Lösung des Problems notwendige Zeit exponentiell zunimmt, also 2^z, oder polynom, also z^t, wobei t eine (im allgemeinen kleine) Größe ist. (Siehe auch das Kapitel über *Exponentielles Wachstum*.) Zahlen verdeutlichen es: Sagen wir, $z = 20$ und $t = 3$; dann ist $2^z = 2^{20} = 1048576$; z^t dagegen $20^3 =$ (lediglich) 8000.

Wenn die Rechenkomplexität bei dem Problem des herumreisenden Vertreters, wie richtig vermutet, gleich 2^z wächst, dann nimmt die Zeit, die es zur Lösung braucht, so rasch zu, daß das Problem bei sehr großen z-Werten praktisch unlösbar wird. (Daran ändern auch parallele Prozessoren nichts, mit denen ein Computer viele Operationen gleichzeitig, also parallel, ausführen kann und nicht so wie heute noch meist einen Schritt nach dem anderen machen muß.) Wächst die Rechenkomplexität polynom als Potenz von z, können im allgemeinen innerhalb einer vernünftigen Zeitspanne ganz passable Lösungen erzielt werden, selbst bei sehr großen z.

Da jeder denkbare Computer beschränkte Kapazitäten in puncto Zeit und Speicherplatz hat, müssen für viele Probleme (z. B. in der Luftfahrt für die Koordinaten von Start- und Landezeiten!) einfach effizientere Algorithmen her. Diese Gedanken sind in theoretischer und philosophischer Hinsicht durchaus bedeutsam; das habe ich ja schon angedeutet. Zahlreiche Lehrsätze, u. a. auch Gödels Unvollständigkeitstheorem (siehe auch das Kapitel über *Gödel*), werden ganz selbstverständlich, wenn sie unter dem Blickwinkel der Komplexität gesehen werden. Auch das P-NP-Problem (dahinter steckt die Frage, ob Probleme, deren Lösungen schnell – polynom – überprüft werden können, ebenso schnell gelöst werden können) muß im Zusammenhang mit der Komplexitätstheorie gesehen werden.

Korrelation, Intervalle und statistisches Testen

Kinder mit großen Füßen können besser buchstabieren, heißt es. Und in Gebieten mit höheren Scheidungsraten ist im allgemeinen die Sterberate niedriger. In Ländern, wo das Wasser mit Fluor angereichert wird, ist die Krebsrate höher. Sollen wir etwa unserer Kinder Füße strecken? Soll noch mehr Hedonismus in bestimmten Magazinen verbreitet werden? Ist gar die Fluorierung unseres Trinkwassers ein großangelegtes Komplott?

Obgleich es sehr wohl Studien gibt, die all diese Enthüllungen belegen, ergeben die oben gemachten Antworten nur Sinn, wenn man zwischen Korrelation und Kausalprinzip keinen Unterschied sieht. (Es ist interessant, daß der Philosoph David Hume behauptet hat, daß es im Prinzip gar keinen Unterschied zwischen beiden gibt. Doch wollte er wohl auf etwas ganz anderes hinaus.) Statistische Korrelationen gibt es in unterschiedlichen Variationen und Maßen. Sie zeigen aber sämtlich an, daß zwischen zwei oder mehr Mengen ein Zusammenhang in irgendeiner Weise und zu einem bestimmten Grad besteht, aber nicht unbedingt, daß eins das andere verursacht. Oft sind die Veränderungen in den korrelierten Größen jeweils auf einen dritten Faktor zurückzuführen.

Die Antworten aus den Korrelationen oben können ganz einfache Erklärungen haben: Kinder mit größeren Füßen können z. B. deswegen besser buchstabieren, weil sie älter sind, und wenn sie älter sind, dann haben sie naturgemäß eben größere Füße und sind, was natürlich nicht mehr ganz so sicher ist, auch besser im

Buchstabieren. Das Alter spielt auch im zweiten Beispiel eine Rolle, da ältere Eheleute sich wahrscheinlich weniger scheiden lassen und generell eher sterben, als das in Gebieten der Fall ist, wo die Bevölkerung nicht so alt ist. Und Länder, wo das Trinkwasser fluoriert ist, sind im allgemeinen reicher und gesundheitsbewußter, so daß viele Menschen heutzutage lange genug leben, um Krebs zu bekommen, der sich ja häufig erst im Alter entwickelt.

Ob sich Korrelationen tatsächlich so verhalten, wie sie definiert werden, ist in den meisten Fällen nicht so wichtig; wichtiger ist die simple Unterscheidung zwischen Korrelation und Kausalprinzip. Man läßt sich viel zu oft von den Details blenden, die in Korrelationskoeffizienten, Regressionsgeraden und Approximationspolynomen stecken, ohne weiter über die Logik der Situation nachzudenken. Das erinnert mich an so Leute wie mich (s. a. das Kapitel über die *Spieltheorie*), die einen neuen Computer kaufen, um ihre Arbeit zu beschleunigen, dann aber übermäßig viel Zeit verschwenden, indem sie sich mit den Details der Software aufhalten und stundenlang programmieren, um sich drei oder vier Tastenanschläge zu ersparen.

So konträre Standpunkte wie »Alle Leute sind ganz verrückt danach. Jeder scheint es haben zu wollen« und »Es wurden doch nur 1000 Leute befragt. Wie will man das also wissen?« deuten es schon an: Hinter einer Zufallsstichprobe steckt nur eine weitere simple statistische Idee. Allerdings findet sie nicht immer die volle Anerkennung. Denn ohne so eine Erhebung bedeutet es meist wenig, was andere sagen; aber mit so einer Erhebung können schon aus den Antworten von ganz wenigen befragten Personen maßgebliche Schlüsse gezogen werden. Ein Konfidenzintervall, basierend auf Beobachtungen bei Erhebungen und Umfragen, ist eine Art Bandbreite, die mit spezifizierter Wahrscheinlichkeit (in der Regel zu 95%) den unbekannten wirklichen Wert irgendeiner Bevölkerungseigenschaft enthält. Wenn man also 1000 Leute befragt und 43% die gleiche Meinung haben, dann ist es fast zu 95% wahrscheinlich, daß die Prozentzahl, die auf die gesamte Bevölkerung zutrifft, irgendwo in dem Intervall zwischen 40% und 46% liegt, also bei 43% ± 3%.

Bei der Berechnung eines statistischen Intervalls spielen zwar viele Dinge eine Rolle, aber man muß das alles gar nicht wissen (wie schon bei der Korrelation), um die grundlegenden Ideen zu verstehen. Die Methode ist so toll, daß man schnell vergißt, wie begrenzt ihr Aussagewert eigentlich ist. Nicht daß 1000 Personen zu wenig wären, um auf dieses Intervall von $\pm 3\%$ zu kommen (es sind tatsächlich genug). Eine derartige Abschätzung hängt eher davon ab, wie ein Problem eingegrenzt wird oder wie die Frage gestellt ist. Die Meinungen, Standpunkte und Intentionen der befragten Personen machen es quasi unmöglich, eine Fragestellung durch eine andere, und sei sie noch so ähnlich, zu ersetzen.

Das Testen statistischer Hypothesen ist auch Sache der Statistik, ohne daß es eines besonderen technischen Aufwands bedarf. Man geht von einer Hypothese aus, läßt sich ein Experiment einfallen, testet sie aus und sieht anhand von ein paar Berechnungen, wie wahrscheinlich die Ergebnisse sind. Ist es mit der Hypothese nicht so weit her, streicht man sie und sucht am besten nach einer Alternative. Statistik ist eher etwas, um aufgestellte Behauptungen zu entkräften, als sie zu bestätigen.

Bei so einem Vorgehen kann man zweierlei Fehler machen: Ein Fehler 1. Art passiert, wenn eine wahre Hypothese gestrichen wird; wird dagegen eine falsche Hypothese akzeptiert, ist es ein Fehler 2. Art. Diese Unterscheidung ist in weniger quantitativen Kontexten ganz nützlich. Ein Beispiel: Wenn der stereotype Sozi versucht, keine Fehler 1. Art zu machen (daß jemand seinen Anteil nicht bekommt), dann bemüht sich auf der anderen Seite der stereotype Konservative, Fehler 2. Art zu vermeiden (daß jemand mehr als seinen Anteil bekommt). Wenn es um die Bestrafung von Kriminellen geht, ist wiederum der Konservative bestrebt, Fehler 1. Art zu vermeiden (daß die, die es verdienen, die Schuldigen, ihre Strafe nicht bekommen); der Sozi will sich in diesem Fall eher keine Fehler 2. Art ankreiden lassen (daß die, die es nicht verdienen, die Unschuldigen, bestraft werden).

Das Gesundheitsministerium muß abschätzen können, wie groß die relativen Wahrscheinlichkeiten sind, daß Fehler 1. Art (eine gute Arznei nicht zuzulassen) oder Fehler 2. Art (die Zulassung einer schlechten) unterlaufen. Manager, die für die Qualitätskontrolle verantwortlich sind, müssen zwischen Fehlern erster und zweiter Art abwägen können (das eine oder andere Exemplar mit nur ganz wenigen Macken aussondern oder eines mit zu vielen Macken durchgehen lassen). Das sind nur ein paar Situationen, wo uns die Logik statistischen Testens sehr zustatten kommen kann.

Eigentlich ist die Statistik, mehr als die meisten anderen Bereiche der Mathematik, nichts anderes als gesunder Menschenverstand, nur formalisiert, quantifiziert und geradlinig. Skepsis gegenüber der Statistik (wie z. B. Benjamin Disraelis »Lügen, verdammte Lügen und Statistik« oder meine Lieblingswendung »Wahrheiten, Halbwahrheiten und Statistik«) ist natürlich voll angebracht; aber wir sollten uns auch keinen Sand in die Augen streuen lassen und glauben, wir könnten noch (oder schon) ohne sie auskommen. Würden wir auf sie verzichten, wäre es ein Fehler 1. Art (oder, für Kleinfüßler, ein Vehler 1. Art).

Lineares Programmieren

Lineares Programmieren ist eine Methode zur Maximierung (oder Minimierung) bestimmter Größen, während gleichzeitig bestimmte einschränkende Bedingungen bei anderen Größen gewährleistet bleiben. Da diese Einschränkungen im allgemeinen linear sind (ihre Graphen stellen Geraden dar), nennt sich dieses Verfahren »lineare Programmierung«. Es wurde nach dem 2. Weltkrieg entwickelt, um aus industriellen, ökonomischen und militärischen Systemen mehr herauszuholen, und ist seither aus den Wirtschaftsfächern nicht mehr wegzudenken. (Siehe die Kapitel über *Monte-Carlo-Simulation* und *Matrizen*.)

Sehen wir uns deshalb mal eine einfache Rentabilitätsanalyse an. In einem kleinen Betrieb werden Metallstühle hergestellt. Für die Maschinen werden 800 Mark veranschlagt, für einen fertigen Stuhl 30 Mark. Die Gesamtkosten t errechnen sich folglich anhand der Formel $t = 30x + 800$, wobei x die Anzahl der produzierten Stühle ist. Wenn wir ferner annehmen, daß der Verkaufspreis pro Stuhl 50 Mark beträgt, dann errechnen sich die Gesamterlöse r nach der Gleichung $r = 50x$, wobei x die Anzahl der verkauften Stühle ist.

Wenn wir diese beiden Gleichungen in ein einfaches Koordinatensystem übertragen, werden wir feststellen, daß sie sich genau in dem Punkt schneiden, wo sich Kosten und Erlöse die Waage halten. Der Rentabilitätspunkt liegt bei (40, 2000 DM); d. h., werden weniger als 40 Stühle verkauft, sind die Kosten höher als die Einnahmen; werden mehr verkauft, übertreffen die Erlöse die Kosten; bei 40 verkauften Stühlen betragen die Erlöse und Kosten jeweils 2000 Mark. In diesem Fall maximiert man den Profit einfach, indem man möglichst viele Stühle verkauft. (Um den Rentabilitätspunkt algebraisch zu ermitteln, ziehen Sie die Gleichung $y = 30x + 800$ von $y = 50x$ ab. Die Gleichung, die dabei herauskommt, ist $0 = 20x - 800$, und die ergibt $x = 40$.)

Befassen wir uns aber nun mit dem Problem einer echten linearen Programmierung. Nehmen wir an, ein Unternehmen stellt zwei Sorten von Kissenbezügen her, eine teure für 12 Mark, die für 30 Mark verkauft wird, und eine billigere für 5 Mark, die für 18 Mark über den Ladentisch geht. Mehr als 300 Stück können pro Monat aber nicht produziert werden, wobei die monatlichen Herstellungskosten nicht über 2500 Mark hinausgehen dürfen. Wenn von jeder Sorte pro Monat mindestens 50 hergestellt werden müssen, wie viele sollten es dann von jeder Sorte sein, um den Profit zu maximieren?

Sagen wir, die Zahl der monatlich hergestellten Kissenbezüge der teuren Sorte ist x, während y die Zahl der billigeren Sorte repräsentiert. Dann können wir die Einschränkungen des Problems auf x und y folgendermaßen übertragen: $x + y \leqq 300$; $x \geqq 50$; $y \geqq 50$; und $12x + 5y \leqq 2500$. Diese letzte Ungleichung kommt deshalb zustande, weil jeder teure Kissenbezug in der Herstellung 12 Mark kostet, so daß folglich die Herstellungskosten von x Kissenbezügen 12 Mark mal x sind; genauso kostet die Herstellung von y Kissenbezügen der billigen Sorte 5 Mark mal y. Diese Einschränkungen werden als lineare Ungleichungen ausgedrückt; ihre Graphen sind solche Bereiche, die von Geraden begrenzt sind (bzw. bei komplizierteren Problemen von mehrdimensionalen geometrischen Gebilden).

Die zu maximierende Größe ist der Gewinn g, und der ist in diesem Fall $g = 18x + 13y$, weil jeder teure Kissenbezug 18 Mark abwirft und jeder billige 13 Mark. Hat man das Problem auf diese Weise zusammengefaßt, bieten sich für die Lösung mehrere Möglichkeiten an. Eine ist, g graphisch zu bestimmen. In diesem Fall muß man die äußersten Ecken und Ränder des möglichen Bereichs herausfinden, also jenen Teil, wo sämtliche Ungleichungen gültig sind, und sie dann durchtesten, bis der Bereich maximalen Profits

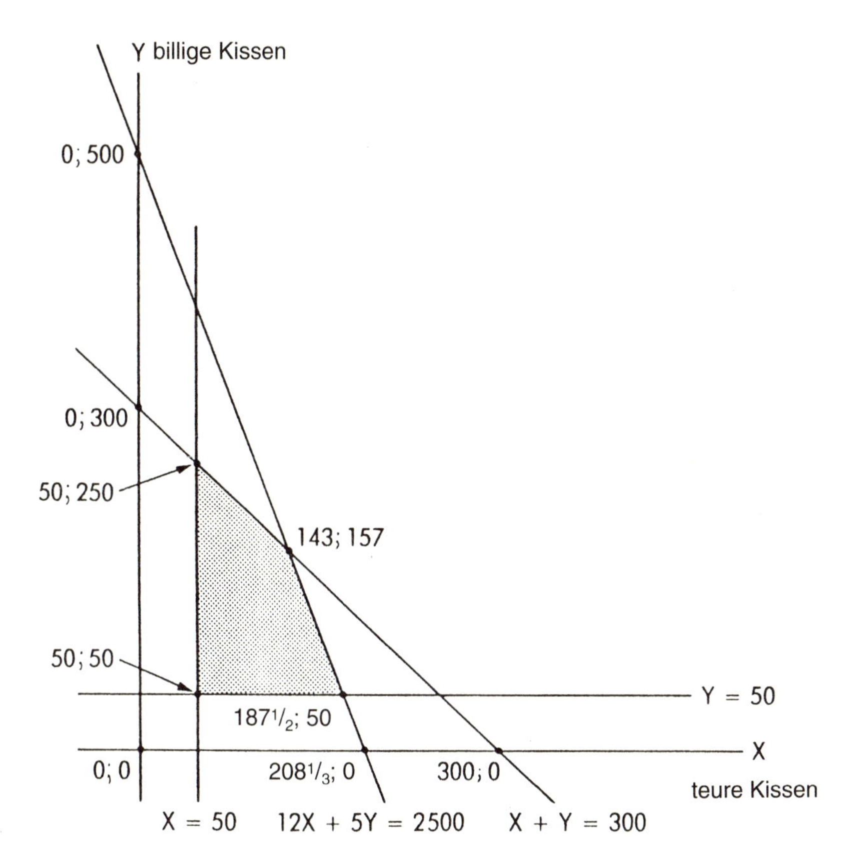

Der schraffierte Bereich erfüllt sämtliche Ungleichungen:
$x + y \leq 300$; $12x + 5y \leq 2500$; $x \geq 50$; $y \geq 50$.

bestimmt ist. Mit dieser Methode und etwas analytischer Geometrie sehen wir, daß der Kissenfabrikant, will er seinen Gewinn maximieren, jeden Monat 143 teure und 157 billige Kissenbezüge fertigen muß.

Eine Weiterentwicklung davon ist die sogenannte Simplexmethode, die vor 40 Jahren von dem amerikanischen Mathematiker George Danzig erfunden wurde. Mit ihr kann das geometrische Verfahren so formalisiert werden, daß solche Punkte ganz schnell von einem Computer abgeprüft werden können. Wenn das Optimierungsproblem natürlich Tausende von Variablen und linearen

Ungleichungen hat, wie es z. B. bei internationalen Telefondurchschaltungen der Fall ist oder bei der Koordination von Start- und Landezeiten an den Flughäfen, dann mag selbst ein Computer etwas länger brauchen. Narenda Karmarkar, ein Forscher der AT&T Bell Laboratories, hat für solche Fälle einen neuen Algorithmus entwickelt, der oftmals schneller ist, wenn es um den effektivsten Flugplan oder den kürzesten Schaltweg geht.

Nichtlineare Einschränkungen erschweren die Probleme ganz gewaltig, und zu meiner Freude würgen nichtlineare Programmierungsprobleme häufig die größten Supercomputer ab.

Mathematische Anekdoten

»Mathematische Anekdoten« hört sich beim ersten Mal recht merkwürdig an, wie »Computer-Märchen« oder »elektronische Parabeln«. Aber auch die Mathematik hat ihre eigenen Geschichten und Legenden, ja ihr eigenes Ethos.

Zu vielen Lehrsätzen, Beispielen und Prinzipien in diesem Buch gibt es etwas zu erzählen (vom Mystizismus des Pythagoras, von Eulers Brücken, Fermats letztem Theorem oder Russells Paradoxon). Und in diesem Kapitel soll noch von ein paar anderen Geschichten die Rede sein.

So erzählt man sich schon seit Urzeiten von Archimedes, dem größten Mathematiker, Physiker und Erfindergeist des Altertums, daß er das nach ihm benannte Prinzip buchstäblich in der Badewanne liegend entdeckte, wonach ein Körper, der in eine Flüssigkeit getaucht ist, von einer Kraft nach oben getrieben wird, die gleich dem Gewicht der verdrängten Flüssigkeitsmenge ist. Vor lauter Freude über seine Entdeckung rannte er nackt durch die Gassen und rief es in alle Welt hinaus: »Heureka! Heureka!« (altgriechisch für »Ich hab's gefunden! Ich hab's gefunden!«) Auch die zweite Geschichte über diesen Mann zeugt von seiner großen Hingabe an die Wissenschaft. Ganz gedankenversunken saß er über einem in den Sand gekritzelten Kreis, als ein römischer Soldat daherkam und ihn anherrschte, die »Mätzchen« sein zu lassen. Archimedes soll gesagt haben: »Störe meine Kreise nicht!«, und wurde dafür kurzerhand von dem Barbaren abgemurkst. Ein typisches Beispiel übrigens für das Verhältnis zwischen der Kultur des antiken Griechenlands und der des Römischen Reichs.

Ganz stolz auf die für alltägliche Belange nutzlose Zahlentheorie war der englische Mathematiker G. H. Hardy. Zwischen ihm und seinem Schützling, dem indischen Mathematiker Srinivasa Ramanujan, soll es einmal folgenden Gedankenaustausch gegeben haben. Hardy besuchte Ramanujan im Krankenhaus. Er war mit dem Taxi gekommen und meinte, daß die Nummer des Taxis, 1729, eine ziemlich nichtssagende Zahl wäre. »Nein, Hardy! Das stimmt nicht«, warf Ramanujan ein, und fast wie aus der Pistole geschossen erklärte er: »Diese Zahl ist doch hochinteressant. Sie ist nämlich die kleinste Zahl, mit der sich die Summe zweier Würfelinhalte auf zwei verschiedene Weisen ausdrücken läßt.« ($9^3 + 10^3 = 1^3 + 12^3 = 1729$)

Diese Entrücktheit vom Alltag zieht sich auch wie ein roter Faden durch die vielen Geschichten, die man sich über den Vater der Kybernetik, den Mathematiker Norbert Wiener, erzählt. Seine Augen und/oder sein Gedächtnis sollen so schlecht gewesen sein, daß einer der Assistenten ihn überall hinbringen mußte. Eine andere Anekdote über ihn drückt den elitären Anspruch aus, der vielen Mathematikern eigen zu sein scheint. Während eines Seminars fiel ihm auf, daß so gut wie keiner seinen Ausführungen folgte. Bis auf einen, der ganz vorne saß. Wiener sprach daraufhin nur noch zu ihm. Aber als der Gute mal blau machte, meinte Wiener, es sei ja niemand da, und verschwand grummelnd.

Daß die Mathematik und mit ihr die Mathematiker mächtig beeindrucken, ja einschüchtern können, macht folgender Disput deutlich, der sich zwischen dem schweizerischen Mathematiker Leonhard Euler und dem französischen Philosophen und Enzyklopädisten Denis Diderot zutrug. Bevor es zu einer Diskussion über die Theologie kam, in der Euler nur schlecht abgeschnitten hätte, sollte Diderot erst einmal etwas auf eine unwiderlegbare, aber irrelevante mathematische Formel entgegnen: »$(a + b)^n/n = x$; damit existiert Gott. Was sagen Sie nun, Monsieur?« Diderot fand keine Worte mehr. (Siehe auch das Kapitel über *Q. e. d.*)

Ein romantischer Mathematiker hat natürlich Seltenheitswert, aber 1832 gab es so einen Fall. Damals ließ der erst 21jährige, aber brillante Algebraiker Evariste Galois, ein Franzose, sein Leben in einem Duell wegen einer Prostituierten. Und Alfred Nobel, Erfinder des Dynamits und Stifter des Nobelpreises, soll verfügt haben, daß für die Mathematik kein Nobelpreis verliehen werden darf. Auf diese Weise wollte er sich an Mittag-Leffler, dem Liebhaber seiner Frau, rächen, der damals wahrscheinlich ausgezeichnet worden wäre.

Zwischen Mathematikern gibt es nicht allzu viele persönliche Fehden; wenn, dann haben sie in der Regel eine signifikante mathematische Komponente. Daß sich Leopold Kronecker, ein deutscher Mathematiker, und Georg Cantor, auf den die Mengenlehre zurückgeht, nicht ausstehen konnten, lag großenteils daran, daß die beiden zwei ganz verschiedene Auffassungen über das Unendliche hatten. Kronecker sah die Mathematik aus einem pythagoreischen, endlichen Blickwinkel und meinte, daß die ganzen Zahlen von Gott stammten und alles andere bloß Menschenwerk sei. Cantor beschäftigte sich dagegen mit allen möglichen transzendentalen Konzeptionen und Konstruktionen. Kronecker griff den brillanten, aber hypersensiblen Cantor heftig an, was vielleicht mit dazu beitrug, daß Cantor Nervenzusammenbrüche erlitt und schließlich in eine Anstalt mußte. Im allgemeinen werden unüberbrückbare Gegensätze, die zwischen Mathematikern aller Couleur immer wieder vorkommen, natürlich friedlicher ausgetragen.

Über viele bedeutende und charismatische Mathematiker weiß man sich heute im Kollegenkreis die tollsten Anekdoten zu erzählen (was übrigens ein guter Grund dafür ist, Mathematik-Konferenzen zu besuchen). So sagt man von Kurt Gödel, daß er jahrelang die amerikanische Staatsbürgerschaft nicht annehmen wollte, weil er in der Verfassung der Vereinigten Staaten einen logischen Fehler entdeckt hatte.

Oder nehmen wir John von Neumann, von dem einige sagen, er sei der klügste Kopf gewesen, den es je gegeben hat. Einmal stellte man ihm die Frage, welche Strecke ein Vogel zurücklegt, der zwischen zwei aufeinander zurasenden Zügen mit 150 Meilen pro Stunde hin- und herfliegt, wenn sich die Züge, die zunächst noch 540 Meilen voneinander entfernt sind, jeweils mit 80 bzw. 40 Meilen pro Stunde nähern. Man kann sich mit dem Problem abrackern und ausrechnen, wie lang jede Strecke ist, die der Vogel zwischen den auf Kollisionskurs fahrenden Zügen nacheinander zurücklegt, um sie am Ende alle zusammenzuzählen. Die einfachste Lösung ist die Feststellung, daß die Züge nach 4,5 Stunden (540 Meilen/120 Meilen pro Stunde) zusammenstoßen werden, so daß der Vogel also insgesamt 4,5 Stunden × 150 Meilen pro Stunde zurücklegt. Fast auf Anhieb kam von Neumanns Antwort, nämlich 675 Meilen. Der Fragesteller lachte und meinte, daß von Neumann den Trick kannte, woraufhin dieser geantwortet haben soll: »Welchen Trick? Was ist einfacher, als alles der Reihe nach zusammenzuzählen?« Auch solche Geschichten gehören zur mathematischen Folklore.

Mittlerweile scheint sich die Ansicht verewigt zu haben, daß Mathematiker ein ganz besonderer Menschenschlag sind, also entweder Verrückte, so wie der sprichwörtliche Mathematiker, der A sagt, B schreibt und C meint, wenn in Wirklichkeit D daraus folgt, oder blitzgescheite Rechengenies oder unbedeutende Obskuranten. Einem klassischen Zitat nach soll Archimedes behauptet haben, daß er die Erde aus den Angeln heben könnte, wenn sie einen Angelpunkt hätte und er einen Hebel, der lang genug wäre, wie auch einen Platz, wo er sich zu der Aktion aufstellen könnte. Damit werden die theoretische Natur, die praktische Dimension und auch die transzendentale Sehnsucht eigentlich sehr schön angedeutet, die die Mathematik und mit ihr die Mathematiker haben. Die dahintersteckende mathematische Idee, der Proportionsbegriff, ist in vieler Hinsicht außerordentlich fruchtbar geworden, so wie der Rekursionsbegriff, eine Idee, von der in der Schlußgeschichte die Rede ist.

Ein Psychologe fragte einen Ingenieur, was er wohl täte, wenn ein kleines Feuer ausbräche und auf dem Tisch ein Krug voll Wasser stünde. Erwartungsgemäß antwortete der Ingenieur, daß er das Feuer mit dem Wasser löschen würde. Dann wandte sich der Psychologe an den Mathematiker. Was er denn täte, fragte er ihn, wenn ein kleines Feuer ausbräche und auf der Fensterbank ein Krug voll Wasser stünde? Der Mathematiker gab zur Antwort, daß er den Wasserkrug von der Fensterbank zum Tisch bringen würde. Das würde das Problem auf die bereits vorhandene Lösung reduzieren.

Mathematische Induktion

Denken wir uns einfach mal eine Leiter mit so vielen Sprossen, daß sie in den Himmel reicht. Um diese erhabene Position auch zu erlangen, müssen wir wenigstens auf die erste Sprosse kommen; sind wir auf einer Sprosse (sagen wir, k), können wir immer auf die nächste ($k + 1$) klettern. Diese Idee ist in dem mathematischen Induktionsaxiom formalisiert, eines der gewaltigsten Instrumente, das die Mathematik auf Lager hat. (Siehe auch das Kapitel über *Rekursion.*) Oder denken wir an eine endlose Reihe Dominosteinchen, eine andere Metapher. Fällt das erste, fallen sie alle. Wird es nicht angestoßen oder fehlt eins, dann fallen eben nicht alle um.

Schauen wir uns zum Beweis folgendes an: $1 + 2 + 3 + 4 + \ldots + n = [n(n + 1)]/2$. Schnappen wir uns jetzt eine Zahl, meinetwegen 7, und prüfen damit mal, ob sie auch stimmt, diese Formel. Ist $1 + 2 + 3 + 4 + 5 + 6 + 7 = (7 \times 8)/2$? Stimmt, denn beide Seiten sind gleich 28. Wer will, kann es ja noch mit 10 oder jeder anderen (ganzen) Zahl versuchen. Aber es gibt inzwischen genug Bestätigungen. So viele, daß man davon ausgehen kann, die Formel stimmt für jede ganze Zahl. Nur bewiesen ist es damit ja nicht. Dazu bedarf es der mathematischen Induktion. Stimmt die Formel, wenn $n = 1$ ist? Oder in Analogie zum Bild der Leiter: Können wir auf die erste Sprosse klettern? Setzen wir 1 in die Formel ein, erhalten wir $1 = (1 \times 2)/2$, was natürlich richtig ist. Die Formel geht mit $n = 2$ genauso auf: $1 + 2 = (2 \times 3)/2$.

Damit wären wir also auf der Leiter. Aber kommen wir auch wirklich immer von einer Sprosse zur nächsten? Angenommen, wir befinden uns bereits in schwindelnder Höhe, irgendwo auf der x-ten, d. h. k-ten Sprosse. Demnach können wir auch davon ausgehen, daß die Formel soweit stimmt: $1 + 2 + 3 + 4 + \ldots + k = [k(k + 1)]/2$. Wenn die nächste Sprosse für uns erreichbar sein soll, dann müssen wir beweisen können, daß die Formel ebenso für $(k + 1)$ gilt, d. h. $1 + 2 + 3 + 4 + k + (k + 1) = [(k + 1) \times (k + 2)]/2$. In dieser zweiten Gleichung könnten wir dann anstelle der Summe des ersten k-Terms, $1 + 2 + 3 + 4 + \ldots + k$, die stellen, die entsprechend unserer Annahme gleich ist der Summe aus der ersten Gleichung, nämlich $[k(k + 1)]/2$. Was uns nach dieser Substitution bleibt, ist $[k(k + 1)]/2 + (k + 1) = [(k + 1) \times (k + 2)]/2$.

Damit haben wir die Gleichung, die bewiesen werden muß. Jetzt dreht es sich nur darum, die beiden Seiten algebraisch zu erweitern und auf Gleichheit zu prüfen. (Wem das Wörtchen »nur« etwas scherzhaft vorkommt, dem sei empfohlen, der Logik des oben Gesagten nachzugehen, die wesentlich interessanter und ausgefeilter ist als das Ausrechnen der Gleichung.) Nun, da beide Bedingungen des Induktionsaxioms erfüllt sind, kommen wir nicht nur zur Schlußfolgerung, daß die Formel für alle ganzen Zahlen n gilt, sondern obendrein in den mathematischen Himmel.

So viele Beispiele für eine generelle Behauptung aufgeführt werden mögen, sie erbringen gewiß keinen induktiven Beweis. Sie mögen dadurch manchmal plausibel werden, aber mehr nicht. So kommt z. B. aus $(n^2 + n + 41)$ bei vielen n eine Primzahl heraus. (Primzahlen können nicht in Faktoren zerlegt werden wie z. B. 35 in 5×7.) Fangen wir also mal an: Wenn $n = 1$, dann ist $(n^2 + n + 41)$ gleich 43; wenn $n = 2$, dann 47; bei $n = 3$, 53; $n = 4$, 61; $n = 5$, 71; $n = 6$, 83; $n = 7$, 97; $n = 8$, 113; $n = 9$, 131. Das kann so weitergehen, und es wird immer eine Primzahl dabei herauskommen, bis einschließlich 39. Nur bei $n = 40$ ist die Behauptung dann leck.

Auf dem Wege der mathematischen Induktion könnte jedes mathematische Theorem bewiesen werden, das eine willkürliche ganze Zahl n enthält. Z. B. auch, daß die Winkelsumme eines konvexen Polygons mit n Seiten (ein Dreieck, Rechteck, Fünfeck,

Sechseck usw.) immer $(n - 2) \times 180$ Grad beträgt. Wie man auf solche Behauptungen kommt, gehört jetzt nicht hierher. Diese Frage ist für eine formale Analyse gänzlich ungeeignet. Eine ganz andere Frage ist, wie man sie beweist. In dieser Hinsicht muß ich sagen, daß man einen Unterschied zwischen mathematischer und sonstiger wissenschaftlicher Induktion machen sollte, die, grob gesagt, nichts anderes ist, als aus besonderen Vorkommnissen auf allgemeine Gesetze zu schließen. Die durch mathematische Induktion bewiesenen Theoreme sind deduktiver Natur, hieb- und stichfest somit, wohingegen Schlußfolgerungen, die von einer wissenschaftlichen Induktion stammen und von ihr abhängig sind, bestenfalls gerade wahrscheinlich sind.

Wer sich ein paar Extralorbeeren verdienen will, der könnte mal die Feststellung unter die Lupe nehmen, daß $(4^n - 1)$ für alle Werte von n durch 3 teilbar ist. Für $n = 2$ stimmt es jedenfalls, denn $(4^2 - 1)$ ist gleich 15, was ja bekanntlich durch 3 teilbar ist. Können Sie das generelle Theorem durch Induktion beweisen?

Ganz viel Extralorbeeren verdient sich, wer demonstrieren kann, daß Induktion wirklich der Schlüssel zum Himmel ist. Zu zeigen wäre, daß zur Unsterblichkeit nur zwei Voraussetzungen erfüllt sein müssen: geboren zu werden und, egal, an welchem Tag man gerade lebt, mit Sicherheit immer einen Tag weiterzuleben.

Doch noch einmal zurück zum Theorem von eben, mit dem ich Sie ja nicht ganz allein lassen möchte. Mit Sicherheit ist der Ausdruck $(4^1 - 1)$ durch 3 teilbar. Nehmen wir daher mal an, daß $(4^k - 1)$ durch 3 teilbar ist. Dann müssen wir zeigen, daß auch $[4^{(k+1)} - 1]$ durch 3 teilbar ist. Also stellen wir zuerst fest, daß $[4^{(k+1)} - 1]$ gleich ist $[(4 \times 4^k) - 1]$. Nun kommt ein kleiner Algebratrick, eigentlich sowohl ein Subtrahieren als auch ein Addieren von 4, um den letzten Ausdruck umzuschreiben, und zwar als die Summe: $[4 \times (4^k - 1)] + (4 - 1)$. Da (aufgrund unserer Annahme) der Ausdruck $(4^k - 1)$ durch 3 teilbar ist, ist es auch der Ausdruck $[4 \times (4^k - 1)]$. Und da schließlich $(4 - 1)$ durch 3 teilbar ist und die Summe der beiden Ausdrücke, die ihrerseits durch 3 teilbar sind, selbst auch so geteilt werden kann, ziehen wir letztlich den Schluß, daß $[4^{(k+1)} - 1]$ durch 3 dividiert werden kann.

Matrizen und Vektoren

Das aus dem Lateinischen kommende Wort »Matrix« bedeutete ursprünglich »Mutterleib« oder »Uterus«, also abstrahiert etwas, worin oder woraus sich etwas entwickelt. Im Vergleich dazu ist die mathematische Definition steril, denn im mathematischen Sinn ist eine Matrix eine reihen- und spaltenweise zusammengestellte Zahlentabelle, deren Größe mit zwei ganzen Zahlen angegeben wird, die die Reihen und Spalten der Zahl nach wiedergeben. Die Matrizen $\begin{bmatrix} 2 & 2 & 3 & -1 & 9 \\ 8 & 3 & 7 & 11 & -2 \end{bmatrix}$ und $\begin{bmatrix} 7 & 6 \\ 1 & 0 \\ 3 & 6 \end{bmatrix}$ sind (2×5)- bzw. (3×2)-Matrizen, während man bei einer Matrix mit nur einer Reihe und n Spalten im allgemeinen von einem n-dimensionalen Vektor spricht. Wahrscheinlich waren tabellarische Zahlenanordnungen bereits den Phöniziern bekannt. Relativ modern aber sind die verschiedenen Interpretationsweisen für dieses einfache Notationsmittel wie auch die Eigenschaften des algebraischen Systems, das dabei herauskommt, wenn arithmetische Operationen auf der Basis von Matrizen definiert werden.

Am gebräuchlichsten sind Matrizen in der Mathematik, wenn es darum geht, mehrere lineare Gleichungen, wie sie auch in vielen physikalischen und wirtschaftlichen Zusammenhängen vorkommen, auf einmal zu lösen. (Siehe das Kapitel über *Lineares Programmieren.*) Die Methode ist ähnlich der, die man in der elementaren Algebra anwendet. Um ein System von Gleichungen wie z. B. $12w + 3x - 4y + 6z = 13$, $2w - 3y + 2z = 5$, $34w - 19z = 15$

und $5w + 2x + y - 3z = 11$ zu lösen, muß man verschiedene von diesen Gleichungen mit ausgesuchten Zahlen so multiplizieren, daß die Variablen nacheinander herausfallen, wenn die Gleichungen paarweise addiert oder subtrahiert werden. Wenn man diese Prozedur ein paarmal macht, wird man von der Idee, sie zu automatisieren, wahrscheinlich sehr angetan sein. Das heißt praktisch, daß man diese Berechnungen nur bei der Matrix durchführt, die aus den Zahlen (oder Koeffizienten) der Gleichungen zusammengestellt ist, und die Gleichungen selbst heraus läßt. In unserem Fall lautet die Matrix der Koeffizienten also $\begin{bmatrix} 12 & 3 & -4 & 6 & 13 \\ 2 & 0 & -3 & 2 & 5 \\ 34 & 0 & 0 & -19 & 15 \\ 5 & 2 & 1 & -3 & 11 \end{bmatrix}$. Durch verschiedene arithmetische Operationen, die mit den Reihen dieser Matrix (die den Gleichungen entsprechen) ausgeführt werden können, reduziert sich das Ganze auf eine einfachere Matrix, aus der sich dann die Lösung der Gleichungen ablesen läßt.

Zusätzlich zu diesen Operationen mit den Reihen einer Matrix gibt es auch Operationen mit der Matrix als Ganzes. Diese sind bei anderen Anwendungen wichtig. Um die Rechnerei auf ein Minimum zu beschränken, sehen wir uns mal nur die Matrizen A und B an: $\begin{bmatrix} 3 & -6 \\ 5 & 2 \end{bmatrix}$ bzw. $\begin{bmatrix} 1 & 0 \\ 3 & -8 \end{bmatrix}$. Die Matrizen $(A + B)$, $(A - B)$, $5A$, $(5A - 2B)$ und $A * B$ sind dann jeweils: $\begin{bmatrix} 4 & -6 \\ 8 & -6 \end{bmatrix}$, $\begin{bmatrix} 2 & -6 \\ 2 & 10 \end{bmatrix}$, $\begin{bmatrix} 15 & -30 \\ 25 & 10 \end{bmatrix}$, $\begin{bmatrix} 13 & -30 \\ 19 & 26 \end{bmatrix}$ und $\begin{bmatrix} -15 & 48 \\ 11 & -16 \end{bmatrix}$. Jeder Eintrag (bzw. jede Komponente) in der Summe $(A + B)$ wird dadurch erhältlich, daß man die korrespondierenden Einträge in A und B addiert. Im Fall von $(A - B)$ werden die korrespondierenden Komponenten subtrahiert (zur Auffrischung Ihrer Algebrakenntnisse erinnere ich daran, daß das Subtrahieren von -6 äquivalent zur Addition von $+6$ ist). Und um eine Zahl und eine Matrix zu multiplizieren, multipliziert man einfach jeden Matrixeintrag mit der Zahl. Das erklärt, wie man sowohl $5A$ als auch $-2B$ erhält. Beide zusammengenommen ergeben dann die Matrix $(5A - 2B)$.

Wie sieht es mit dem Produkt $A * B$ aus? Der Eintrag in der ersten Reihe und ersten Spalte von $A * B$ ist $((3 \times 1) + (-6) \times (3))$ oder -15. Er errechnet sich, indem man komponentenweise die Einträge in der ersten Reihe von A mit denen in der ersten Spalte von B multipliziert und die Ergebnisse addiert. Der Eintrag in der ersten Reihe und zweiten Spalte von $A * B$ ist 48, wie sich herausstellt, wenn man, wiederum komponentenweise, die erste Reihe von A mit der zweiten Spalte von B multipliziert und die Ergebnisse addiert. Oder allgemein gesagt: Der Eintrag in einer Reihe i und einer Spalte j eines Matrixprodukts wird dadurch bestimmt, daß man die Reihe i der ersten Matrix mit der Spalte j der zweiten Matrix Eintrag für Eintrag multipliziert und die Produkte addiert. Also ist das Produkt $A * B = \begin{bmatrix} -15 & 48 \\ 11 & -16 \end{bmatrix}$.
Schließlich ist noch zu sagen, daß die Matrix $I = \begin{bmatrix} 1 & 0 \\ 0 & 1 \end{bmatrix}$ als Identitätsmatrix (Mutterleib für Zwillinge?) bezeichnet wird, da $C * I = I * C = C$ für alle Matrizen C ist.

Rein mathematisch folgt aus diesen Definitionen, daß die Menge der Matrizen eine algebraische Struktur bildet, einen sogenannten nichtkommutativen Ring. Auf eine genaue Definition eines Rings (man versteht darunter, grob gesagt, eine Menge, deren Elemente gewissen Eigenschaften genügen und teilweise wie Zahlen behandelt werden können) will ich hier verzichten. Statt dessen sei gesagt, daß »nichtkommutativ« bedeutet, daß, anders als bei Zahlen, $A * B$ nicht gleich $B * A$ sein muß. $A * B$ ist hier $\begin{bmatrix} -15 & 48 \\ 11 & -16 \end{bmatrix}$, während $B * A$ jedoch $\begin{bmatrix} 3 & -6 \\ -31 & -34 \end{bmatrix}$ ist.

Warum die Matrixmultiplikation nicht kommutativ ist, wird klarer, wenn man ein bißchen von Vektoren versteht. Man verwendet n-dimensionale Vektoren, also Matrizen der Form 1 mal n, um Größen zu kennzeichnen, die nicht nur einen Betrag haben (wie Temperaturen oder Gewichte), sondern auch eine Richtung (wie physikalische Kräfte oder elektromagnetische Felder). Es ist deshalb ganz hilfreich, sich Vektoren als Pfeile vorzustellen, die eine bestimmte Länge haben und in eine bestimmte Richtung zeigen.

Geschwindigkeit ist eine typische Vektorgröße. So könnte eine Windgeschwindigkeit von 10 km/h mit einem der Vektoren (0; 10), (10; 0), (0; −10) oder (−10; 0) angezeigt werden, je nachdem ob der Wind entsprechend *in Richtung* Norden, Osten, Süden oder Westen geht. In jedem Fall ist die erste Zahl die Geschwindigkeitskomponente in West-Ost-Richtung und die zweite die in Süd-Nord-Richtung. Der Vektor (−7,1; 7,1) hat die Länge 10 (aufgrund des Pythagoras-Satzes, der besagt, daß $(-7{,}1)^2 + 7{,}1^2 = 10^2$ ist). Somit könnte auch dieser Vektor eine Geschwindigkeit von 10 km/h anzeigen, allerdings in einer Richtung zwischen West und Nord (was sonst bekanntlich Nordwest ist). Auch der Vektor (9,4; 3,4) zeigt eine Geschwindigkeit von 10 an (da $9{,}4^2 + 3{,}4^2 = 10^2$ ist), doch dieses Mal ist die Richtung 20 Grad nordöstlich. Ein Wind mit dreimal so großen Geschwindigkeitskomponenten (28,2; 10,2) würde in die gleiche Richtung blasen, jedoch mit 30 km/h.

Allgemein läßt sich sagen, daß Vektoren bei Größen verwendet werden, die zur Spezifizierung zwei oder mehr Dimensionen brauchen; und, was noch wichtig ist, daß sie nicht unbedingt etwas Physikalisches repräsentieren müssen. So könnte man auch Restaurants z. B. mit fünfdimensionalen Vektoren entsprechend fünf verschiedener Kriterien rechnerisch bewerten.

Wie wir Vektoren interpretieren, ändert nichts daran, daß Matrizen als Repräsentationsformen für Vektortransformationen auftreten können. Ein Vektor, der mit einer Matrix multipliziert wird (was genauso wie das Produkt zweier Matrizen definiert ist), verwandelt sich in einen anderen Vektor. So wird z. B. der Vektor (1; 1) durch Multiplikation mit der Matrix

$\begin{bmatrix} 3 & -6 \\ 5 & 2 \end{bmatrix}$ zum Vektor (8; −4), da $(1; 1) * \begin{bmatrix} 3 & -6 \\ 5 & 2 \end{bmatrix} = (8; -4)$.

Diese »linearen Transformationen« bewirken, daß Vektoren verlängert, gedreht oder gespiegelt werden (auch wenn die Vektoren keine physikalischen Größen symbolisieren, bleibt es bei diesen Ausdrücken); sie können immer mit Matrizen dargestellt werden.

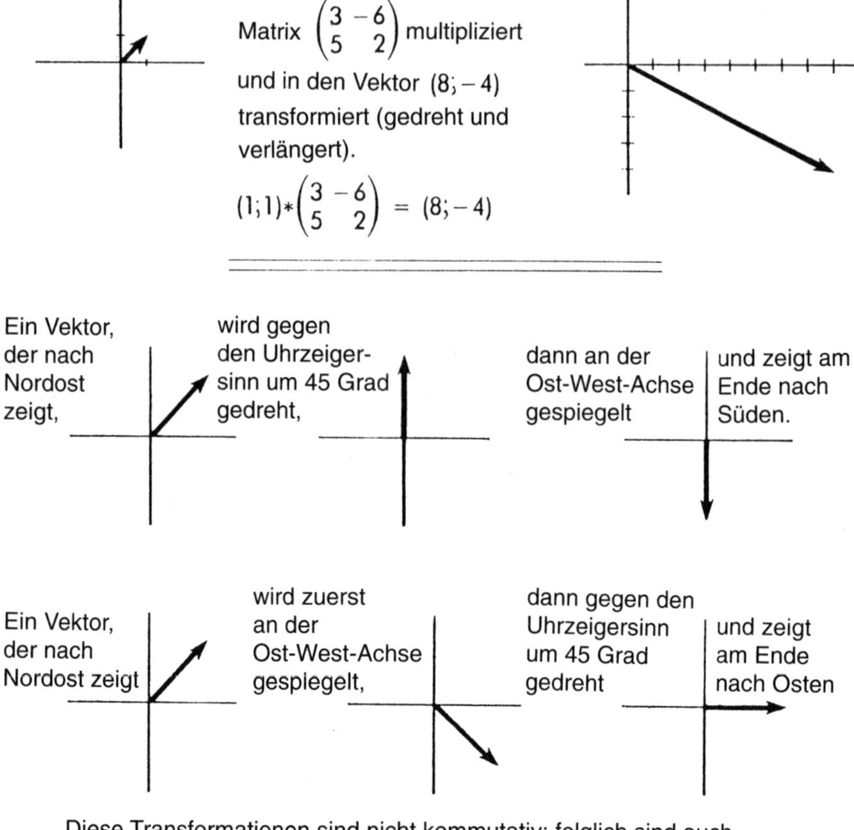

Diese Transformationen sind nicht kommutativ; folglich sind auch die Matrizen, die diese Transformationen darstellen, nicht kommutativ.

Es ist nicht notwendig, daß diese Vektortransformationen, hintereinander durchgeführt, kommutativ sind. Eine Drehung eines Vektors, auf die eine Spiegelung des resultierenden Vektors folgt, läuft nicht immer auf dasselbe hinaus wie eine Spiegelung, auf die eine Drehung folgt. (Stellen Sie sich einen Vektor vor, der nach Nordost zeigt und gegen den Uhrzeigersinn um 45 Grad gedreht wird, so daß er anschließend nach Norden zeigt. Wird dieser Vektor nun an der Ost-West-Achse gespiegelt, dann zeigt er letztlich nach Süden. Wenn statt dessen der Vektor zuerst an der Ost-West-Achse reflektiert wird, um dann gegen den Uhrzeigersinn um 45 Grad gedreht zu werden, zeigt er am Ende nach Osten. Folglich müssen auch die Matrizen, die diese Drehungen, Spiegelungen und anderen Transformationen symbolisieren, nicht unbedingt kommutativ sein; d. h., A * B ist nicht immer gleich B * A.

Matrizen und Vektoren spielen in der linearen Algebra wie in vielen anderen Bereichen der angewandten Mathematik eine ganz wichtige Rolle. Das Versagen des Kommutativgesetzes erklärt zum Teil, warum Matrizen in der Quantenmechanik so wichtig sind, wo die Reihenfolge, in der zwei Messungen erfolgen, das Ergebnis sehr wohl beeinflußt. Tensoren, die eine Verallgemeinerung des Matrix- und Vektorbegriffs darstellen, sind ein Hauptbestandteil in der mathematischen Formulierung der allgemeinen Relativitätstheorie. Nach all dem ist die Etymologie des Wortes »Matrix« vielleicht gar nicht mal so unangebracht.

Möbiusbänder und Orientierbarkeit

Lösen Sie von einer Thunfisch-Dose vorsichtig das Etikett ab. Geben Sie dann dem Papierstreifen der Länge nach eine halbe Drehung und kleben Sie ihn so zusammen, daß die blanke Innenseite nahtlos in die beschriftete Außenseite übergeht. Auf diese Weise bekommen Sie ein Möbiusband mit all seinen seltsamen Eigenschaften.

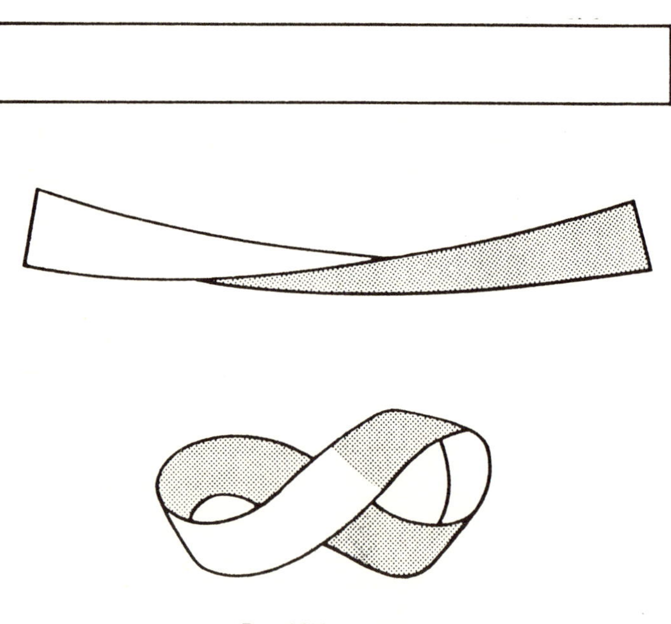

Das Möbiusband

Dazu gehört als erstes die Tatsache, daß das Möbiusband nur eine Seite hat. Beim Band aus dem Dosenetikett wechseln beschriftete und nicht beschriftete Flächen sich unendlich ab. Ich kann es auch anders sagen: Und wenn Sie eine Million Mark versprochen bekämen, Sie könnten den Möbius-Streifen nicht auf einer Seite rot und auf der anderen blau anmalen. Fangen Sie irgendwo auf dem Streifen an, meinetwegen mit Rot. Irgendwann wären Sie wieder dort, wo Sie angefangen haben, und der ganze Streifen wäre rot.

Eine andere seltsame Eigenschaft versteht man am besten, wenn man sich eine Mittellinie entlang des Streifens vorstellt. Ein Schnitt entlang dieser Mittellinie um das ganze Möbiusband herum würde es glatt zerteilen. Denkste. Statt dessen kommt einfach ein langer Streifen heraus. Oder stellen Sie sich vor, Sie würden ein Möbiusband nicht entlang der Mittellinie zerschneiden, sondern etwa ein Drittel näher zum Rand. In diesem Fall kämen zwei miteinander verkettete Streifen heraus, und einer davon wäre ein Möbiusband.

Das einseitige Möbiusband ist eine der bekanntesten topologischen Merkwürdigkeiten. (Siehe das Kapitel über *Topologie*.) Obwohl es dafür in Wirklichkeit keine wichtigen Anwendungen gibt und es auch in der Natur (bislang jedenfalls) keine wichtige Rolle spielt, ist es schon reizvoll, wie einfach es unsere normalen Raumbegriffe durcheinanderbringt. Bei dieser Einfachheit, die in der kleinen Halbdrehung liegt, ist es eigentlich verwunderlich, daß man es nicht schon früher entdeckt hat. Diese Ehre hatte erst ein deutscher Astronom im 19. Jahrhundert – August Ferdinand Möbius.

Möbius stellte außerdem fest, daß eine Richtungszuweisung bei seinem Band jedenfalls nicht auf eine in sich logische und widerspruchsfreie Weise möglich ist. Man kann das leicht sehen, wenn man mit einer zweidimensionalen, nachgebildeten Hand einmal um den Möbius-Streifen herumfährt. Da der ideale Möbius-Streifen, wie wir wissen, keine Dicke hat, ist diese Hand von beiden »Seiten« des Streifens aus sichtbar, und wir werden feststellen, daß sich die Richtung der Hand umkehrt, wenn sie zum Ausgangspunkt zurückkommt. Das heißt, die Linke wird plötzlich zur Rechten und umgekehrt. Physiker haben deshalb bereits eine entsprechende Spekulation angestellt. Demnach wäre es denkbar, daß ein Astronaut nach einer langen Reise durch das Weltall, wäre es wie das Möbiusband »nichtorientierbar« (oder, wenn man so will, von kosmischer Dyslexie betroffen), bei der Rückkehr zur Erde das Herz auf der rechten Seite haben könnte.

Orientierung oder Chiralität (Händigkeit) hängen dem Begriff nach von dem der Dimension ab. Fährt man mit zwei Stückchen Karton in Form einer linken und einer rechten Hand über eine Tischplatte, dann kommen beide in keiner Weise je übereinander zu liegen. Das geht nur, wenn eine der »Hände« in die dritte Dimension hochgenommen, umgedreht und auf die andere draufgelegt wird. Das Möbiusband bringt diesen Flip durch die dritte Dimension von selbst zustande, jedoch viel verdrehter, was seine besondere Lage im dreidimensionalen Raum wiederspiegelt.

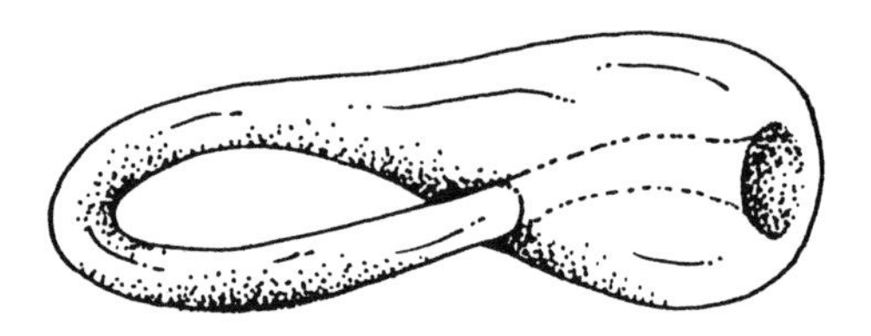

Eine Klein-Flasche, bei der es kein Innen und kein Außen gibt, läßt sich nur im vierdimensionalen Raum darstellen, wo sie nicht durch sich selbst hindurchgeht, wie es in dieser zweidimensionalen Darstellung scheinbar der Fall ist.

Ein vierdimensionales Analog zum Möbius-Streifen ist die Klein-Flasche, die weder eine Innen- noch eine Außenseite hat. Halbiert hat sie die Form von zwei Möbius-Streifen, die Spiegelbilder voneinander sind! Um eine visuelle Vorstellung von einer Klein-Flasche zu bekommen, die nur in einem vierdimensionalen Raum realisierbar ist, muß man einen Standardtrick anwenden, indem man sich nur die zwei- oder dreidimensionalen Querschnitte ansieht und ihre Projektionen oder Schatten verfolgt. Derselbe Trick funktioniert genauso mit Figuren, die mehr als vier Dimensionen haben, aber nach einer Weile hat man von den umständlichen Visualisierungsversuchen wahrscheinlich genug. Statt dessen wird man eher auf eine ganz formale Methode zurückgreifen und die Dimensionen lediglich mathematisch ablegen. Damit meine ich, daß ein Punkt in einem fünfdimensionalen Raum eine geordnete Folge von fünf Zahlen und eine »Hyperoberfläche« eine bestimmte Zusammenstellung solcher Punkte ist. So reduziert sich die Nichtorientierbarkeit einer solchen Oberfläche einfach auf gewisse algebraische Beziehungen, die zwischen ihren Punkten bestehen.

Die Monte-Carlo-Simulationsmethode

Angenommen, von den Würfen eines Basketballspielers gehen 40% in den Korb. Wenn er in einem Spiel zu 20 Würfen kommt, wie groß ist dann die Wahrscheinlichkeit, daß davon genau 11 im Korb landen? Außer gewissen Standardkalkulationen gibt es eine Methode, die manchmal die einzige Möglichkeit ist, um so ein Problem anzugehen. Bezogen auf unser Beispiel, müßten wir den Basketballspieler bitten, schnell mal 10000 Spiele zu machen, damit wir dann prozentual errechnen können, wie oft er genau 11 Körbe schießt.

Diese sogenannte Monte-Carlo-Simulationsmethode ist natürlich nicht mit einem Basketballspieler machbar, aber mit einem Computer. In diesem Fall lassen wir den Computer einfach eine zufällige ganze Zahl zwischen 1 und 5 generieren. Ist es eine 1 oder 2, simuliert dies einen Wurf in den Korb, da 2 40% von 5 sind. Ist es dagegen eine 3, 4 oder 5, simuliert dies einen Wurf daneben. Lassen wir den Computer anschließend 20 Zufallszahlen zwischen 1 und 5 generieren. Sollten davon genau 11 Zahlen entweder eine 1 oder eine 2 sein, wäre dies äquivalent zu dem Spieler, der von 20 Würfen genau 11 in den Korb bekommt, wenn seine Trefferquote 40% beträgt. Schließlich lassen wir den Computer die ganze Sache 10000mal machen und verfolgen, wie oft 11 von 20 simulierten Wurfversuchen pro Spiel im Korb landen. Dividieren wir diese Zahl durch 10000, erhalten wir einen sehr guten Näherungswert, der der theoretischen Wahrscheinlichkeit in diesem Fall fast exakt entspricht.

Um ein Gefühl für Simulationen zu bekommen, ist es ganz gut, selbst mal eine zu probieren. (Keine Angst, Sie brauchen dazu nicht gleich einen Computer. Eine Münze tut es auch.) Stellen Sie sich vor, Sie werden von einer sexistischen Regierung als statistischer Berater eingestellt, nachdem man soeben eine neue Richtlinie herausgegeben hat, nach der Ehepaare so lange Kinder zeugen sollen, bis sie einen Jungen haben; danach ist Sense. Von Ihnen wollen die Regierenden nun folgendes wissen: Wie viele Kinder wird eine Familie im Durchschnitt haben, wenn man diese Politik betreibt, und wie werden die Geschlechter verteilt sein? Statt lange Statistiken zusammenzutragen, was notwendigerweise Jahre dauern würde, werfen Sie einfach eine Münze. Auf diese Weise bekommen Sie eine genügend große Stichprobe für eine überschlagsmäßige Beantwortung der brennenden Fragen. Kopf (K) wird für einen Jungen festgelegt und Zahl (Z) für ein Mädchen. Dann werfen Sie die Münze so oft hoch, bis sie kopfoben landet, und notieren die Anzahl der Würfe, d. h. die Zahl der Kinder in der Familie. ZZK wären der Reihe nach also zwei Mädchen und ein Junge, K ein Junge usw. Um das Ganze für 100 oder 1000 Familien durchzuspielen, wiederholen Sie die Prozedur 100 bzw. 1000mal. Dann rechnen Sie die durchschnittliche Zahl der Kinder pro Familie aus und wie sich die Geschlechter aufteilen. Sie werden staunen, was dabei herauskommt.

Viele Probleme und Situationen werden durch solche Monte-Carlo-Methoden vereinfacht. Überall und ständig wird simuliert, angefangen von der Ladenkette bis zum Windkanallabor. Die »was wäre, wenn«-Möglichkeiten bei Spreadsheets sind eine Art ökonomischer Simulation. Zufallszahlen mit einem Computer zu erzeugen und dann mit den darauf basierenden wahrscheinlichkeitstheoretischen Simulationen zu arbeiten ist leichter und billiger, als wirkliche Zufallsphänomene zu handhaben. Man muß sich nur merken, daß es zwischen einem Modell oder einer Simulation eines Phänomens und dem tatsächlichen Ereignis einen krassen Unterschied gibt. Ein Baby zu bekommen ist nun mal nicht das gleiche, wie eine Münze zu werfen.

In dieser Hinsicht, denke ich, ist eine schematische Darstellung dessen, was mit Simulation gemeint ist, ganz nützlich. Der Prozeß selbst könnte in fünf Stadien unterteilt werden: 1. Identifizierung des Phänomens, an dem man interessiert ist; 2. Herstellen einer idealisierten Version dieses Phänomens; 3. Konstruktion eines mathematischen Modells, basierend auf der vereinfachten Form des Phänomens; 4. Ausführung verschiedener mathematischer Operationen anhand des Modells, um Voraussagen zu bekommen; 5. Vergleich dieser Voraussagen mit dem ursprünglichen Phänomen, um zu sehen, ob sie Sinn machen. (Siehe das Kapitel über *Die Philosophie der Mathematik*.)

Viele Mathematikanwendungen sind ja recht unkompliziert, aber es passiert halt leichtsinnigerweise immer wieder, speziell in den Gesellschaftswissenschaften, daß man sein Modell mit der »Wirklichkeit« gleichsetzt und der Realität irgendeine Eigenschaft aufpfropft, die eigentlich nur im Modell existiert. Dazu ein simples Beispiel aus der elementaren Algebra: Wenn Georg mit etwas in 2 Stunden fertig ist und Martha dafür 3 Stunden braucht, wie lange dauert es dann, wenn beide zusammenarbeiten? Die »richtige« Antwort, nämlich 1 Stunde und 12 Minuten, unterstellt, daß sie ideal zusammenarbeiten, sich also weder behindern noch gegenseitig unnötig antreiben. In diesem wie in zahllosen anderen Fällen sind zwar die modellabgeleiteten mathematischen Schlüsse über jeden Zweifel erhaben, nicht aber die Annahmen, Vereinfachungen und Daten, die man zur Konstruktion des Modells hernimmt. Letztere sind nebulös und recht irrig, trotz der manchmal blasierten Behauptungen von Soziologen, Psychologen und Wirtschaftswissenschaftlern. Die Realität ist eben unendlich komplex und unmöglich ganz in ein mathematisches Modell zu stecken.

(Die erstaunliche Antwort auf das Simulationsproblem oben ist, daß es durchschnittlich zwei Kinder pro Familie sind, ein Junge und ein Mädchen.)

Das Multiplikationsprinzip

Auf einer altägyptischen Papyrusrolle aus dem Jahre 1650 v. Chr. steht ein Spruch, der ungefähr so geht wie das Rätsel: »Auf dem Wege nach St. Aybern traf ich einen Mann mit sieben Weibern. Sieben Säcke hatte jedes Weib, sieben Katzen jeder Sack, sieben Kätzchen jede Katz'. Kätzchen, Katzen, Säcke, alles mit den Weibern. Wie viele gingen nach St. Aybern?« Natürlich nur einer, da alle anderen aus Richtung St. Aybern kommen. Aber um zu bestimmen, wie groß die Gruppe ist, die da entgegenkommt, muß man etwas vom Multiplikationsprinzip verstehen.

Keine andere Idee der kombinatorischen Mathematik ist so simpel und so weitreichend wie dieses Prinzip: Wenn man auf m verschiedene Weisen etwas machen oder auswählen kann und man danach in n verschiedenen Weisen etwas anderes machen oder auswählen kann, dann geht das der Reihe nach auf $m \times n$ verschiedene Weisen.

Angenommen, Sie sind in Los Angeles gestrandet und müssen unbedingt an die Ostküste. Wohin spielt keine Rolle; Hauptsache, Sie kommen an die Ostküste. Aber die Direktflüge sind ausgebucht. Sie könnten nach Minneapolis, Chicago oder St. Louis fliegen und nach Boston, New York, Philadelphia oder Washington umsteigen. Dann wären Sie immerhin an der Ostküste. Nun gibt es dem Multiplikationsprinzip nach 12 ($= 3 \times 4$) verschiedene Möglichkeiten dorthin. Symbolisieren wir sie einfach mit MB, MN, MP, MW,

CB, CN, CP, CW, SB, SN, SP, SW, indem wir den Anfangsbuchstaben jeder dieser Städte hernehmen.

Oder ein anderes Beispiel: Wenn 18000 Schulkinder angemeldet werden, dann können wir absolut sicher sein, daß mindestens zwei von ihnen drei gleiche Initialen haben. Das ist deshalb so, weil auf eine x-beliebige Initiale der 26 möglichen des ersten Vornamens irgendeine x-beliebige der 26 möglichen des zweiten Vornamens und darauf irgendeine x-beliebige der 26 möglichen des Familiennamens folgen kann. Laut Multiplikationsprinzip sind das 26^3 bzw. 17576 (nach Initialen geordnete) Buchstabengruppen. Also müssen mindestens 2 der neu angemeldeten Schulkinder dieselben Initialen für ihre Vor- und Nachnamen haben. (Mit mathematischer Wahrscheinlichkeit sind es 424, aber in Wirklichkeit sind es wahrscheinlich viel mehr.)

Oder denken wir an die Blindenschrift, deren Symbole aus zwei senkrechten Reihen von je drei Punkten bestehen. Sie unterscheiden sich dadurch, daß die sechs Punkte unterschiedliche Untergruppen bilden, je nachdem, welche Punkte herausgehoben sind, also im Relief erfühlt werden können. Der Buchstabe a z. B. wird dadurch dargestellt, daß nur ein einziger Punkt, der ganz links oben, erhöht ist, wohingegen das r durch Hervorhebung aller drei Punkte in der linken Reihe und des mittleren in der rechten zustande kommt. Wie viele Zeichen hat die Brailleschrift? Rechnen wir es einfach aus. Bei jedem Punkt haben wir zwei Möglichkeiten – ihn hervorzuheben oder nicht. Bei insgesamt 6 Punkten sind das dann 2^6 verschiedene Möglichkeiten. Eine davon scheidet aus, nämlich wenn überhaupt kein Punkt hervorgehoben ist, da diese Konfiguration nicht ertastbar ist. Verbleiben also 63 verschiedene Braille-Symbole (für Buchstaben, Zahlen, Buchstabenkombinationen, Interpunktion und gängige Wörter).

Oder nehmen wir eine kodierte Nachricht der Form SPOOK7, wo zuerst zwei Konsonanten sein müssen, dann zwei Vokale, noch ein Konsonant und am Ende eine Zahl zwischen 1 und 9. Bei 21 Konsonanten und 5 Vokalen sind es in diesem Fall also $(21^2 \times 5^2 \times 21 \times 9)$ bzw. 2083725 mögliche Informationen. Sollen alle Symbole in der Nachricht unterschiedlich sein, hat man nur

$(21 \times 20 \times 5 \times 4 \times 19 \times 9)$ bzw. 1436400 mögliche Mitteilungen. Da die erste Zahl für die Telefonnummern nicht 0 oder 1 sein kann, gibt es innerhalb eines Vorwahlgebiets ungefähr 8×10^6 bzw. 8 Millionen mögliche siebenstellige Anschlüsse. (In Wirklichkeit sind es natürlich viel mehr Einschränkungen, aber darauf will ich nicht eingehen.) Bei Autonummern der Form BBB-BB-ZZZ, also drei Buchstaben, gefolgt von zwei Buchstaben, gefolgt von drei Zahlen, gibt es $(26^3 \times 26^2 \times 10^3)$ bzw. 11881376000 Möglichkeiten. Sollen die Buchstaben und Ziffern alle verschieden sein, dann reduzieren sich die möglichen Kennzeichen auf $(26 \times 25 \times 24 \times 23 \times 22 \times 10 \times 9 \times 8)$ $= 5683392000$.

Die Kreditkartennummern sind in der Regel 15 bis 20 Zeichen lang. Das ist viel zu viel, gemessen an unserer Bevölkerung. Selbst wenn sie nur aus Ziffern bestünde, würde eine 20 Symbole lange Nummer ausreichen, um 10^{20} Personen mit einer ID-Nummer zu versehen. Das entspricht einer Weltbevölkerung, die 20 Milliarden Mal größer ist als derzeit. (Bei diesem Spielraum ist es sehr unwahrscheinlich, daß jemand auf Ihre Kartennummer kommt.)

Das Erstaunliche an diesen Beispielen ist die Riesenzahl von Möglichkeiten, die entstehen, wenn man das Multiplikationsprinzip mehrmals hintereinander anwendet. Diese Zahl wächst exponentiell, mit jedem Mal, wo sie diesem Prinzip unterzogen wird. Wenn die kombinatorische Explosion einsetzt, ist man selbst mit den schnellsten Computern aufgeschmissen.

Auf dasselbe Problem (nur nicht mit ganz so vielen ins Kraut schießenden Möglichkeiten) kann man als Autor oder Regisseur stoßen, wenn das Buch oder der Film ein paar Stellen hat, wo die Dinge einen anderen Lauf nehmen könnten. Wenn es nur fünf Stellen wären, dann müßte man 32 verschiedene Buch- oder Filmversionen machen, um dem gerecht werden. (An der ersten Stelle würden sich zwei Möglichkeiten auftun, mit denen man dann jeweils zu einer zweiten Stelle käme, usw.; am Ende sind es $2^5 = 32$ verschiedene Versionen.) Hätte man noch mehr Stellen oder an jeder mehr als 2 Optionen, dann würde ihre Zahl noch mehr in die Höhe schnellen. Stellen Sie sich mal vor, wie viele Bücher und Filme nötig wären, um allein das Gefühl von Freiheit, das in einer kurzen Unterhaltung liegen kann, in seiner ganzen Komplexität wiederzugeben. Wahrscheinlich müßte man sich der Aufgabe ein ganzes Leben lang widmen.

Diese Vorstellung, daß sich etwas kontinuierlich verzweigt, liegt vielen Dingen zugrunde, nicht nur unserer Konzeption von Freiheit, auch der sogenannten Viele-Welten-Interpretation der Quantenmechanik, nach der das Universum in jedem Moment in eine unendliche Menge miteinander nicht kommunizierender Universen zerfällt.

Das Multiplikationsprinzip läßt sich für vieles einsetzen, wobei die nützlichsten und bekanntesten Anwendungsfälle die mit kombinatorischen Koeffizienten sind. (Siehe das Kapitel über *Das Pascalsche Dreieck*).

(Übrigens: Die Größe der Gruppe in dem anfangs erwähnten Rätsel ist 2801. Wie lautet die Lösung, wenn jedes Kätzchen noch sieben Flöhe hätte?)

Die nichteuklidische Geometrie

Vor lauter Fakten über Dreiecke und Parallelogramme, Ähnlichkeit und Kongruenz, Flächen und deren Umfang wird der deduktive Charakter der Geometrie manchmal ganz vergessen. Angefangen hat alles im alten Ägypten und Babylon mit ein paar praktischen Daumenregeln für die Landvermessung, den Handel und die Architektur. Dann kamen die Griechen und machten aus dem wenigen ein ganzes System von Regeln. Der Grundgedanke ist ja auch sehr einfach: Man geht von ein paar geometrischen »Selbstverständlichkeiten« aus, sogenannten Axiomen, und leitet dann davon allein durch Logik andere geometrische Aussagen ab, sogenannte Theoreme. Auf der Grundlage von fünf Axiomen kam Euklid zu sämtlichen Theoremen, die die euklidische Geometrie ausmachen (eigentlich stammen von Euklid zehn Axiome, aber nur fünf geometrische). (Siehe auch das Kapitel über den *Satz des Pythagoras*.)

Eines der fünf euklidischen Axiome ist das sogenannte Parallelenaxiom. Es besagt, daß durch jeden Punkt, der nicht auf einer vorgegebenen Geraden liegt, genau eine zur Ausgangsgeraden parallele Gerade läuft. Davon leitet sich der ziemlich bekannte Lehrsatz ab, daß die Winkelsumme eines Dreiecks immer 180 Grad ist.

Da das Parallelenaxiom nicht ganz so voraussetzungslos zu sein schien wie die anderen vier euklidischen Axiome, suchten einzelne Mathematiker im Lauf der Jahrhunderte mit Hilfe dieser vier anderen Sätze immer mal wieder nach einem Beweis dafür. Die Tatsache, daß ihre Versuche vergeblich und die vier anderen Axiome so selbstverständlich waren, gab der euklidischen Geometrie eine gewisse Absolutheit. Selbst Immanuel Kant behauptete, daß man über den Raum nur mit euklidischen Begriffen nachdenken könne. Im 19. Jahrhundert erkannten schließlich die Mathematiker János Bolyai, Nikolai Lobatschewski und Karl Friedrich Gauß, daß Euklids Parallelenaxiom von den anderen vier Axiomen unabhängig und nie von diesen ableitbar war. Ja, selbst wenn statt des Parallelenaxioms die Negation desselben hinzukäme, wäre es ein in sich logisches und widerspruchsfreies geometrisches System.

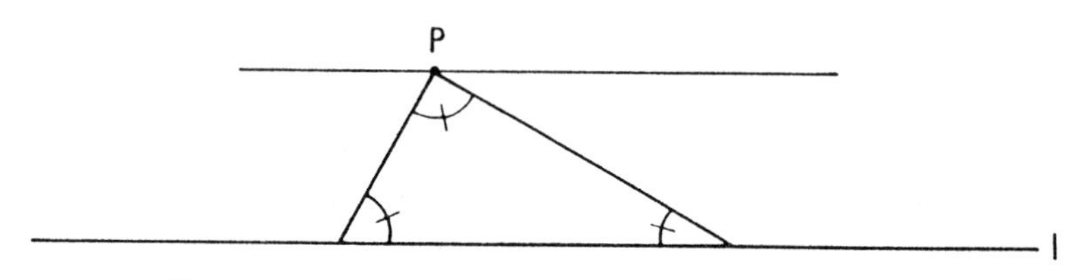

Die Winkelsumme des Dreiecks ist 180 Grad. Durch den Punkt P verläuft genau eine Gerade, die parallel zur Geraden l ist.

Dazu muß man wissen, daß es sehr wohl möglich ist, die Grundbegriffe der Geometrie auf eine ganz andere Weise zu interpretieren und sich trotzdem strengstens an die Logik zu halten. Genauso wie der Satz »Wenn jedes A ein B ist und jedes C ein A, dann ist jedes C ein B« viele ganz verschiedene Argumentationen rechtfertigt, je nachdem wie A, B und C interpretiert werden, so können auch die Begriffe der euklidischen Geometrie auf ganz unkonventionelle Weise ausgelegt werden und trotzdem zu gültigen Theoremen führen. Wenn wir von »Ebene« sprechen, kann es sich statt der üblichen Interpretation auch um die Oberfläche einer Kugel handeln. »Punkte« könnten Punkte auf der Kugel sein und »Geraden« Großkreise (gemeint ist jeder kreisförmige Bogen um die Kugel, der sie in zwei gleiche Hälften teilt). Selbst dann ist eine »Gerade« immer noch der kürzeste Abstand zwischen zwei Punkten (auf der Kugeloberfläche), so daß wir erneut zu einer Interpretation der Geometrie kommen, die alle euklidischen Axiome außer dem

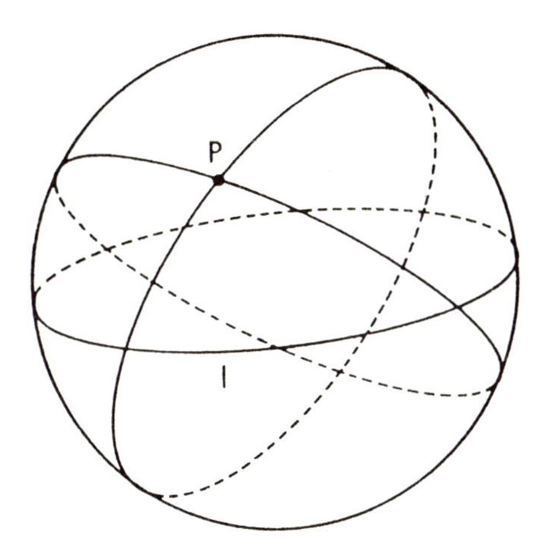

Es gibt keine „Gerade" durch P, die parallel zur „Geraden" l verläuft. Alle anderen euklidischen Axiome treffen dagegen auch in dieser Interpretation zu.

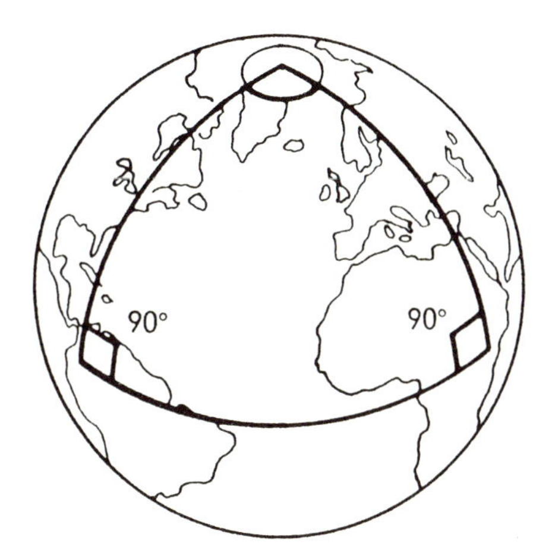

Die Winkelsumme des „Dreiecks", das Kenia, Ecuador und den Nordpol verbindet, beträgt mehr als 180 Grad.

Parallelenaxiom bestätigt. Wahr sind auch alle Theoreme, die auf der Grundlage dieser Axiome bewiesen werden.

Wie sich zeigt, gibt es zwischen zwei x-beliebigen »Punkten« eine »Gerade«, da zwei x-beliebige Punkte auf der Kugeloberfläche auf einem Großkreis liegen, der sie miteinander verbindet. (Der Großkreis, auf dem Los Angeles und Jerusalem liegen, verläuft über Grönland und ist der kürzeste Abstand zwischen diesen beiden Städten.) Auf der Kugeloberfläche kann jeder »Punkt« ein Mittelpunkt und jeder Abstand ein Radius eines »Kreises« sein. Ebenso sind zwei x-beliebige »rechte Winkel« gleich und alle »Liniensegmente« (Teile eines Großkreises) unendlich verlängerbar.

Diese besondere Interpretation läßt sich jedoch nicht für das Parallelenaxiom in Anspruch nehmen. Hat man eine »Gerade« und einen nicht auf ihr liegenden »Punkt«, dann gibt es keine »Gerade«, die parallel zu jener durch den Punkt geht. Wenn wir uns den Äquator als eine »Gerade« und das Atomium in Brüssel als einen »Punkt«, der nicht auf dieser Geraden liegt, denken, dann muß jede »Gerade« durch das Atomium einen Großkreis beschreiben, der die Erde durchschneidet, und als solcher notwendigerweise durch den Äquator gehen, so daß er zu diesem nicht parallel sein kann. Eine weitere Anomalie im Rahmen dieser Interpretation ist die Tatsache, daß die Winkelsumme eines Dreiecks immer größer als 180 Grad ist. Warum das so ist, sieht man anhand des »Dreiecks«, beschrieben durch den Äquatorabschnitt z. B. zwischen Kenia und Ecuador sowie durch die »Liniensegmente«, die jeweils einen »Punkt« in einem der beiden Länder mit dem Nordpol verbinden: Am Äquator hat das so geformte, räumliche Dreieck zwei rechte Winkel!

Auch bei anderen von der Norm abweichenden Interpretationen der Begriffe »Punkt«, »Gerade« und »Abstand« treffen alle Axiome der euklidischen Geometrie zu, bis auf das Parallelenaxiom, das dann aus einem anderen Grund nicht hinhaut: Zu einer bestimmten Linie durch einen Punkt gibt es *mehr* als eine, die parallel zu ihr ist. In diesen Fällen, z. B. bei sattelförmigen Oberflächen, ist die Winkelsumme eines Dreiecks kleiner als 180 Grad. Einer, der sich noch allgemeinere Oberflächen und Geometrien ausdachte, war der deutsche Mathematiker Bernhard Riemann. In seinen Modellen ist

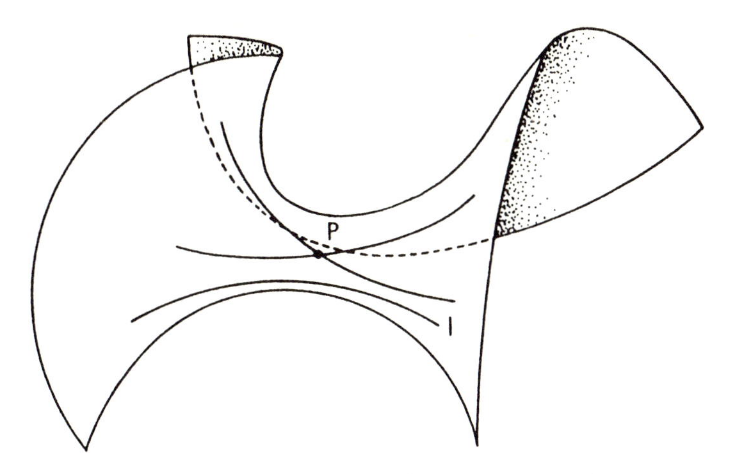

Auch auf dieser sattelförmigen Oberfläche kann eine „Gerade“ als der kürzeste Abstand zwischen zwei Punkten interpretiert werden, ohne daß die Axiome der euklidischen Geometrie, abgesehen vom Parallelenaxiom, ihre Berechtigung verlieren. Das Parallelenaxiom trifft nicht zu, da durch P mehr als eine Linie geht, die zu l parallel ist.

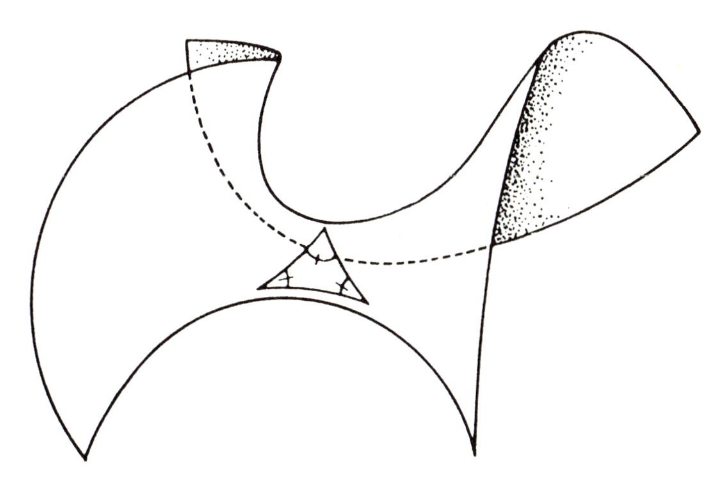

Auf dieser Oberfläche ist die Winkelsumme eines Dreiecks kleiner als 180 Grad.

»Abstand« etwas, das von Punkt zu Punkt in etwa der gleichen Weise variiert, wie wenn man über ein sehr unregelmäßiges und hügeliges Gelände wandert und einem die Entfernungen immer unterschiedlich vorkommen.

Ein Modell, an dem das Parallelenaxiom scheitert, gehört zur nichteuklidischen Geometrie. Jede der erwähnten Geometrien ist ein in sich konsistentes System aus Theoremen (so wie die Verfassungen verschiedener Nationen sich unterscheiden, aber jeweils in sich konsistente Sammlungen von Gesetzen sind). Welches davon jeweils auf die Wirklichkeit zutrifft, hängt von der physikalischen Bedeutung ab, die wir den Begriffen »Punkt« und »Gerade« geben; es ist eine empirische Frage, die durch Beobachtung entschieden werden muß, nicht durch Proklamationen vom Lehnstuhl aus. Zumindest stellenweise scheint die räumliche Welt so euklidisch zu sein wie ein Weizenfeld. Aber es ist immer gefährlich, seinen beschränkten Horizont allzu weit zu extrapolieren; darauf sind schon die gekommen, die unter der Voraussetzung, die Erde sei eine Scheibe, die Welt erforschen wollten. Und so läuft der Weg eines Lichtstrahls, als Gerade interpretiert, auf eine nichteuklidische physikalische Geometrie hinaus.

Irgendwie gefällt mir der Gedanke, daß die Entdeckung einer nichteuklidischen Geometrie so etwas wie ein mathematischer Witz ist; ein Witz, den Kant nicht kapiert hat. Viele Rätsel und Scherzfragen haben die Form »Wer oder was hat diese oder jene Eigenschaft, dieses oder jenes Merkmal?« Natürlich kommt man dabei nicht auf die überraschende Interpretation, die die Pointe bringt. Und so ist das auch mit der nichteuklidischen Geometrie. Statt »Was ist ganz schwarz, aber trotzdem ganz weiß und doch ganz rot?« heißt es: »Was erfüllt die ersten vier Axiome von Euklid?« Die neue Pointe ist von Bolyai, Lobatschewski und Gauß. Sie sehen, im Kabarett »Universum« jagt ein Witz den anderen.

Notation

Bei einer guten mathematischen Notation ist sechserlei zu bedenken, nämlich 1, b, III, vier, E und vi. Das finden Sie nicht so toll? Dieses miese Beispiel ist auch nicht ganz auf meinem Mist gewachsen, sondern einem Scherz des Spaßvogels George Carlin entlehnt. Aber abgesehen von solchen Extremen glauben die meisten Leute, wenn sie sich überhaupt Gedanken zu diesem Thema machen, daß mathematische Notationen weder Verwirrung stiften noch zu besonderen Erleuchtungen verhelfen. Notationen haben für sie eher einen oberflächlichen, ja fast kosmetischen Aspekt. Wie Geraden, Winkel, Punkte, Zahlen und andere mathematische Gebilde symbolisch wiedergegeben werden, scheint eine herrlich triviale und unwichtige Angelegenheit zu sein. Die dauernde pedantische Beschäftigung damit stärkt diesen Glauben nur, der aber nicht immer begründet ist. Ein Notationssystem muß nicht unbedingt eine wichtigtuerische Typologie und leere Konvention sein.

Denn oftmals ist die Einführung bzw. Erfindung einer bequemen und flexiblen Notation förderlicher als ein Beweis für ein tiefgründiges Theorem. Man könnte sogar im groben eine Geschichte der Mathematik schreiben, die ganz der Einführung bedeutender neuer Notationen gewidmet ist. Die plumpen römischen Ziffern (und ihre ebenso umständlichen griechischen Artgenossen) sind zum Rechnen ungeeignet, ganz im Gegensatz zu den arabischen, von denen sie schließlich verdrängt wurden, auch wenn sie sich hier und dort hartnäckig gehalten haben, wie z. B. in der Zahl der Olympischen Spiele. (Siehe das Kapitel über *Arabische Ziffern.*) Die wissenschaftliche Diskussion über individuelle Zahlen und Größen kann ohne die Einführung einer Notation für Variablen, wie sie von François Viète erfunden wurde, nicht so leicht verallgemeinert werden. Genauso schwierig ist es, symbolisch mit geometrischen Figuren umzugehen, ohne die Notationsmittel der analytischen Geometrie zu haben, die René Descartes und Pierre Fermat kreiert haben.

Formale Theoreme waren mit der Einführung solcher Zeichensysteme nicht verbunden, aber deshalb waren sie keineswegs rein kosmetisch. Im Gegenteil, dank dieser Kodifizierungen wurden die Erkenntnisse und Ideen einiger sehr kluger und gebildeter Leute jedem auf der Welt zugänglich. Heute kann ein Grundschüler innerhalb weniger Minuten ausrechnen, wofür im Mittelalter ein alter Gelehrter Stunden brauchte; und mit Hilfe von Variablen kann ein Pennäler algebraische Gleichungen aufstellen und lösen, die zuweilen nicht einmal den alten Griechen bekannt waren, geschweige denn dem mittelalterlichen Gelehrten. Oder nehmen wir die analytische Geometrie, mit deren Techniken Erkenntnisse über geometrische Figuren und ihre Eigenschaften entwickelt werden können, die den Mathematikern, die früher noch auf rein klassische Ausdrucksmittel beschränkt waren, verborgen geblieben sind.

Ähnlich ist es mit der Notation der Mengenlehre. Sie ist so einfach, daß sie schon an der Grundschule gelehrt werden kann. Was manchmal seitenlang in einem Vorwort zu einem Lehrbuch steht, paßt schon in ganz wenige Sätze: Mit $p \in F$ wird ausgedrückt, daß p ein Element der Menge F ist, und mit $F \subset G$, daß jedes Element von F ebenso ein Element von G ist. Haben wir zwei Mengen A und B, dann ist $A \cap B$ die Menge, die jene Elemente enthält, die sowohl zur Menge A als auch zur Menge B gehören; mit $A \cup B$ ist die Menge gemeint, die jene Elemente enthält, die zur Menge A, B oder zu beiden gehören; und A' ist die Menge jener Elemente, die nicht zu A gehören. Eine Menge, die keine Elemente enthält, ist eine leere Menge und wird mit $\emptyset$, manchmal auch mit $\{\ \}$ angegeben, geschweifte Klammern ohne Inhalt. Ende des Mini-Kurses.

Diese wie auch andere Notationen, die seitdem entwickelt worden sind – für Ableitungen, Integrale und Reihen in der Infinitesimalrechnung, für Operatoren und Matrizen in verschiedenen mathematischen Disziplinen –, oder auch die Symbole für Junktoren und Quantoren in der Logik, auf dem Gebiet der Kategorienlehre, was in einer Hinsicht nichts anderes als Notation ist, sie alle haben drei ihre Verwendung erklärende Eigenschaften (A, 2 und III). Sie sind suggestiv, da die Beziehung zwischen den Symbolen mit der zwischen mathematischen Objekten korrespondiert (Y^5 z. B. ist $Y \times Y \times Y \times Y \times Y$). Mit guten Formalismen oder symbolischen Darstellungen läßt sich im allgemeinen recht einfach umgehen, zumal bestimmte Regeln und Algorithmen zu Hilfe genommen werden können (sei es zum Multiplizieren von Zahlen oder zum Lösen eines linearen Systems von Differentialgleichungen). Notationen von großer Effektivität enthalten in kompakter Form eine Menge wichtiger Informationen, ohne (so wie der vorangegangene Satz) unwichtige oder redundante Elemente mit sich herumzuschleppen.

Als formalisiertes System zur Darstellung mathematischer, logischer und anderer wissenschaftlicher Gebilde geht die Notation natürlich weit über die Mathematik hinaus. So wurde die Buchführungspraxis durch das doppelte Verbuchen jedes Geschäftsvorgangs auf der Soll- und auf der Haben-Seite verändert, die Aufzeichnung chemischer Reaktionen durch chemische Symbole stark vereinfacht und die Quantenmechanik durch die Feynman-Diagramme subatomarer Interaktionen erhellt. Man könnte Abertausende Beispiele von Notationssystemen aufzählen, aber das fundamentalste, allumfassendste ist nach wie vor das Alphabet und die damit ermöglichte Aufzeichnung von Sprache.

Oulipo – Mathematik in der Literatur

Ouvroir de Littérature Potentielle (Arbeitskreis für Potentielle Literatur), kurz Oulipo, nannte sich eine kleine Gruppe vorwiegend französischer Schriftsteller, Mathematiker und Akademiker, die sich der Erforschung mathematischer und quasimathematischer Techniken in der Literatur verschrieben. Raymond Queneau und François Le Lionnais haben diesen Workshop 1960 in Paris ins Leben gerufen. Mit Hilfe ausgefallener Einschränkungen sollte nach neuen literarischen Strukturen gesucht werden, nach Methoden zur systematischen Texttransformation und nach Möglichkeiten zur Darstellung mathematischer Konzepte in Wörtern. Die Gruppe hat auch verschiedene philosophische Manifeste zu ihrer Arbeit herausgegeben, doch interessanter sind eigentlich ihre Techniken und Resultate.

Ein erstklassiges Beispiel für die Verbindung von Kombinatorik und Literatur sind Queneaus *100 Billionen Sonette,* ein Werk von lediglich zehn Seiten, jede mit einem Sonett. Die Seiten sind jedoch so geschnitten, daß jede der vierzehn Zeilen eines Sonetts einzeln umgeschlagen werden kann. Auf diese Weise kann jede erste Zeile mit jeder zweiten der zehn Sonette kombiniert werden, so daß schließlich 10^2 bzw. 100 verschiedene Paarungen zustande kommen. Nun kann jede dieser 10^2 Möglichkeiten wiederum mit jeder dritten Zeile eines jeden Sonetts kombiniert werden, so daß daraus 10^3 bzw. 1000 Versionen werden. Am Ende dieser Iteration müßten es also 10^{14} mögliche Sonette sein. (Siehe das Kapitel über das

Multiplikationsprinzip.) Queneau zufolge sollen sogar alle einen Sinn ergeben, doch diese Behauptung wird man wohl nie verifizieren können, da diese 10^{14} Sonette dadurch insgesamt einen Textreichtum haben, der den der ganzen übrigen Literatur auf der Welt übertrifft.

Ein weiteres Beispiel für die Umwandlung eines Textes ist der (n + 7)-Algorithmus von Jean Lescure. Damit wird jedes Substantiv in einem Text mit dem ausgetauscht, das in einem normalen Wörterbuch als siebtes folgt. Gewöhnlich behält der Text seinen Rhythmus, gelegentlich sogar etwas von seinem ursprünglichen Sinn. »Vor dem Meerdrachen und dem Erdengast und der allumschließenden Himmelfahrtsnase war in der ganzen Bezirkskarte des Naturalienkabinetts eine einzige Anchose, Chapeton genannt, ein roher und ungeordneter Kluniazenser . . .« (nach: *Die Schöpfung* aus Ovids Metamorphosen). Natürlich ist dieser Algorithmus modifizierbar, indem man jedes zweite Substantiv wählt oder jedes zehnte etc.

Ein Werk ganz im Oulipo-Stil ist z. B. auch Georges Perecs 300-Seiten-Roman *La Disparition*, in dem kein einziges »e« vorkommt, abgesehen von den vier, die unglücklicherweise in seinem Namen sind. Texte ohne »e«, man stelle sich das mal vor; kein »kein«, kein »er«, keine »sie«, kein »es«, kein »der«, keine »die«, kein »gewesen«, kein »sein«, kein »werden«, ohne »wenn« und »aber«. In einem Essay über Lipogramme verteidigt Perec diesen Verzicht auf einen Buchstaben als durchaus ernstzunehmende literarische Form mit dem Argument, daß derartige Kunstgriffe und Einschränkungen nicht nur Oulipianer dazu getrieben haben, alle Möglichkeiten einer Sprache auszuloten, sondern auch weltberühmte Schriftsteller wie François Rabelais, Laurence Sterne, Lewis Carroll, James Joyce, Jorge Luis Borges und Italo Calvino, der selbst ein Oulipianer war.

Einige dieser Möglichkeiten, die man in einer Sprache hat, leiten sich in der einen oder anderen Weise davon ab, Texte miteinander zu verschmelzen, indem man einen mit dem anderen »multipliziert« (wie die Zahlen in Matrizen); oder davon, die logische Schnittfläche von zwei total disparaten Texten zu finden; oder davon, ein langes Gedicht zu »haikufizieren«, um ein kürzeres daraus zu machen. Auch ganz gängige Wortspielereien werden gern gebraucht: Palindrome – Wörter oder Redensarten, die sich genauso rückwärts wie vorwärts lesen lassen, wie z. B. Reliefpfeiler, Neger, Leben, Anna oder wie der Geniestreich »A man, a plan, a canal, Panama«; Schüttelreime – Lautverschiebungen in zwei oder mehr Wörtern, wie z. B. »Es soll der Mosel Sonnenwein uns Inbegriff der Wonnen sein«; perverbiale Schöpfungen – Kombinationen zweier Sprichwörter, wie z. B. »Wer andern eine Grube gräbt, trägt auch den Schaden« oder »Es ist nicht alles Gold, was des Kaisers ist«; Schneeballsätze, in denen jedes Wort um einen Buchstaben länger ist als das Wort zuvor, wie z. B. »O tu das doch schon morgen, liebste Clarissa, hellichte, clarissima, meinetwegen, unseretwegen«; all das und noch viel mehr finden wir zuhauf in den Gedichten, Erzählungen und Romanen der Oulipo-Gruppe.

Seltsamerweise haben die Oulipianer kein so großes Interesse für Computer gezeigt, wie man aufgrund ihrer Vorliebe für syntaktische Permutationen vielleicht vermuten würde, obwohl sie sich damit ihr kombinatorisches Spiel mit der Literatur hätten leichter machen können. Dabei denke ich an solche Möglichkeiten, wie verschiedene Textprogramme mit Hilfe von Fachwörterbüchern, Thesauri, Schlüsselwort-Zählern und sogenannten Hypermedia-Mitteln umzuarbeiten.

Gute Oulipo-Arbeiten haben etwas Erfrischendes und Stimulierendes. Keinen Spaß machen schlechte; die unentwegten Wortspielereien und Tricksereien können für unsereins sehr langweilig sein – wie das Babyhüten für einen achtjährigen Quasselbruder.

Partielle Ordnungen und Vergleiche

Die meisten menschlich interessanten Phänomene können mit partiellen Ordnungen besser beschrieben werden als mit vielen anderen ordnenden Systemen, die eine mathematische Struktur haben. Partielle Ordnungen sind all die Mengen, die irgendwie geordnet sind (z. B. nach der Größe ihrer Elemente), wo die Ordnung aber unvergleichbare Elementpaare zuläßt. Ihnen gegenüber stehen lineare oder totale Ordnungen wie z. B. »ist mindestens so groß wie« oder »ist mindestens so schwer wie«, wonach also von zwei Personen im ersten Fall eine größer, im zweiten eine schwerer ist. Bei partiellen Ordnungen kann es sein, daß zwei Elemente, unter Berücksichtigung der ordnenden Relation, partout nicht miteinander verglichen werden können.

Verdeutlichen wir uns dies anhand einer Menge Kreise, die in einer Ebene liegen. Nun enthält jeder dieser Kreise nicht nur andere Kreise, sondern ist selbst in ihnen enthalten; andererseits ist es so, daß wahrscheinlich keiner von zwei zufällig gewählten Kreisen einen anderen enthält noch in ihm selbst enthalten ist. Von diesen Kreisen sind die meisten Paare nicht miteinander vergleichbar; so gesehen ist die Relation »enthält« eine partielle Ordnung. Eigenschaften wie Schönheit, Intelligenz, ja selbst Wohlstand im Sinne partieller Ordnungen zu sehen ist viel sachgerechter und weniger vereinfachend, als sie unter dem Aspekt linearer oder totaler Ordnungen zu behandeln.

Meiner Ansicht nach wurzeln tatsächlich viele Probleme darin, daß man versucht, aus partiellen Ordnungen totale zu machen.

Intelligenz auf eine lineare Ordnung, d. h. auf eine Zahl auf einer IQ-Skala, zu reduzieren ist angesichts der Komplexität und Unvergleichbarkeit menschlicher Begabungen eine Art von Vergewaltigung. Nicht anders ist es mit den Vergleichszahlen für Schönheit oder Wohlstand. Auch der Ausdruck »politisches Spektrum« ist simplifizierend und reduktionistisch; unsere Versuche, entsprechend unseren persönlichen Präferenzen einem der vielen politischen Kandidaten den Vorrang zu geben, führen bei der Wahl zu allerhand Paradoxem (siehe das Kapitel über *Wahlsysteme*). Ähnliche Schwierigkeiten entstehen, wenn wir eine Rangliste unserer Freunde anlegen. Die meisten Sachverhalte von persönlichem oder gesellschaftlichem Belang sind dermaßen kompliziert und vielschichtig, daß der Versuch, sie in Prokrustesmanier in eine Liste zu zwängen, kurzsichtig und engstirnig ist.

Doch gerade wegen ihrer simplen Natur finden Ranglisten größten Anklang. Müssen wir nicht immer wissen, wer unsere »Topmanager«, »Spitzenpolitiker« und »Topverdiener« sind (die Beziehung zwischen Sexismus und linearen Hierarchien ist nicht zufällig); wer die Bestsellerliste anführt, wer die Hitparade? Manchmal frage ich mich, ob in einer Welt, in der Besessenheit und Monomanie sich so hübsch auszuzahlen scheinen, nicht all diejenigen das Nachsehen haben, die ein ausgewogeneres, harmonischeres Verhältnis zum Leben pflegen. Vielleicht ist eine auf ein erträgliches Maß beschränkte, gezügelte Besessenheit, auch wenn das wie ein Oxymoron klingt, die passende Antwort.

(Es wird viel über die mathematischen Leistungsunterschiede zwischen Männern und Frauen geredet, und vor allem über die Zahl derer, die jeweils der höheren Mathematik nachgehen. Daß diese Unterschiede eine genetische Basis haben, dafür gibt es keinen überzeugenden Beweis. Ich vermute, sie sind auf die Sozialisation zurückzuführen und *vielleicht* auf genetisch beeinflußte Unterschiedlichkeiten in der Persönlichkeitsstruktur. Dazu eine Beobachtung, die ich selbst gemacht habe und die möglicherweise sogar relevant ist: Obwohl ich eine Menge absolut erstklassiger, halt: »Top«-Programmiererinnen kenne, sind mir nur sehr wenige über den Weg gelaufen, von denen ich sagen würde, das sind echte »Hackerinnen«, die regelmäßig die ganze Nacht aufbleiben, sinnloser-, Computer-Code-tippenderweise; die fettige, ungewaschene Haare haben, gammelige Klamotten und Säcke unter ihren glasigen Monitor-Augen; die keine Freunde haben, Kartoffelchips, Schoko-und sonstige Riegel futtern und Koffein in sich hineintanken; die stündlich ihr System umkonfigurieren und generell in ihre selbstgebastelten elektronischen Reiche entfleuchen. Wenn ich sage, daß Programmiererinnen im allgemeinen zu ausgeglichen sind, um einen Hacker abzugeben, meine ich das keinesfalls herablassend oder deklassierend. Vielleicht ist es ja so, daß mathematisches Forschen, obwohl es dazu nicht ganz dieselbe Zwanghaftigkeit und monomanische Unreife braucht wie zum Hacken, eher etwas für Menschen ist, die eine im traditionellen Sinn für männlich gehaltene Persönlichkeit und Charakterstruktur besitzen.)

Aber um noch einmal auf partielle Ordnungen zurückzukommen: Wenn wir die Dinge schon miteinander vergleichen müssen, dann, so behaupte ich, ist ein Baum oder ein Busch häufig ein besseres Modell als eine Holzstange. Bäume wie Büsche lassen unvergleichbare Elemente (auf unterschiedlichen Ästen und Zweigen) wie vergleichbare (auf einem einzigen Ast oder Zweig) gelten; Holzstangen hingegen stürzen alles in eine Dimension.

Das Pascalsche Dreieck

Das Pascalsche Dreieck ist eine Anordnung von Zahlen in Form eines gleichschenkeligen Dreiecks. In China war dieses Zahlenschema bereits im Jahre 1303 bekannt, mehr als 300 Jahre bevor der französische Mathematiker und Physiker Blaise Pascal viele der interessantesten Eigenschaften endlich aufdeckte. Jede Zahl im Pascalschen Dreieck, außer der 1 an den Ecken, erhält man durch Addition der beiden Zahlen, die über ihr liegen. Zu der unten abgebildeten Figur könnte man z. B. auch die Zahlenreihe 1, 7, 21, 35, 35, 21, 7, 1 hinzufügen.

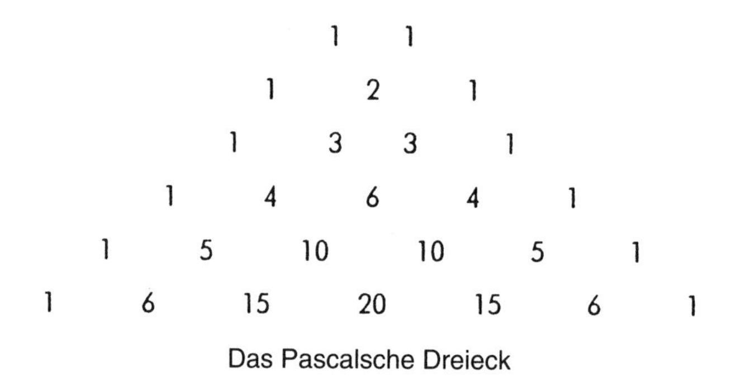

Das Pascalsche Dreieck

Trotz der Einfachheit dieser Regel ist es erstaunlich, wie viele verschiedene Muster dieses Dreieck zu bieten hat, wobei das mit den kombinatorischen (bzw. binominalen) Koeffizienten wahrscheinlich das wichtigste von allen ist. Diese Zahlen sagen uns, wie viele Möglichkeiten wir beim Poker, Lotto und Eisschlecken haben, oder, allgemein gesagt, um r Elemente aus n zu wählen.

Probieren wir es der Einfachheit halber mit einer kleinen Anzahl. In der vierten Reihe des Dreiecks sind die Zahlen 1, 4, 6, 4, 1. Diese fünf zeigen die Anzahl der Möglichkeiten an, um jeweils 0, 1, 2, 3 und 4 Elemente aus einer 4 Elemente umfassenden Menge zu selektieren. Die erste Zahl in der Reihe, 1, weist folglich auf die Anzahl der Möglichkeiten hin, um aus einer Menge von 4 Elementen 0 Elemente auszusuchen. Da gibt es nur eine Möglichkeit: keines der Elemente zu nehmen. Die nächste Zahl, 4, gibt an, wie viele Möglichkeiten es gibt, um von 4 Elementen 1 zu selektieren. Wie uns unser Scharfsinn sagt, haben wir in diesem Fall vier Möglichkeiten, nämlich das erste, zweite, dritte oder vierte Element zu nehmen. Die dritte Zahl in der Reihe, 6, sagt uns, wie viele Möglichkeiten wir haben, um von den 4 Elementen 2 auszulesen. Nehmen wir zur Abwechslung mal an, daß die vier Elemente die Buchstaben A, B, C, D sind. Dann haben wir, um genau zwei von ihnen auszuwählen, folgende sechs Möglichkeiten: AB, AC, AD, BC, BD und CD. Die nächste Zahl in der Reihe, 4, steht für die Anzahl der Möglichkeiten, um aus 4 Elementen 3 herauszusuchen. Jetzt haben wir vier Möglichkeiten, wobei wir einfach nur entscheiden müssen, welches der 4 Elemente wir nicht nehmen. Die letzte Zahl ist 1; und um aus einer Menge von 4 Elementen 4 herauszupicken, gibt es nur eine Möglichkeit: Man nimmt sie alle.

Sämtliche Reihen funktionieren in der gleichen Weise. So repräsentieren die Zahlen in der sechsten Reihe – 1, 6, 15, 20, 15, 6, 1 – jeweils die Anzahl der Möglichkeiten, um aus einer Menge von 6 Elementen 0, 1, 2, 3, 4, 5 und 6 Elemente auszusuchen. Wie wir sehen, gibt es 15 Möglichkeiten, um aus 6 Elementen 2 zu wählen, und 20 Möglichkeiten, um 3 auszuwählen. Wenn wir uns die 31. Reihe im Pascalschen Dreieck ansehen und über 4 Stellen zählen, dann haben wir sage und schreibe 4495 Möglichkeiten, um aus 31 Eissorten jeweils 3 Geschmackskombinationen zu wählen. Wenn wir zur 48. Reihe gehen und über 7 Stellen zählen, dann ist die Anzahl der Möglichkeiten, um aus 48 Elementen 6 herauszusuchen,

12271512 – wie beim Lottospiel. Gehen wir zur 52. Reihe und zählen über 6 Stellen, dann ist die Anzahl der Möglichkeiten, um aus 52 Elementen 5 auszusuchen, 2598960 – wie beim Poker.

(Ich gebe zu, die Versuchung, noch mehr Beispiele aufzuzählen, ist ungemein groß. Andererseits muß ich dann immer an meinen Professor denken, den ich während der ersten Semester hatte. Als er eines Tages über eingeschränkt konvergente Reihen sprach und anfing, an die Tafel zu schreiben: $1 - 1/2 + 1/3 - 1/4 + 1/5 - \ldots$, da dachten wir uns noch nichts dabei; er war immer schon ein seltsamer Kauz gewesen. Wir amüsierten uns, wie er auf diese Weise die halbe Tafel vollschrieb, $\ldots + 1/57 - 1/58 + 1/59 - 1/60 + \ldots$ Es schien kein Ende zu nehmen. Irgendwann, als schon fast kein Platz mehr war, bei $\ldots - 1/124 + 1/125 - \ldots$, wurde es still. Plötzlich drehte er sich zu uns um. Wortlos ließ er die Kreide aus der zitternden Hand fallen und verschwand auf Nimmerwiedersehen. Es hieß, er habe einen Nervenzusammenbruch erlitten.)

Auf diese Weise für große Zahlen die sogenannten Binominalkoeffizienten zu erzeugen ist nicht gerade sehr praktisch. Man verwendet besser eine Formel, die vom Multiplikationsprinzip abgeleitet ist (siehe das Kapitel über das *Multiplikationsprinzip*). Sie sagt, daß die Anzahl der Möglichkeiten, um r Elemente aus n zu wählen, die durch $c(n, r)$ symbolisiert wird, gleich $n!/r!(n - r)!$ ist; $x!$ bedeutet dabei für jede Zahl x das Produkt von x, $x - 1$, $x - 2$ usw., bis hinunter zu 1. Ein Beispiel: $6! = 6 \times 5 \times 4 \times 3 \times 2 \times 1 = 720$. Wenn mit der Formel dasselbe herauskommt wie mit dem Pascalschen Dreieck, dann erhalten wir mit $n = 6$ und $r = 2$ laut Formel $6!/2!4! = 15$, die Anzahl von Möglichkeiten, um aus einer Menge von 6 Elementen 2 zu wählen; und mit der symbolischen Schreibweise $c(6, 2)$ genau dasselbe: 15.

Diese Formel ist in der Wahrscheinlichkeitstheorie und Kombinatorik besonders wertvoll, wo unabhängige Veränderliche einer Funktion, sogenannte Argumente, durchaus üblich sind. Ein Beispiel kann das wieder am besten beleuchten: Angenommen, Sie müssen in einem Fach, in dem Sie nichts wissen, eine Prüfung im Multiple-Choice-Verfahren machen. Auf dem Fragebogen sind 12 Fragen, jede mit 5 möglichen Antworten. Nun ist die Wahrscheinlichkeit, daß Sie die ersten vier Fragen richtig, die restlichen 8 aber falsch ankreuzen, gleich $(1/5)^4 \times (4/5)^8$. Mit dieser Wahrscheinlichkeit werden Sie auch die Fragen 3, 4, 7 und 11 oder 1, 6, 7 und 9 richtig und die anderen jeweils falsch beantworten. Nun ist die Frage, wie groß die Wahrscheinlichkeit ist, daß von 12 Fragen vier, egal welche, richtig beantwortet werden. Das finden wir anhand der verschiedenen Möglichkeiten heraus, die wir haben, um aus einer Menge von 12 Elementen 4 herauszupicken; genau c(12, 4) bzw. 495. Diese Zahl multiplizieren wir dann mit $(1/5)^4 \times (4/5)^8$, also mit der Wahrscheinlichkeit, alle möglichen Mengen von 4 aus 12 Fragen richtig zu beantworten. Die Antwort ist: $c(12, 4) \times (1/5)^4 \times (4/5)^8$ oder ungefähr 13% – in der Wahrscheinlichkeitstheorie ein Spezialfall der binominalen Distribution.

Die Zahlen in der n-ten Reihe eines Pascalschen Dreiecks, das sollte ich noch erwähnen, sind die Koeffizienten des ausgeschriebenen Ausdrucks $(x + y)^n$. Wie Sie wissen (wenn nicht, dann glauben Sie es mir bitte), ist $(x + y)^2$ ausgeschrieben $\underline{1}x^2 + \underline{2}xy + \underline{1}y^2$ und $(x + y)^3$ gleich $\underline{1}x^3 + \underline{3}x^2y + \underline{3}xy^2 + \underline{1}y^3$. Spätestens jetzt muß Ihnen auffallen, daß die Koeffizienten, die ich unterstrichen habe, genau den Zahlen in der 2. und 3. Reihe des Pascalschen Dreiecks entsprechen. Und natürlich entspricht $(x + y)^4$, was ausgeschrieben $\underline{1}x^4 + \underline{4}x^3y + \underline{6}x^2y^2 + \underline{4}xy^3 + \underline{1}y^4$ ist, der 4. Reihe.

Im Pascalschen Dreieck stecken noch andere mathematische Muster, u. a. die ganzen Zahlen entlang der vorletzten Diagonalen; die Trigonalzahlen (als trigonale Punktanordnungen schreibbar, wie z. B. 3, 6, 10 usw.) entlang der nächsten Diagonalen Richtung Zentrum; die Tetraederzahlen (als tetraedische Punktanordnungen schreibbar, wie z. B. 4, 10, 20, usw.) entlang der nächsten Diagonalen; und all die anderen, höherdimensionalen Analoge dazu entlang noch weiter innen liegenden Diagonalen; nicht zuletzt auch die Fibonacci-Zahlen als die Summen der diagonalen Elemente, die von einer Reihe zur vorausgehenden (zur nachfolgenden) nach oben (nach unten) weitergehen. Erst das Lokalisieren solcher Muster und Konfigurationen verschafft uns ein Gefühl für die Schönheit und Komplexität, die bisweilen in der simpelsten Regel angelegt sein kann.

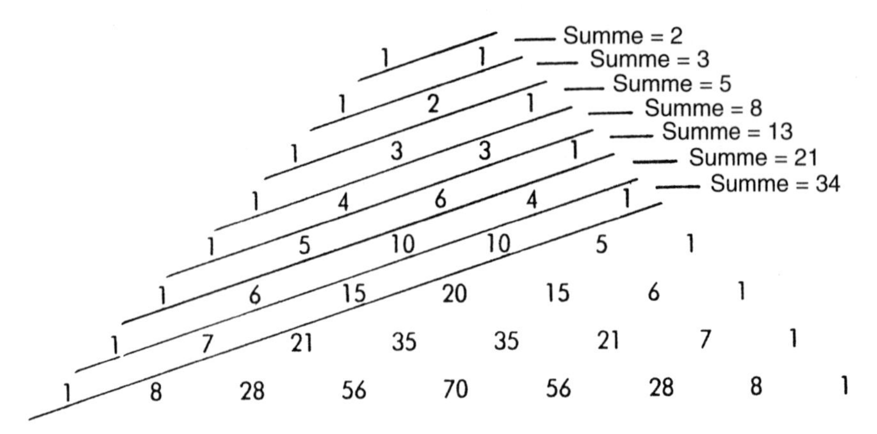

Aus dem Pascalschen Dreieck ergeben sich auch die Fibonacci-Zahlen.

Die Philosophie der Mathematik

Zahlen, Punkte, Wahrscheinlichkeiten – was ist das eigentlich? Oder mathematische Wahrheit? Oder warum ist die Mathematik überhaupt von Nutzen? Das sind Fragen, die ich hier nicht beantworten kann. Aber ich will wenigstens versuchen, auf ein paar Probleme einzugehen, die damit zusammenhängen.

Man muß beileibe kein Mathematiker sein, um zu sehen, daß mathematische Theoreme nicht in derselben Weise für gültig erklärt werden wie physikalische Gesetze. Sie scheinen überzeitliche, notwendige Wahrheiten zu sein, im Gegensatz zu den Aussagen, die aus den empirischen Wissenschaften kommen – aus der Physik, der Psychologie, dem Kochen, dem Büroalltag etc., die eher mit dem augenblicklichen Zustand der Welt in Verbindung gebracht werden. Mit dem Boyle-Mariotteschen Gesetz z. B. oder mit der Geschichte der k. und k. Monarchie hätte es zumindest theoretisch ganz anders sein können; nicht aber mit dem Postulat, daß $2^5 = 32$ ist.

Woher aber kommt die Gewißheit und Unbedingtheit mathematischer Wahrheiten? Gewöhnlich halten sich Mathematiker nicht mit dieser Frage auf. Würden wir auf eine Antwort pochen, dann bekämen wir von den meisten wahrscheinlich gesagt, daß mathematische Objekte unabhängig vom Menschen existieren und daß die Aussagen über diese Objekte, unabhängig davon, was wir über sie wissen oder ob wir sie beweisen können, stets wahr bzw. nicht wahr sind. Es wird so getan, als ob diese Objekte in irgendeinem platonischen Bereich jenseits von Zeit und Raum existierten. Wenn das so ist, wie können wir dann über solche Objekte und die sie betreffenden Fakten etwas erfahren?

Immanuel Kant beantwortete diese Frage damit, daß die Mathematik (oder wenigstens ihre grundlegenden Axiome) a priori allein durch Intuition erfaßbar sei und sich ihre Unbedingtheit von selbst ergäbe. Auch wenn Kants Ideen über Raum, Zeit und Zahl von heutigen Intuitionisten nicht geteilt werden, so begründen diese die Unbedingtheit der Mathematik immerhin mit der Unzweifelhaftigkeit einfacher geistiger Prozesse. Manche von ihnen zweifeln sogar Beweise für die Existenz eines Objekts an, solange diese Existenz nicht durch einen konstruktiven geistigen Prozeß gefunden wird.

Sehr viele Philosophen der Mathematik stören sich sowohl an Kants Subjektivismus als auch an der Unhaltbarkeit eines naiven Platonismus. Die sogenannten Logizistiker Bertrand Russell, Alfred North Whitehead und Gottlob Frege versuchten zu zeigen, daß die Mathematik auf die Logik reduzierbar und folglich genauso über jeden Zweifel erhaben sei wie die simple Behauptung »A oder nicht A«, ja daß mathematische Aussagen nur umständliche Ausdrucksformen für »A oder nicht A« seien. Damit hofften sie, eine Garantie für die Gewißheit mathematischer Aussagen zu bekommen, was ihnen jedoch nicht ganz gelang. Ihre Art Logik beinhaltete nämlich Ideen aus der Mengentheorie, die genauso problematisch waren wie die mathematischen Aussagen, die daraus folgten.

Die Antwort der Konventionalisten war, daß die Mathematik ihre Unbedingtheit aufgrund von Übereinkommen, Zustimmungen und Definitionen erhielte. Mathematische Wahrheiten seien nur eine Frage der Konvention und Zweckmäßigkeit. In ähnlicher Weise gingen die formalistischen Philosophen vor, die behaupteten, daß mathematische Aussagen an sich nichts besagen und daher als bedeutungslose Aufeinanderfolge von Bezeichnungen betrachtet werden sollten, die gewissen Regeln unterliegen. Wenn auf dem Schachbrett das Pferd zwei Felder in eine Richtung und ein Feld in einer dazu rechtwinkeligen Richtung bewegt wird, dann ist das ja auch kein mysteriöser Vorgang, sondern ein Muß, weil es die Regel so vorschreibt.

Das alles so einfach abzutun, wie es diese drei Positionen machen, ist zunächst ja ganz schön; wenn sie aber das, was der Nobelpreisträger Eugene Wigner die »unvernünftige Effektivität der Mathematik« in bezug auf die Beschreibung der Wirklichkeit nannte, erklären sollten, dann versagten sie jämmerlich. Andere Philosophen wenden dagegen ein, daß die Übereinstimmung zwischen mathematischen Strukturen und physischer Realität keineswegs »unvernünftig« ist. Sie unterscheide sich so gut wie gar nicht von der, die vernünftigerweise zwischen verschiedenen biologischen Sinnen (Geruch, Geschmack, Gehör, Tastsinn und Sehen) und Aspekten der physischen Realität besteht. Für sie ist mathematisches Wahrnehmungsvermögen eine Art abstrakter sechster Sinn.

Worin der Ursprung mathematischer Unbedingtheit zu suchen ist und ob Zahlen Konstrukte unseres Geistes sind, Facetten einer idealisierten Realität oder einfach konventionalisierte Bezeichnungen, all diese Fragen sind Kernprobleme, die sich durch die ganze Geschichte der Philosophie ziehen, nur in verschiedenem Gewande. Im Mittelalter war es der Universalienstreit zwischen Idealisten, Realisten und Nominalisten, deren Positionen zur Frage der Beschaffenheit solcher Allgemeinbegriffe wie »Rötlichkeit« oder »Dreieckigkeit« in gewisser Weise zu denen analog waren, die heute von Intuitionisten, Logizisten (oder Platonisten) und Formalisten vertreten werden. (Siehe auch die Kapitel über die *Nichteuklidische Geometrie* und *Wahrscheinlichkeit*.)

Diese Dinge gehen freilich über die Mathematik hinaus. Sie sind z. B. eng mit der philosophischen Unterscheidung zwischen analytischen und synthetischen Wahrheiten verbunden. Eine analytische Aussage ist kraft der Bedeutung ihrer Wörter wahr; eine synthetische hingegen ist kraft der Art und Weise, wie die Dinge sind, wahr oder nicht wahr. (Von ganz besonderer Art ist die analytische Aussage: Eine logisch gültige Aussage ist kraft der Bedeutungen der logischen Wörter »und«, »oder«, »nicht«, »wenn – dann«, »manche« und »alle« wahr. Aussagen, die allein kraft der ersten vier von diesen Wörtern wahr sind, bezeichnet man als Tautologien. Siehe die Kapitel über *Quantoren* und *Tautologien*.)

Demnach ist die Aussage »Wenn Waldemar Mundgeruch hat und kein Gebiß trägt, dann riecht er ziemlich unangenehm« analytischer Natur und die Aussage »Wenn Waldemar Mundgeruch hat, dann trägt er kein Gebiß« synthetischer Natur. Im selben Gegensatz stehen die Aussagen »Junggesellen sind unverheiratete Männer« und »Junggesellen sind Männer, die auf Frauen scharf sind«; oder »UFOs sind fliegende Objekte, die nicht identifiziert worden sind« und »UFOs haben kleine grüne Männchen an Bord«. Für Philosophen sind mathematische Wahrheiten analytisch und die meisten anderen synthetisch, und diese begriffliche Unterscheidung ist eigentlich ein recht gutes Handwerkszeug. Wenn der Arzt bei Molière prahlt, daß der Schlaftrunk wegen des Schlafmittels wirke, dann macht er nicht eine faktische, synthetische Aussage, sondern eine leere, analytische.

Welchem »-ismus« man sich auch verschreibt (oder vor welchem man sich hütet), letztlich ist es doch so, daß Gödel mit seinem Unvollständigkeitstheorem (siehe das Kapitel über *Gödel*) die philosophischen Karten neu mischte und dadurch alle Parteien gezwungen waren, ihr Blatt wieder zu prüfen. Die Existenz unbeweisbarer Aussagen ist ein Indiz dafür, daß die Wahrheit solcher Aussagen nicht einzig und allein in ihren axiomatischen Beweisen liegen kann. Noch besser – die Schlüssigkeit einer mathematischen Theorie selbst ist etwas, das nicht bewiesen, sondern nur vorausgesetzt (oder, meinetwegen, geglaubt) werden kann.

Pi

Der griechische Buchstabe π wird seit dem 18. Jahrhundert als Kreiszahl verwendet und drückt als solche das Verhältnis des Umfangs zum Durchmesser eines Kreises aus. Das heißt, π ist gleich U/D, also Kreisumfang dividiert durch Kreisdurchmesser.

Schon im Altertum gab es Schätzungen für den Wert dieses Verhältnisses. Im Alten Testament nahm man dafür 3 an – ein unüberwindliches Problem, wie ich meine, wenn man die Bibel wörtlich nimmt –, während die Babylonier von 25/8 ausgingen, die Ägypter von 256/81, die Griechen von 22/7, die Chinesen von 355/113 (was bis zur sechsten Dezimalstelle richtig ist) und die Inder von $\sqrt{10}$ (ein schöner Zufall). Ein beträchtlich präziserer Wert ist 3,141 592 653 589 793 238 462 643 383 279 502 884 197 2; allerdings ist π eine irrationale Zahl, also nicht als Verhältnis zweier ganzer Zahlen ausdrückbar, was impliziert, daß ihre dezimale Erweiterung ewig weitergeht, ohne daß sich die letzte Stelle irgendwann ständig wiederholt. Es gibt Supercomputerberechnungen von π, die nach jüngstem Stand (1990) auf über eine Milliarde Stellen hinauslaufen! Wir haben es hier mit einer transzendenten Zahl zu tun, also einer, die nicht die Lösung einer algebraischen Gleichung ist. Als eine der fundamentalsten Konstanten in der Mathematik kommt sie in vielen Gleichungen vor, so auch in der ganz elementaren, die da sagt, daß die Fläche eines Kreises gleich π mal der Quadratzahl des Kreisradius ($F = \pi R^2$) ist. Dagegen ist das Volumen einer Kugel gleich 4/3 mal π mal die Kubikzahl des Kugelradius ($V = 4/3 \times \pi R^3$). Genauso unerläßlich ist π im Zusammenhang mit den berühmten elektromagnetischen Gesetzen des schottischen Physikers James Clerk Maxwell. Noch überraschender ist das Auftauchen von π in vielen Formeln und Kontexten, wo es nicht um Kreise oder Kugeln geht, denen man es in die Schuhe schieben könnte, wie z. B. $\pi/4 = 1 - 1/3 + 1/5 - 1/7 + 1/9 - 1/11 + \ldots$, oder $\pi^2/6 = 1/1^2 + 1/2^2 + 1/3^2 + 1/4^2 + 1/5^2 + \ldots$

Auch das sogenannte Buffon-Problem, das erstmals im 18. Jahrhundert vom Comte de Buffon formuliert wurde, hat nichts mit irgendwelchen Kreisen zu tun. Dennoch ist π Teil der Lösung, die einst sogar zur Berechnung von π verwendet wurde. Nehmen wir mit Buffon an, daß unser Fußboden aus parallelen Dielenbrettern ist, jedes etwa 3 Zoll breit. Nehmen wir ferner an, daß wir eine 3 Zoll lange Nadel haben, die wir einfach aus der Hand fallen lassen. Wie wahrscheinlich ist es, daß die Nadel so auf dem Boden zu liegen kommt, daß sie die Fuge zwischen zwei Dielen irgendwie kreuzt? Oder anders gefragt: Wie wahrscheinlich ist es, daß die Nadel nicht auf eine einzige Diele zu liegen kommt? Wie sich die Wahrscheinlichkeit herleitet, überspringe ich jetzt mal; jedenfalls ist sie $2/\pi$.

Damit könnten wir π auf folgende Weise annähernd errechnen (siehe das Kapitel über *Die Monte-Carlo-Simulationsmethode*), vorausgesetzt, wir sind bereit, die Nadel 10000mal zu Boden fallen zu lassen, um zu bestimmen, wie oft sie über einer Fuge liegen bleibt. (Wir könnten uns ja ganz der experimentellen Mathematik verschrieben haben oder im Gefängnis hocken und nicht wissen, was wir tun sollen.) Von den 10000 Malen passiert das, sagen wir, 6366mal. Damit ist die Wahrscheinlichkeit, daß die Nadel eine Fuge kreuzt, schätzungsweise 0,6366. Wenn wir diese Wahrscheinlichkeitsgröße mit $2/\pi$ gleichsetzen und diese Gleichung für π lösen, erhalten wir für π den Zahlenwert 3,1417, was dem wirklichen schon recht nahe kommt. Diese Methode ist »nadelürlich« nicht das Nonplusultra, um den Wert von π festzustellen; für diesen Zweck eignen sich andere wesentlich besser.

Der Reiz von π liegt meiner Meinung nach in seiner Universalität und ständigen Herausforderung an uns. Aus diesem Grund noch ein kleines Rätsel: Stellen Sie sich vor, um die Erde wäre entlang des Äquators eine Schnur gespannt. Um wieviel müßte diese Schnur länger sein, wenn sie einen halben Meter über der Erdoberfläche um den Äquator gewickelt sein sollte?

Ob Sie es glauben oder nicht, kaum mehr als 3 Meter! Diese erstaunliche Tatsache erklärt sich aus der Formel für den Umfang eines Kreises: $U = \pi D$. Wenn der Erddurchmesser 12850 km beträgt, dann braucht man eine $\pi \times 12850$ km, sprich 40349 km lange Schnur, um sie um den Äquator zu binden. Wenn die Schnur statt dessen aber einen halben Meter über der Erdoberfläche um den Äquator gehen soll, dann vergrößert sich der Durchmesser um einen Meter. Demnach ist der größere Umfang $\pi \times (12850$ km $+ 1$ m$)$, was gleich $(\pi \times 12850$ km$) + (\pi \times 1$ m$)$ ist, bzw. 40349 km plus πm. Also muß die Schnur um 3,14 m länger sein, wenn wir sie in einem Abstand von einem halben Meter zur Erdoberfläche um den Äquator wickeln wollen.

Platonische Körper

Platonische Körper sind dreidimensionale Körper, deren polygonale Oberflächen alle kongruent sind und deren Ecken alle den gleichen Winkel haben. So ist ein Würfel ein platonischer Körper, weil er von gleichgroßen Quadraten begrenzt ist, während ein Schuhkarton kein platonischer Körper ist, weil er keine rundum kongruenten Seitenflächen hat. Ein anderes Beispiel für einen platonischen (oder regelmäßigen) Körper ist das Tetraeder, das von vier gleichseitigen und gleichgroßen Dreiecken begrenzt ist (erinnert an die H-Milch- und Sunkist-Tüten in den 70er und frühen 80er Jahren).

Wie die alten griechischen Geometer herausfanden, gibt es nur fünf platonische Körper; zusätzlich zu den beiden schon erwähnten, dem Würfel und dem Tetraeder, noch das Oktaeder, das von acht gleichseitigen und gleichgroßen Dreiecken begrenzt wird; das Dodekaeder, das sich aus zwölf regelmäßigen (gleichseitigen und gleichwinkligen) Fünfecken zusammensetzt; und das Ikosaeder, dessen zwanzig Seiten aus gleichseitigen und gleichgroßen Dreiecken bestehen. Die Schönheit dieser regelmäßigen Körper und die Tatsache, daß es nur diese fünf gibt (warum eigentlich?), lösten eine gewisse mystische Verehrung für sie aus. Selbst der Astronom Johannes Kepler konnte sich dem nicht entziehen und versuchte, mit Hilfe ihrer Eigenschaften die Bewegung der Planeten in unserem Sonnensystem zu erklären. (Zum Glück blieb er Astronom, so daß er später doch noch über die Beobachtung statt im mathematischen Trockenkurs zu planetarischen Gesetzen gelangte.) Auch heutzutage gibt es Menschen, die in großen tetraedischen Gehäusen meditieren oder sich an symmetrische Kristalle halten in dem Glauben, irgendwann irgendwie zu Wissen, Gesundheit oder irgendeiner anderen Wunscherfüllung zu gelangen. Doch Mystizismus beiseite.

Unleugbar ist, daß platonische Körper von einer gewissen Ursprünglichkeit, ja Unverdorbenheit sind. Die Tatsache, daß nur fünf existieren, kann anhand einer bekannten Formel bewiesen werden, die auf den Schweizer Leonhard Euler, einen Mathematiker des 18. Jahrhunderts, zurückgeht. Addiert man, so die Formel, die Zahl der Scheitelpunkte zu der Zahl der Seitenflächen und subtrahiert man von dieser Summe die Zahl der Kanten des Polyeders, so kommt für jedes Polyeder (ein Körper, der von Polygonen begrenzt ist, die nicht unbedingt die gleiche Größe oder Form haben müssen) 2 heraus. Mathematisch ausgedrückt, lautet die Formel also: $S - K + F = 2$. (Auf Würfel und Schuhkartons angewandt, wo beide Male $S = 8$, $K = 12$ und $F = 6$ ist, läßt sich die Formel schnell verifizieren.) Da zum einen die Formel für alle Polyeder (platonische und andere) gilt, zum anderen die platonische Natur eines Körpers zusätzliche Einschränkungen für S, K und F mit sich bringt, ist der Nachweis rechnerisch ziemlich schnell erbracht, daß nicht mehr als fünf platonische Körper möglich sind.

Die Besonderheit platonischer Körper ist immer wieder erstaunlich. Da taucht die Zahl e, die Basis für natürliche Logarithmen, ebenso in Flächen- wie in Volumenformeln auf, oder man stößt auf eine unerwartete Verbindung zwischen dem Goldenen Rechteck und dem Ikosaeder (siehe die Kapitel über *e* und das *Goldene Rechteck*); denn wenn jedes von drei gleichen Goldenen Rechtecken die beiden anderen symmetrisch und im rechten Winkel schneidet, dann sind ihre Ecken die Scheitelpunkte eines regelmäßigen Ikosaeders! Im weiteren eignen sich platonische Körper auch gut zur Erzeugung von Zufallszahlen – der Würfel für sechs, das Dodekaeder für zwölf Zufallsgrößen etc.

Platonische bzw. regelmäßige Körper sind eines der wenigen interessanten Themen in der klassischen Geometrie der Körper, ein bereits totgeglaubtes Fachgebiet, dessen höherdimensionale Verallgemeinerungen für die Forschung in einigen Bereichen der

Physik, abstrakten Algebra und Topologie an vorderster Stelle stehen. Und vielleicht haben sie dank ihrer elementaren Natur ja sogar das Zeug, um eines Tages als Kommunikationsmittel im Verkehr mit anderen intelligenten Lebewesen, wenn es sie denn geben sollte, zu dienen.

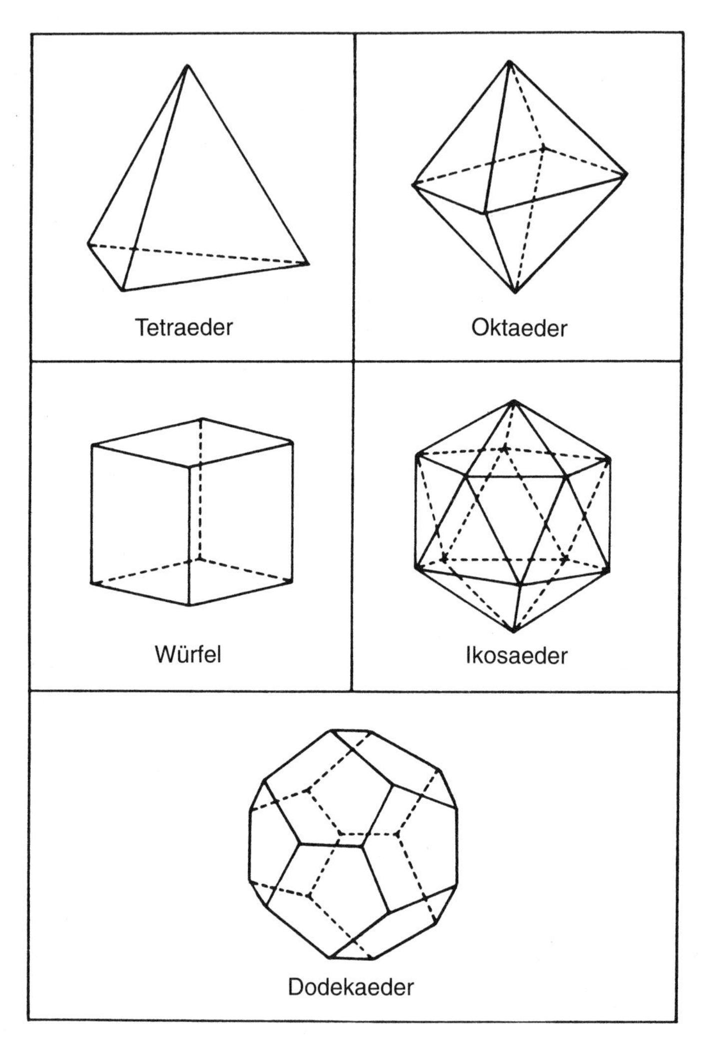

Die fünf platonischen Körper

Die Primzahlen

Primzahlen übten schon in vorgriechischer Zeit eine besondere Faszination auf den Menschen aus. Bis mit der Atomphysik ans Licht kam, daß das Atom eine »balkanisierte« Gesellschaft subatomarer Teilchen ist, wurden Primzahlen oftmals im übertragenen Sinn mit Atomen verglichen. Aber offensichtlich sind Primzahlen aus einem »härteren Holz« geschnitzt als Atome, da sie ihre ewige Unteilbarkeit behalten haben. Primzahlen müssen im Kontrast zu zusammengesetzten Zahlen gesehen werden, die als Produkt zweier kleinerer Zahlen ausgedrückt werden können; mit Primzahlen geht das nicht. Die Zahlen 8, 54 und 323 sind zusammengesetzte Zahlen, da sie, wie gesagt, gleich dem Produkt zweier kleinerer Zahlen sind, nämlich 2×4, 6×9 und 17×19, wohingegen 7, 23 und 151 Primzahlen sind, die von Natur aus nur durch sich selbst oder durch 1 geteilt und nicht weiter in Faktoren zerlegt werden können. Die ersten zwölf Primzahlen sind 2 (die einzige gerade Primzahl – und warum?), 3, 5, 7, 11, 13, 17, 19, 21 (nur zum Scherz), 23, 29, 31, 37. Es gibt exakt eine Möglichkeit, jede ganze Zahl in Primzahlenfaktoren zu zerlegen: Die Zahl 60 z. B. ist gleich $2 \times 2 \times 3 \times 5$, und 1421625 ist dasselbe wie $3 \times 5 \times 5 \times 5 \times 17 \times 223$; und 101 ist als Primzahl einfach gleich sie selbst.

Eine Frage stellt sich fast von selbst: Wie viele Primzahlen gibt es? Wenn Sie die Liste der Primzahlen, die ich oben begonnen habe, fortsetzen würden, könnten Sie sehen, daß die Primzahlen im weiteren Verlauf immer spärlicher werden. Zwischen 1 und 100 sind es mehr als zwischen 101 und 200. Die Idee liegt also nahe, daß es eine größte Primzahl gibt, genauso wie es ein Element mit der größten Atomzahl gibt. Aber schon Euklid zeigte, daß eine solche größte Primzahl nicht existiert und die Zahl der Primzahlen mithin unendlich ist.

Euklid lieferte mit seiner Darstellung ein so schönes Beispiel für einen, wie man oft sagt, indirekten Beweis, daß ich es einfach anbringen muß, auch wenn ich dabei riskiere, daß Ihnen vor der Mathematik angst und bange wird. Nehmen wir an, es gibt nur endlich viele Primzahlen; versuchen wir nun, aus dieser Annahme einen Widerspruch abzuleiten. Listen wir also die Primzahlen auf: 2, 3, 5, ..., 151, ... p; p soll die größte Primzahl sein. Jetzt bilden wir eine neue Zahl n, indem wir alle Primzahlen in der Liste miteinander multiplizieren, so daß $n = 2 \times 3 \times 5 \times \dots \times 151 \times \dots \times p$ ist.

Betrachten wir als nächstes die Zahl $(n + 1)$ und ob sie, wenn sie durch 2 geteilt wird, genau, d. h. ohne Restzahl, aufgeht oder nicht. Da 2 ein Faktor von n ist, geht die Division von n durch 2 genau auf. Wird jedoch die Zahl $(n + 1)$ durch 2 dividiert, geht sie nicht genau auf; als Rest verbleibt 1. Auch mit 3 geht die Division der Zahl n genau auf, denn auch sie ist ein Faktor von n. Dagegen läßt sich die Zahl $(n + 1)$ durch 3 wieder nur so teilen, daß 1 als Rest verbleibt. Und so läßt sich das für 5, 7 und alle anderen Primzahlen bis p fortsetzen: Jede teilt n so, daß es genau aufgeht, hinterläßt aber eine Restzahl 1, wenn sie $(n + 1)$ teilen soll.

Was heißt das? Da keine der Primzahlen 2, 3, 5, ..., p die Zahl $(n + 1)$ genau teilt, ist diese Zahl entweder sebst eine Primzahl, die größer als p ist, oder sie ist durch eine Primzahl teilbar, die größer als p ist. Und hiermit stoßen wir auf einen Widerspruch, da wir ja davon ausgegangen sind, daß p die größte Primzahl ist. Auf diese Weise haben wir es fertiggebracht, eine Primzahl ins Leben zu rufen, die größer ist als die größte Primzahl. Daher muß unsere ursprüngliche Annahme, daß es nur endlich viele Primzahlen gibt, falsch sein. Ende des Beweises. Q. e. d.

Etwas schwieriger ist der Primzahlen-Satz, der uns, grob gesagt, erklärt, wie oft Primzahlen innerhalb ganzer Zahlen vorkommen. Wenn $p(n)$ die Anzahl der Primzahlen ist, die kleiner oder gleich n sind (p(10) ist also 4, da es vier Primzahlen – 2, 3, 5 und 7 – gibt, die kleiner oder gleich 10 sind), dann sagt der Satz aus, daß mit größer werdendem n das Verhältnis n/p(n) dem natürlichen Logarithmus von n immer näher kommt. Damit können wir ausrechnen, daß ungefähr 3,6% der ersten Billion Zahlen Primzahlen sind. Ich denke, derartige Theoreme und Beweise in der Zahlentheorie haben etwas so unangreifbar Reines, daß sie einen Heiligenschein haben könnten.

Ein anderer, fast metaphysischer Aspekt der Primzahlen ist die Leichtigkeit, mit der man einfache Aussagen über sie machen kann, ohne zu wissen, ob sie wahr sind oder nicht. Ein Beispiel ist die Goldbachsche Vermutung, wonach jede gerade Zahl größer als 2 die Summe zweier Primzahlen ist. Das heißt, 4 = 2 + 2, 6 = 3 + 3, 8 = 3 + 5, 10 = 5 + 5, 12 = 5 + 7 und so fort bis 374 = 151 + 223 und darüber hinaus. Es wird vermutet, daß diese Aussage wahr ist, aber bewiesen wurde sie letzten Endes nie. Auch weiß man nicht, ob es eine unendliche Anzahl von Zwillingsprimzahlen gibt wie z. B. 17 und 19 oder 41 und 43 oder 59 und 61, wo der Unterschied jedes Mal 2 ist. Man glaubt es zwar, aber auch hier steht der Beweis noch aus.

So nutzlos, wie es scheint, sind diese rein gedanklichen Betrachtungen über Primzahlen auch wieder nicht. Denn trotz ihres Heiligenscheins, metaphorisch gesagt, sind sie sehr geeignet, um für Kreditkarten-, Telekommunikations- und nachrichtendienstliche Systeme herzuhalten. Die grundlegende Idee dabei ist, daß es zwar sehr einfach ist, das Produkt von zwei 100zifferigen Primzahlen herauszufinden, aber nahezu unmöglich, die resultierende 200-zifferige Zahl in Faktoren zu zerlegen. In Verbindung mit dieser und anderen Eigenschaften von Primzahlen werden dermaßen monströse Zahlen mit Vorliebe verwendet, um Mitteilungen zu kodieren, die nur jemand entschlüsseln kann, der ihre Primzahlenfaktoren kennt, z. B. von Banken im Zahlungsverkehr oder von Nachrichtendiensten für militärische und sicherheitspolitische Zwecke, was so fehl am Platze erscheint wie ein Mönch in einer Munitionsfabrik. Heiliger Euklid, wie werden deine unschuldigen Primzahlen mißbraucht.

P. S. Die größte, seit 1990 bekannte Primzahl ist [$(391581 \times 2^{216091}) - 1$]. Ein Supercomputer war mit Unterbrechungen über ein Jahr auf der Suche danach.

Die quadratische und andere Formeln

Im Mathematikunterricht ist die quadratische Formel wahrscheinlich eines der ersten richtigen Theoreme, das man bewiesen bekommt. Mit dieser Formel können gewisse Gleichungen auf einfache Weise gelöst werden. Vielen erscheint sie sogar charakteristisch für die Mathematik; meistens gehen sie nämlich davon aus, daß es im großen und ganzen nur darum geht, in solche Formeln Zahlen einzusetzen oder, wenn es hoch kommt, vielleicht Polynome in ihre einzelnen Glieder zu zerlegen – womit man sich ja sogar den Anschein einer gewissen Kompetenz geben mag. Doch so banal ist es nicht.

Quadratische Gleichungen sind Gleichungen, in denen die Variable ins Quadrat erhoben ist, z. B. $x^2 - 4x - 21 = 0$ oder $3x^2 + 7x - 2 = 0$. In physikalischen, technischen und anderen Kontexten kommt es oft zu quadratischen Gleichungen. Wenn Sie z. B. auf einem 54 m hohen Turm stünden und von dort aus einen großen Stein mit einer Geschwindigkeit von 18 m pro Sekunde hochwerfen, dann möchten Sie vielleicht wissen, nach wieviel Sekunden der Brocken unten auf der Erde landet. Die Zeitvariable t finden Sie dann mit der quadratischen Gleichung $-4{,}9t^2 m/s^2 + 18 tm/s + 54 = 0$ (die $-4{,}9$ hat mit der Erdanziehungskraft zu tun).

In all diesen Fällen muß man die Unbekannten in den Gleichungen finden, also diejenigen Zahlen, die die Gleichungen zu wahren Aussagen machen, wenn sie für x (oder t) eingesetzt werden. In der ersten Gleichung oben sind es -3 und 7, in der zweiten $-2{,}59$ und 0,26 und in der dritten -2 und 6. Man kann diese Unbekannten mit verschiedenen Methoden aufspüren (u. a. auch durch Raten, Faktorenzerlegung oder indem man von einem Turm aus Steinbrokken hochwirft). Generell gibt es jedoch keine effektivere als die quadratische Formel $x = \frac{-b \pm \sqrt{b^2 - 4ac}}{2a}$. (Siehe auch das Kapitel über *Imaginäre und negative Zahlen.*) Die beiden gesuchten Werte in $ax^2 + bx + c = 0$ werden durch die Formel in Form der Zahlen a, b und c ausgedrückt, die in der ersten der drei Gleichungen oben gleich 1, -4 und -21 sind, in der zweiten gleich 3, 7 und -2 und in der dritten $-4{,}5$, 18 und 54. Setzt man diese Zahlen in die Formel ein, dann ergeben sich für die gesuchten Werte jeder dieser Gleichungen die bereits erwähnten Lösungen.

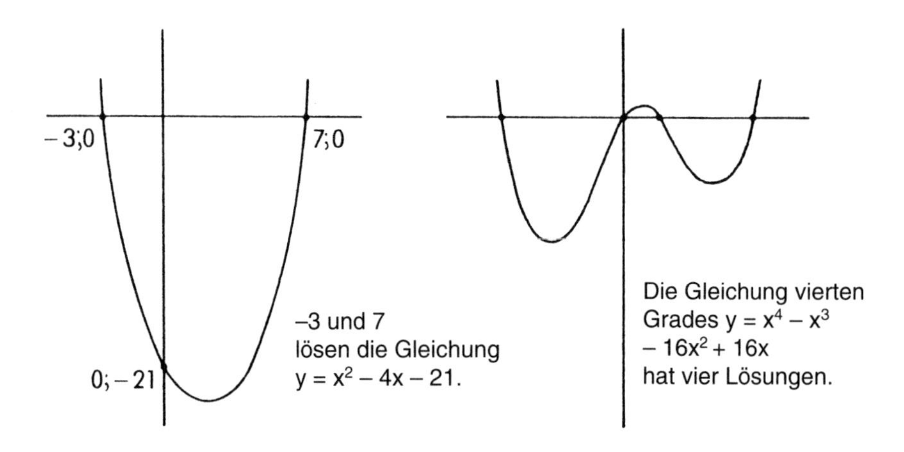

Oftmals aber geht es uns nicht nur um jene Zahlen, die zu einem quadratischen Ausdruck führen, der gleich 0 ist, sondern auch um die Werte der Formel für ein beliebiges x. Wenn also die Kosten c, die zur Produktion von x Artikeln aufgewendet werden müssen, mit $100 + 2x + 0{,}1x^2$ anzugeben sind (100 DM fixe Kosten, 2 DM pro hergestellter Artikel plus ein ins Quadrat gehobener Faktor, nämlich $0{,}1x^2$, der klein anfängt, aber rasch größer wird, je größer x wird, und die damit verbundenen Lagerhaltungs- und Verwaltungskosten wiedergibt), dann führt uns das alles zu der quadratischen Funktion $c = 100 + 2x + 0{,}1x^2$ und zu ihrem Graph. Oder wenn uns die Relation zwischen $x^2 - 4x - 21$ und irgendeiner anderen Zahl y interessiert, dann müssen wir eben die Funktion $y = x^2 - 4x - 21$ und ihren Graph untersuchen. Diese Graphen sind parabelförmig, wie es für Graphen quadratischer Gleichungen typisch ist, wobei mit $y = 0$ der Graph im letzten Fall die x-Achse bei -3 und 7 schneidet.

Bei der Untersuchung der Graphen von Gleichungen der Form $ax^2 + bxy + cy^2 + dx + ey + f = 0$, also von allgemeinen quadratischen Gleichungen mit zwei Variablen, stoßen wir auf die modernen Versionen der Ergebnisse der antiken Kegelschnittlehre, die Apollonios in seinem Hauptwerk »Konika« (Schnitte) zusammengefaßt hat. Mit unterschiedlichen Werten der Zahlen a, b, c, d, e und f kommt es zu Gleichungen, deren Graphen Kreise, Ellipsen, Parabeln und Hyperbeln darstellen – genau dieselben Figuren, die sich bilden, wenn ein Kegel von einer Ebene geschnitten wird, wobei der Schnittwinkel der Ebene bestimmt, welcher dieser Kegelschnitte dabei entsteht.

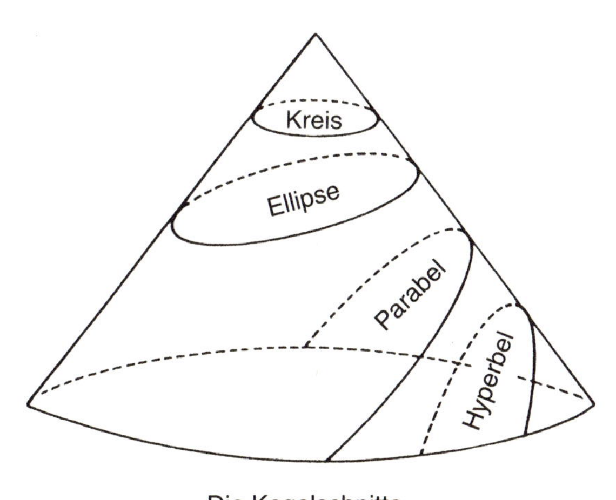

Die Kegelschnitte

Die Graphen algebraischer Funktionen höheren Grades wie der kubischen (wo die Variable in die dritte Potenz erhoben wird: $y = 4x^3 - 5x^2 + 13x - 7$) und der vierten Grades (wo wir es mit der vierten Potenz der Variablen zu tun haben: $y = 6x^4 + 5x - 9$)

verstehen sich geometrisch nicht so ganz von selbst. Die Unbekannten dieser Gleichungen lassen sich wie die der quadratischen anhand von Formeln herausfinden, die allerdings schwieriger sind und auf italienische Mathematiker des 16. Jahrhunderts zurückgehen, wie Geronimo Cardano, Niccolò Tartaglia *et al.* Was liegt also näher als die Annahme, daß alle höhergradigen Gleichungen (die fünften, sechsten, siebten Grades usw.) auf die gleiche Weise gelöst werden könnten?

Sie merken schon an meiner Frage, daß dem nicht so ist: Nicht alle algebraischen Funktionen lassen sich einfach so lösen, daß man eine passende Gleichung hat, in die man nur einsetzen muß, um dann über Addition, Subtraktion, Multiplikation, Division, Potenzierung und Wurzelziehen zum Ziel zu kommen. Daß solche Formeln für höhergradige Gleichungen nicht in Frage kommen, demonstrierte im 19. Jahrhundert schon der französische Mathematiker Evariste Galois, indem er das Problem von vornherein abstrakt anging. Sein Hauptaugenmerk galt nicht den gesuchten Werten von solchen Gleichungen (oder von polynomischen Funktionen), sondern den Strukturen derselben; diese ergeben sich aus verschiedenen Permutationen der unbekannten Größen. (Ein analoges Beispiel dazu wäre vielleicht, bei der Untersuchung von Familienkrisen nicht die einzelnen Familienmitglieder auszufragen, sondern ihren Beziehungen und deren Dynamik auf den Grund zu gehen.) Seine Ideen, die von den damaligen Mathematikern für unverständlich gehalten wurden, gehören längst zum Grundstock der abstrakten Algebra; sie schlagen auch eine der Brücken zwischen ihr und der Schulalgebra.

Quantoren in der Logik

Wenn alle eine Zeitlang an der Nase herumgeführt werden, ist das dann das gleiche, wie wenn einige die ganze Zeit an der Nase herumgeführt werden? Um diese brennende Frage zu beantworten, müssen wir uns konzentriert mit der Bedeutung von »alle« und »einige« (im Sinne von mindestens einem) befassen. Die elementare propositionale Logik (siehe das Kapitel über *Tautologien*) ist sozusagen die genaue Untersuchung bestimmter grundlegender logischer Wörter wie »wenn ..., dann ...«, »wenn und nur wenn«, »und«, »oder« und »nicht«. Wenn wir noch »jeder«, »es gibt«, »alle« und »einige« hinzunehmen, bekommen wir das, was als Prädikatenlogik bekannt ist, ein logisches System, innerhalb dessen die ganze mathematische Argumentation formalisiert werden kann. Wörter wie die oben zitierten werden allgemein Quantoren genannt (obwohl diese Quantifikatoren – Quantor ist nur die Kurzform davon – vielleicht besser Qualifikatoren heißen sollten, da sie nicht gerade viel quantifizieren). Man verwendet sogenannte Quantoren, um relationale Formen und Strukturen, die Variablen enthalten, in Aussagen umzuwandeln. Man kann folglich die Form »x ist glatzköpfig« allgemein (d. h. universal) zu »Jedes x ist glatzköpfig« (Allquantor) oder existential zu »Mindestens ein x ist glatzköpfig« (Existentialquantor) quantifizieren.

Betrachten wir die misanthropische Form »x haßt y«, wo jeder der Quantoren unabhängig quantifiziert werden kann. Werden beide Variablen allgemein quantifiziert, so heißt das übersetzt: »Für alle x, für alle y (gilt), x haßt y«; oder in umgangssprachlicher Form: »Jeder haßt jeden«. Wird nur die erste Variable allgemein quantifiziert und die zweite existential, dann liest es sich so: »Für alle x gibt es (mindestens) ein y, (so daß gilt), x haßt y« bzw. »Jeder haßt irgend jemanden«. Kehren wir die Reihenfolge der Quantoren im vorausgegangenen Satz um, bekommen wir die Form: »Es gibt (mindestens) ein y, (so daß) für alle x (gilt), x haßt y« bzw. »Es gibt jemanden, der auf der ganzen Welt gehaßt wird«. Wird die erste Variable existential und die zweite universal quantifiziert, ist das Resultat: »Es gibt (mindestens) ein x, (so daß) für alle y (gilt), x haßt y« bzw. in etwas besserem Deutsch: »Es gibt jemanden, der jeden haßt (sich selbst und alle anderen)«. Werden beide Variablen existential quantifiziert, erhalten wir: »Es gibt (mindestens) ein x, es gibt (mindestens) ein y, (so daß gilt), x haßt y« bzw. »Irgend jemand haßt irgend jemanden«.

(Das Symbol für »alle« oder »jeden« ist ein umgekehrtes, auf dem Kopf stehendes A, das für »es gibt« oder »mindestens einen« (bzw. einige) ein rücklings umgeklapptes E. Wenn wir folglich »x haßt y« mit »h(x, y)« wiedergeben, dann können wir »Jeder haßt irgend jemanden« symbolisch mit »$\forall x\ \exists y\ h(x, y)$« ausdrücken, während »Es gibt jemanden, der auf der ganzen Welt gehaßt wird« und »Es gibt jemanden, der sich selbst und alle anderen haßt« in die Prädikatenlogik übersetzt heißt: »$\exists y\ \forall x\ h(x, y)$« bzw. im zweiten Fall »$\exists x\ \forall y\ h(x, y)$«. Wie würden Sie »Jeder wird von irgend jemandem gehaßt« transformieren?)

In der Mathematik ist die formale Manipulation von Quantoren dort besonders wichtig, wo zum einen mehrere Quantoren reihenweise zusammengekettet sind und wo zum anderen ein enormer Unterschied besteht zwischen solchen Aussagen wie »Für jedes x gibt es ein y dergestalt, daß für alle z ...« und »Es gibt ein z dergestalt, daß es für alle x ein y gibt ...« Ein falsch plazierter Quantor kann aus einer stetigen Funktion eine gleichmäßig stetige machen, wenn Sie wissen, was damit gemeint ist (oder selbst wenn Sie es nicht wissen). Im Alltag ist es nicht ganz so wichtig, die Quantoren richtig zu jonglieren, da man meistens den Kontext einer Aussage kennt, so daß sich Fehler in den seltensten Fällen fortpflanzen. Es ist z. B. ziemlich unwahrscheinlich, daß »Für jedes x gibt es ein y dergestalt, daß y die Mutter von x ist« mit »Für jedes y gibt es ein x dergestalt, daß y die Mutter von x ist« verwechselt wird. Letzteres sagt aus, daß jeder eine Mutter ist, während die Aussage davor die Binsenwahrheit darstellt, daß jeder eine Mutter hat. Auch anderen Quantoren-Vertauschungen wird man nicht so ohne weiteres trauen: »Es gibt ein y dergestalt, daß für alle x y die Mutter von x ist« (mit anderen Worten: »Es gibt eine Person, die die Mutter von uns allen ist«); oder »Es gibt ein x dergestalt, daß für alle y y die Mutter von x ist« (»Irgendeine Person ist so, daß jeder ihre Mutter ist«).

In einer Hinsicht geht man im Alltag mit Quantoren oft schlampig um, und damit meine ich die Situationen, in denen wir etwas verneinen. Wenn Georg sagt, daß jeder Bewohner der Insel über 1,80 m ist, man dies aber verneinen will, dann mit der Behauptung, daß jemand auf der Insel kleiner ist, und nicht unbedingt damit, daß jeder unter 1,80 m ist. Oder wenn gesagt wird, irgend jemand habe in jedem Zahn eine Goldfüllung, dann lautet die Verneinung eben, daß jeder mindestens einen Zahn hat, der nicht mit Gold plombiert ist.

Im Gegensatz zur Mathematik ist die natürliche Sprache, wie die deutsche und manch andere, nicht immer ganz eindeutig, so daß die Formalisierung eines Satzes, vor allem eines metaphorischen, in seine künstliche Form oft ziemlich knifflig ist. Das Sprichwort »Es ist nicht alles Gold, was glänzt« hat zwei ganz unterschiedliche Formalisierungen, ebenso die Wendung »jemanden schmoren lassen«, wenn sie von einem Kannibalen kommt. Selbst das einfache Wörtchen »ist« kann auf ganz verschiedene Weise in die Logik übertragen werden. Vergleichen wir nur: »Estragon ist Beckett«, wo das »ist« das »ist« der Identität ist – $E = B$; »Estragon ist ängstlich«, wo das »ist« das »ist« der Prädikation ist – E hat die Eigenschaft A, oder $A(E)$; »der Mensch ist ängstlich«, wo das »ist« das »ist« der Inklusion ist – für alle x, wenn x die Eigenschaft hat, ein Mensch zu sein, dann hat x die Eigenschaft, ängstlich zu sein, oder symbolisch: $\forall x[m(x) \rightarrow A(x)]$; und schließlich noch »Hier ist ein ängstlicher Mensch«, wo das »ist« existential ist (im logischen Sinn) – $\exists x\,[A(x) \wedge m(x)]$.

Kehren wir noch einmal zur Ausgangsfrage zurück: Einige die ganze Zeit an der Nase herumführen, das kann man allenfalls mit einer Gruppe von Leuten machen, die besonders auf den Kopf gefallen sein müssen; alle eine Zeitlang an der Nase herumführen, das geht nur, wenn man andauernd schwindelt, ohne dabei rot zu werden und ohne daß einem jemand auf die Schliche kommt, und wenn man sich außerdem immer sicher ist, daß schließlich jeder auf den Leim gehen wird. Da war doch noch eine Frage: Wie formalisieren Sie »Jeder wird von irgend jemandem gehaßt«? – »$\forall y \, \exists x \, h(x, y)$«.

Q. e. d., Beweise und Theoreme

Ein Theorem ist eine Aussage, die allein durch Logik aus Axiomen und anderen bereits bewiesenen Aussagen abgeleitet ist. Normalerweise steht dieser ehrenwerte Titel nur Aussagen und Behauptungen von ganz bedeutender oder prinzipieller Tragweite zu. Ein unmittelbar aus einem Theorem abgeleiteter Satz ist ein sogenanntes Korollar, eine Aussage in Form eines Hilfssatzes ein Lemma, dessen Beweis der Vorbereitung des eigentlichen Beweises des Theorems dient. Eine Behauptung kann mit Abbildungen, Diagrammen und Beispielen plausibel gemacht werden, aber zum Theorem wird sie nur durch einen ausführlichen Beweis.

Es kann natürlich sein, daß der Urheber eines Theorems, eine Koryphäe, sagen wir, auf dem Gebiet der hemi-semi-demi-Operatoren-Gruppe ersten Grades, in einer mathematischen Fachzeitschrift in großen Zügen seine Behauptung ausführt. Die Argumentation überzeugt außer ihm noch ein paar andere hemi-semi-demi-Experten und ein Gremium unparteiischer Sachverständiger. Sehr wahrscheinlich ist das Resultat (Mathematiker nennen Theoreme häufig so) sogar gültig, aber das heißt nicht, daß man dafür seine Hand ins Feuer legen wollte. Sein Theorem ist mehr oder weniger inoffiziell.

Dabei fällt mir ein, was ich oft in Seminaren, Kolloquien und Konferenzen erlebt habe. Wenn die Tafel oder Overhead-Folien mit Definitionen, Gleichungen und Beweisen vollgeschmiert wurden, habe ich mich manchmal nicht mehr ausgekannt, um mich herum aber fast immer nur verständiges Kopfnicken bemerkt. Sobald sich eine Gelegenheit ergab, z. B. während die Tafel abgewischt oder die Folie ausgetauscht wurde, fragte ich den einen oder anderen enthusiastischen Kopfnicker in meiner Nähe, ob er denn wüßte, was dieser oder jener Ausdruck, dieses oder jenes Symbol zu bedeuten habe, bekam aber meistens nur ein ahnungsloses Achselzucken zur Antwort. Doch kaum ging es mit dem Vortrag weiter, wurde auch schon wieder fleißig mit dem Kopf genickt. Andere schüttelten den Kopf, und wie ich sehen konnte, gab es auch immer welche, die weder das eine noch das andere nötig hatten. Offensichtlich war ihnen die ganze Sache geläufig, so daß sie dem Vortrag ohne weiteres folgen konnten. Für mich waren sie in diesen Momenten die Hüter mathematischer Tugend. Das sei nur nebenbei bemerkt.

Hatte eine Aussage am Ende ihres Beweises die traditionellen Buchstaben q. e. d. stehen, dann war sie auch würdig, in den Stand eines Theorems gehoben zu werden. Q. e. d. ist eine Abkürzung der lateinischen Wendung »Quod erat demonstrandum« – »Was zu beweisen war«. Manchmal dienten die Buchstaben auch einem anderen Zweck, der Einschüchterung. Auf diese drei Buchstaben, die fast immer groß geschrieben und kraftvoll betont wurden, fragend zu reagieren, das kam schon fast einem Frevel gleich, und dazu war mehr Selbstvertrauen nötig, als die meisten aufbringen konnten; Schüchternheit in mathematischen Dingen war schon immer ein weitverbreitetes Unding, in jedem Alter. (Man muß gar nicht einmal ein mathematischer Dummkopf sein, um sich auf so eine Weise einschüchtern zu lassen. Bemerkungen wie »Das ist trivial«, womit vielleicht ein anerkannter Mathematiker das Fehlen eines Beweises für ein Theorems abtut, können oft die gleiche Wirkung haben, selbst auf eingefleischte Mathematiker.)

Inzwischen ist man etwas zurückhaltender geworden, indem man einen Beweis am Ende mit einem schwarzen vertikalen Balken (▮) abschließt. Diese Praxis, die der amerikanische Mathematiker Paul Halmos eingeführt hat, erfüllt den selben Zweck wie q. e. d., ohne das einschüchternde Potential zu haben. Wie will man dieses Zeichen, ▮, aussprechen, noch dazu so, daß es richtig autoritär klingt? Trotzdem bin ich der Ansicht, daß q. e. d. für ganz wichtige

Theoreme weiterhin verwendet werden sollte. Immerhin kann es demjenigen, der den Beweis abschließt, ein Gefühl der Souveränität geben, eine gewisse Satisfaktion, was mit dem etwas plebejischen ∎ kaum zu erreichen ist. Irgendwie hat es auch eine überzeugendere Endgültigkeit. Schließlich muß es doch eine Grenze geben, wie weit man gehen kann, nur um nicht einschüchternd zu wirken.

Die mathematische Logik hat sich in den vergangenen 2500 Jahren enorm gewandelt, von den aristotelischen Syllogismen zu den mittelalterlichen Argumentenhierarchien bis zur booleschen Algebra in der Aussagenlogik. Durch Logiker wie Frege, Peano, Hilbert, Russell und Gödel ist die klassische und mittelalterliche Logik mit rigoroser Konsequenz erweitert und schließlich die moderne Prädikatenlogik entwickelt worden. Die Essenz der Logik ist aber nach wie vor die gleiche; auch der mathematische Beweis hat dadurch nichts von seinem markanten Reiz verloren. Die drei Buchstaben q. e. d. spiegeln das nur allzu gut wieder. In knappster Form tun sie kund, daß das Theorem *notwendigerweise* aus den Annahmen folgt – und (vorausgesetzt, man hat es richtig gemacht) daß nichts und niemand daran rütteln kann.

Noch ein letztes zu den Beweisen: Viele glauben, daß nur solche Beweise akzeptabel sind, die in mathematischen Zeichen ausgedrückt sind und zudem das ganze Drum und Dran formaler Logik besitzen. Oft werden sie dadurch aber nur vernebelt, wenn nicht sogar völlig verpfuscht. Ein klares, zwingendes Argument in Worte zu fassen ist bei weitem die bessere Lösung. Denken Sie z. B. nur an den Beweis in dem Kapitel über *Kombinatorik*, daß 6 die kleinste Zahl von Gästen ist, die garantiert, daß sich wenigstens 3 von ihnen gegenseitig kennen bzw. 3 nicht; oder schauen Sie den Beweis in dem Kapitel über *Topologie* an, daß der Bergsteiger beim Auf- und Abstieg zu einer bestimmten Zeit auf ein und derselben Höhe sein muß.

Rationale und irrationale Zahlen

Wer mit der Mathematik nichts am Hut hat, den wird die Definition rationaler und irrationaler Zahlen ziemlich kaltlassen – zunächst jedenfalls. Eine rationale Zahl kann als Verhältnis zweier ganzer Zahlen ausgedrückt werden (wie es bei Brüchen der Fall ist); nicht so eine irrationale Zahl. Die meisten Zahlen, mit denen man normalerweise zu tun hat, sind rationale Zahlen: 3 (als 3/1 schreibbar), 82 (als 82/1), $4^1/_2$ (als 9/2), $-17^1/_4$ (als $-69/4$), 35,28 (als 3528/100) oder 0,0089 (als 89/10000). Außerdem gibt es zwischen zwei rationalen Zahlen, ganz gleich, wie nah sie beieinander sind, weitere rationale Zahlen. In gewisser Weise könnte man sogar zu dem Schluß kommen, daß das Adjektiv »rational« in der Zusammensetzung »rationale Zahl« genauso überflüssig ist wie das Adjektiv »fiktional« in »fiktionales Erzählgut«. Rationale Zahlen sind Treibgut in einem Ozean der Irrationalität (wie das Leben), und es gibt viel mehr irrationale Zahlen als rationale, wie wir von Georg Cantor wissen (siehe das Kapitel über *Unendliche Mengen*). All diese Zahlen, rationale wie irrationale, werden reelle Zahlen genannt; sie können als Dezimalzahlen ausgedrückt und in einer Linie angeordnet werden, der sogenannten Zahlengeraden.

Die erste irrationale Zahl, die man entdeckte, war $\sqrt{2}$, die Wurzel aus 2 (jene Zahl, die durch Multiplikation mit sich selbst genau 2 ist). Die Entdeckung ihrer Irrationalität führte zu einer Art Krise in der frühen griechischen Mathematik. Der klassische indirekte Beweis der Irrationalität von $\sqrt{2}$ steht dem, daß die Menge der

Primzahlen unendlich ist, in nichts nach; er macht die klassische Methode des Ad-absurdum-Führens in so eleganter Weise anschaulich, daß ich hier nicht um ihn herumkomme. Nehmen wir – wider besseres Wissen – an, $\sqrt{2}$ ist nicht irrational, sondern rational und gleich dem Verhältnis von p zu q, p/q. Streichen wir nun die gemeinsamen Faktoren in p und q, um den Bruch, soweit es geht, zu kürzen (wenn p/q z. B. 6/4, dann vereinfachen wir den Bruch zu 3/2). Den gekürzten Bruch drücken wir durch m/n aus, wobei m und n ganze Zahlen sind, die keinen gemeinsamen Faktor haben.

Wenn wir beide Seiten der Gleichung $\sqrt{2} = m/n$ quadrieren, erhalten wir $2 = m^2/n^2$; multipliziert mit n^2, wird daraus $2n^2 = m^2$. Damit haben wir die Gleichung ad absurdum geführt. Die absurde Schlußfolgerung, zu der wir unvermeidlich kommen, demonstriert die Unhaltbarkeit unserer Annahme, daß $\sqrt{2}$ eine rationale Zahl ist, wie wir gleich sehen werden.

Da die linke Seite der Gleichung $2n^2 = m^2$ eine 2 als Faktor enthält, muß sie geradzahlig sein. Also muß die rechte Seite es auch sein. Wenn m^2 geradzahlig ist, dann muß auch m geradzahlig sein, denn das Quadrat einer ungeraden Zahl ist selbst immer ungerade. Folglich ist m, da geradzahlig, gleich 2k für irgendeine ganze Zahl k. Damit haben wir $m^2 = (2k)^2 = 4k^2$. Setzen wir nun $4k^2$ in die Gleichung oben ein, dann lautet sie: $2n^2 = 4k^2$, oder nach der Division durch 2: $n^2 = 2k^2$. Da die rechte Seite dieser Gleichung eine 2 als Faktor hat und folglich geradzahlig ist, muß auch n^2 und damit n geradzahlig sein, da, wie gesagt, das Quadrat einer ungeraden Zahl selbst immer ungerade ist. Da n geradzahlig ist, muß es gleich 2j sein für irgendeine ganze Zahl j. Entgegen unserer ursprünglichen Abmachung, daß m und n keinen gemeinsamen Faktor haben, haben sie nun doch den Faktor 2 gemeinsam, da m ja gleich 2k ist und n gleich 2j. Dieser Widerspruch ist eine direkte Konsequenz aus unserer ursprünglichen Annahme, daß $\sqrt{2}$ rational ist. Damit ist sie nicht mehr aufrechtzuerhalten, was den Schluß nahelegt, daß $\sqrt{2}$ irrational sein muß. So ist das. Q. e. d. Tusch.

Da wir nun wissen, daß $\sqrt{2}$ irrational ist, können wir die Irrationalität vieler anderer Zahlen zeigen. So muß $\sqrt{2}/2$ ebenfalls irrational sein; sonst wäre ja $2 \times \sqrt{2}/2$ (was gleich $\sqrt{2}$ ist) rational, wo wir doch gerade das Gegenteil bewiesen haben. Desgleichen sind $\sqrt{2}/3$, $\sqrt{2}/4$, $\sqrt{2}/5$ usw. alle irrational. Auch $\sqrt{3}$, die dritte Wurzel aus 5 und die siebte Wurzel aus 11 sind irrational, wie π, e und Myriaden anonymer Zahlen. (Zum Rechnen genügt der rationale Annäherungswert dieser irrationalen Zahlen, d. h., wir können anstelle von $\sqrt{2}$ mit 1,4 oder 10/14 arbeiten, oder mit 1,41 oder 1,414, wenn größere Genauigkeit erforderlich ist.) Das Produkt zweier rationaler Zahlen ist natürlich rational.

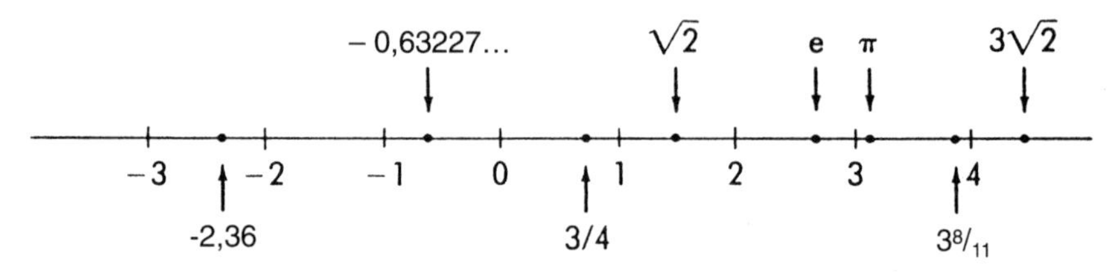

Die Zahlenreihe: unten einige rationale Zahlen, oben einige irrationale.

Wenn wir $\sqrt{2}$ (deren Dezimalen eben nicht nach drei Stellen zu Ende sind, sondern gigantisch ausufern zu 1,4142135623730950488016887242096980785697 ...) und andere irrationale Zahlen dezimal ausdrücken, so werden wir feststellen, daß es kein Ziffernmuster gibt, das sich in den endlosen dezimalen Fortsetzungen wiederholt. Dagegen kommt bei allen rationalen Zahlen irgendwann eine Ziffernfolge vor, die sich wiederholt. Die Dezimalzahlen 5,3333 ..., 13,8750000 ..., 29,384615384615384615 38 ..., die jeweils für die Zahlen $5^1/_3$, $13^7/_8$ und $29^5/_{13}$ stehen, sind alle rationale Zahlen mit sich wiederholenden Dezimalen. Da jede rationale Zahl als Quotient ganzer Zahlen ausgedrückt werden kann, ist der Grund für diese Wiederholung klar. Wenn beim Dividieren auch nur eine von endlich vielen Zahlen als Rest verbleibt und der Teilungsprozeß fortgesetzt wird, so läuft das unvermeidlich darauf hinaus, daß derselbe Rest erneut erscheint, was im weiteren ein periodisches Muster in der dezimalen Expansion der rationalen Zahlen zur Folge hat. Umgekehrt ist es verzwickter, aber auch das läßt sich demonstrieren. Hat eine Zahl in ihrer dezimalen Ausdehnung ein periodisches Muster, dann ist diese Zahl die Summe einer unbegrenzten geometrischen Reihe, und die ist, wie sich herausstellt, immer rational.

Um es noch einmal zu sagen: Eine Zahl ist rational, wenn und nur wenn ihre dezimale Ausweitung letztlich in einem sich wiederholenden Muster endet. Die Dezimalen von $\sqrt{2}$, π und e zeigen keine solche Wiederholung. In der Menge aller möglichen dezimalen Erweiterungen (was soviel heißt wie: in der Menge aller reellen Zahlen) ist das Erscheinen von Mustern und Wiederholungen viel seltener als ihr Nichterscheinen. Harmonie ist immer viel seltener als Kakophonie.

Rationale Zahlen sind zwar seltener als irrationale, aber dafür spielen sie in manchen praktischen Lebenssituationen eine größere Rolle. Die Fähigkeit, beide voneinander zu unterscheiden, ist da bei weitem nicht so wichtig wie die, mit rationalen Zahlen einigermaßen umgehen zu können, egal in welchen Inkarnationen sie erscheinen, ob als echte oder unechte Brüche, als Dezimalzahlen oder als Prozentzahlen. Leider ist diese Fähigkeit nicht so sehr verbreitet, wie es sein sollte. Mit so gefälligen rationalen Zahlen wie 325,84 DM (oder 32584/100 DM) haben die meisten kein Problem; wenn sie aber entscheiden müßten, ob die rationale Zahl $25/3 \times (8/9-2/5)$ DM größer oder kleiner ist als die rationale Zahl 4 DM (4/1 DM), kämen sie ziemlich in die Bredouille.

Reihen – Konvergenz und Divergenz

Unendliche Reihen und ihre Anwendungen sind ein wichtiger Bestandteil der mathematischen Analysis. Mathematiker machten von ihnen schon formlosen Gebrauch, als man sie noch gar nicht im vollen Umfang verstand (siehe das Kapitel über *Zenon und Bewegung*). Noch heute haben Reihen etwas Verführerisches an sich, was unser intuitives Wissen über Zahlen und Unendlichkeit irgendwie anzusprechen scheint. Ohne große Umschweife (n symbolisiert eine willkürliche positive ganze Zahl und ». . .« gibt an, daß sich die Reihe ad infinitum fortsetzt) behaupte ich nun, daß die Summe $1 + 1/3 + 1/9 + 1/27 + 1/81 + 1/243 + 1/729 + \ldots + 1/3^n + \ldots$ begrenzt ist, die Summe $1 + 1/2 + 1/3 + 1/4 + 1/5 + 1/6 + \ldots 1/n + \ldots$ dagegen unbegrenzt. Wieso dieser Unterschied, und wozu soll das überhaupt gut sein?

Die Antwort auf den ersten Teil der Frage ist, grob gesagt, daß die Ausdrücke der ersten Reihe schnell genug kleiner werden, um letztendlich eine begrenzte Summe zu haben; hier kommt man von einem Ausdruck zum anderen, indem jeder Term, außer dem ersten, durch 3 dividiert wird. In der zweiten Reihe schrumpfen die Ausdrücke sehr langsam; werden genügend viele zusammenaddiert, übertrifft ihre Summe letztlich jede Zahl – und sei es eine Milliarde Billionen. Während die erste Reihe sozusagen konvergiert (ihre Summe ist 3/2 bzw. $1^1/_2$), divergiert die zweite sozusagen ins Unendliche. (»Konvergieren« und »divergieren« mag sich hier vielleicht etwas merkwürdig anhören, aber ihr Gebrauch entspricht mathematischem Standard.)

Ob eine Reihe konvergiert oder divergiert, ist nicht immer sofort ersichtlich. So ist die Reihe $1 + 1/4 + 1/9 + 1/16 + 1/25 + \ldots + 1/n^2$ konvergent (ihre Summe ist wunderbarerweise $\pi^2/6$), die Reihe $1/\log(2) + 1/\log(3) + 1/\log(4) + \ldots$ hingegen divergent. (Für die Notationsfans sei gesagt, daß der griechische Buchstabe Σ häufig als Symbol für eine Reihe benutzt wird und ∞, um Unendlichkeit anzuzeigen; so ist $\sum_{n=1}^{\infty} \frac{1}{n^2} = \frac{\pi^2}{6}$, also konvergent, und $\sum_{n=2}^{\infty} \frac{1}{\log(n)}$ divergent.) Die Reihe $1 + 1/1! + 1/2! + 1/3! + 1/4! + 1/5! + \ldots + 1/n!$ mit sukzessiv aufsteigenden Fakultäten konvergiert zur Zahl e (wunderbarerweise, wie ich wieder meine), während die Reihe $1/1000 + 1/(1000 \times \sqrt{2}) + 1/(1000 \times \sqrt{3}) + 1/(1000 \times \sqrt{4}) + 1/(1000 \times \sqrt{5}) + \ldots + 1/(1000 \times \sqrt{n} + \ldots$ divergiert.

Was mit Konvergenz einer Reihe gemeint ist, läßt sich anhand des Begriffs »Teilsumme« ganz gut verdeutlichen. Die Idee dabei ist, sich an die »unbegrenzte Summe« mit Hilfe einer Folge von Teilsummen sozusagen langsam heranzuschleichen. Im Falle der bisher erwähnten drei konvergenten Reihen bedeutet das: Die Folge der Teilsummen 1, $1 + 1/3$, $1 + 1/3 + 1/9$, $1 + 1/3 + 1/9 + 1/27, \ldots$ kommt beliebig nahe an $1^1/_2$ heran; die Teilsummen 1, $1 + 1/4$, $1 + 1/4 + 1/9$, $1 + 1/4 + 1/9 + 1/16, \ldots$ nähern sich mit beliebig feiner Genauigkeit der Summe $\pi^2/6$; ebenso schrumpfen die Unterschiede zwischen den Teilsummen 1, $1 + 1/1!$, $1 + 1/1! + 1/2!$, $1 + 1/1! + 1/2! + 1/3!, \ldots$ und der mathematischen Konstante e allmählich bis auf Null zusammen (siehe das Kapitel über die Zahl *e* und ihre Definition).

Relativ einfach ist der Umgang mit sogenannten geometrischen Reihen, wo jeder nachfolgende Term durch Multiplikation des vorhergegangenen mit einem konstanten Faktor zustande kommt, wie im ersten der oben erwähnten Beispiele für konvergente Reihen oder auch in der Reihe $12 + 12(1/5) + 12(1/25) + 12(1/125) + 12(1/625) + \ldots$. *Begrenzte* geometrische Reihen kommen in vielen Alltagssituationen vor. Um Ihnen ein einfaches Beispiel zu geben: Legt man jährlich 1000 DM zu 10% Zinsen an, dann hat man nach 18 Jahren zusammengerechnet 1000 DM + 1000 DM(1,1) + 1000 DM$(1,1)^2$ + 1000 DM$(1,1)^3$ + 1000 DM$(1,1)^4$ + ... + 1000 DM$(1,1)^{18}$ oder ungefähr 56000 DM. Der erste Term der Reihe ist der gerade angelegte Betrag von 1000 DM. Der zweite Term von 1000 DM(1,1), 110% von 1000 DM, stellt dar, was die vor einem Jahr angelegten 1000 DM verzinst wert sind. Der dritte Term ist der zinsesverzinste Wert der vor zwei Jahren angelegten 1000 DM usw. – bis zum letzten Term der Reihe, der angibt, was die vor 18 Jahren angelegten 1000 DM jetzt wert sind. Summa summarum sind das dann, wie gesagt, etwa 56000 DM.

Ein konkretes Beispiel für eine unbegrenzte geometrische Reihe sind Rentenpapiere. Wenn Sie, Ihre Erben und deren Erben alljährlich bis ans Ende aller Zeiten 1000 DM abheben wollen, müßten Sie bei konstanter 10%iger Verzinsung jetzt 10000 DM auf die Seite legen. Das ist nicht schwer zu erraten.

Aber was vielleicht nicht ganz so einfach erkennbar ist: Die 10000 DM sind genau der Betrag, der sich summa summarum aus der unbegrenzten Reihe 1000 DM + 1000 DM/1,1 + 1000 DM/$(1,1)^2$ + 1000 DM/$(1,1)^3$ + 1000 DM/$(1,1)^4$ + ... + 1000 DM/$(1,1)^n$ + ... ergibt. Der erste Term in der Reihe stellt die 1000 DM dar, die Sie morgen abheben; der nächste die 1000 DM, die Sie nächstes Jahr abholen (Sie *dividieren* ihn durch 1,1 oder 110%, da sein gegenwärtiger Wert um so viel kleiner ist als die 1000 DM); der übernächste die 1000 DM, die Sie in zwei Jahren abräumen (dividiert durch $(1,1)^2$, da sein gegenwärtiger Wert entsprechend kleiner ist als die 1000 DM); und so wird jeder der nachfolgenden Terme durch einen weiteren Faktor von 1,1 dividiert, der den immer geringeren Wert der 1000 DM für jedes weitere Jahr wiedergibt. Das wär eine Glücksspirale: 1000 DM im Jahr bis ans Ende aller Zeiten zu gewinnen! (Oder noch besser 1 Million pro Jahr bis zum Nimmerleinstag; bei 10% Zinsen würden ja 10 Millionen genügen.)

Geometrische Reihen sind oft gefragt, z. B. wenn es um die Bestimmung der Menge eines längerfristig verordneten Medikaments im Blut eines Patienten geht; dann muß die Menge im Blut von heute, gestern (ein Teil der heutigen), von vorgestern (der gleiche Teil der gestrigen) usw. summiert werden. Oder wenn man wissen will, welche Auswirkung der Kauf von Staatsanleihen durch die Bundesbank insgesamt hat oder wie weit ein Ball insgesamt springt.

Die Formel für die Summe einer unbegrenzten Reihe der Form $A + AR + AR^2 + AR^3 + AR^4 + AR^5 + \ldots + AR^n + \ldots$ lautet $A/(1 - R)$. A ist der Anfangsterm der Reihe und R der konstante Faktor, mit dem jeder folgende Term multipliziert wird, um den nächstfolgenden zu bekommen. In der ersten geometrischen Reihe oben ist A gleich 1 und R gleich 1/3 und somit die Summe laut Formel gleich $1/(1 - R)$ gleich $1/(1 - 1/3)$ oder 3/2. Was ist die Summe von $12 + 12(1/5) + 12(1/25) + 12(1/125) + 12(1/625) + \ldots$?

Leider ist nicht jede Reihe geometrisch. Zur Bestimmung von Konvergenz und zur Berechnung, mit welcher Schnelligkeit sie sich entwickelt, was die Summe ist usw., hat man sich allerhand kluge Regeln und Kriterien ausgedacht. Die Summe einer Reihe, das muß nochmals gesagt werden, bestimmt sich, indem man die Folge ihrer Teilsummen betrachtet. In der Reihe $1 + 1/4 + 1/27 + 1/256 + \ldots + 1/n^n + \ldots$ ist die Folge der Teilsummen: 1, $(1 + 1/4)$, $(1 + 1/4 + 1/27)$, $(1 + 1/4 + 1/27 + 1/256)$, ... Strebt eine solche Folge einem Grenzwert zu, dann ist dieser sozusagen die Summe der Reihe. Oder anders ausgedrückt: Kommt die Folge von Teilsummen beliebig nahe an eine Zahl heran, dann ist diese Zahl sozusagen die Summe der Reihe (in diesem Fall etwas kleiner als 3/2) (siehe das Kapitel über *Grenzwerte*).

Diese Regeln und Kriterien für Konvergenzen erweisen sich als besonders wertvoll, wenn es um Potenzreihen geht (oder unbegrenzte Polynome). Normale (begrenzte) Polynome sind algebraische Ausdrücke wie $3x - 4x^2 + 11x^3$, $7 - 17x^2 + 4{,}7x^5$ oder $2x + 5x^3 - 2{,}81x^4 + 31x^9$. Aufgrund der einfachen Algebra und Infinitesimalrechnung bei solchen polynomischen Funktionen hat man versucht, andere landläufige Funktionen mit ihnen zu approximieren (siehe das Kapitel über *Funktionen*). Mit einer großen Gruppe von Funktionen ist dies auch möglich. So läßt sich z. B. die trigonometrische Funktion sin(x) durch die Potenzreihe (unbegrenzt polynomisch) als $x - x^3/3! + x^5/5! - x^7/7! + x^9/9! \ldots$ darstellen und mittels einer begrenzten Teilsumme approximieren. Das heißt, sin(x) ist annähernd gleich $x - x^3/3! + x^5/5! - x^7/7!$. Ebenso ließe sich die Exponentialfunktion e^x durch die Reihe $1 + x + x^2/2! + x^3/3! + x^4/4! + \ldots + x^n/n! + \ldots$ darstellen und mittels der Polynomsumme der ersten paar Terme approximieren. Insofern ist der Wert von e^2 annähernd gleich $1 + 2 + 2^2/2! + 2^3/3! + 2^4/4! + 2^5/5!$.

Funktionen, die wie e^x und sin(x) durch Potenzreihen darstellbar sind, können vieles beträchtlich vereinfachen, wenn es darum geht, Ableitungen und Integrale zu finden, Differentialgleichungen zu lösen und mit komplexen und imaginären Zahlen zu arbeiten. In der Tat ist die Bedeutung unbegrenzter Reihen für die mathematische Analysis kaum zu überschätzen. Obendrein entsprechen die vielen Theoreme in diesem Bereich ganz der strengen Ästhetik, wie man sie von der Mathematik gewohnt ist.

(Die Summe der geometrischen Reihe $12 + 12(1/5) + 12(1/25) + 12(1/125) + \ldots$ ist 15.)

Rekursion

Der Ausdruck 5! steht für das Produkt $5 \times 4 \times 3 \times 2 \times 1$; 19! für das Produkt $19 \times 18 \times 17 \times \ldots \times 3 \times 2 \times 1$. Gelesen wird so ein Ausdruck wie 5! und 19! als »Fakultät 5« bzw. »Fakultät 19«, nicht »fünf!« oder »neunzehn!« im Brustton der Überzeugung wegen des Ausrufezeichens hinterher. Verwendet werden solche Ausdrücke primär in der Wahrscheinlichkeitsrechnung und in anderen mathematischen Sparten, wo es darauf ankommt, Möglichkeiten zusammenzuzählen. Davon abgesehen wäre es vielleicht ganz nützlich, wenn wir uns gegenseitig als »historische Fakultäten« betrachten. Auf diese Weise würde man Martha! nicht nur als die Martha verstehen, die sie gegenwärtig ist, sondern als das Produkt all ihrer vergangenen Erfahrungen.

Nach der formalen Festlegung, daß 1! gleich 1 ist, definieren wir dann, $(n + 1)!$ sei gleich $(n + 1) \times n!$. Das heißt, wir definieren »Fakultät« ausdrücklich für den ersten Ausdruck, um dann seinen Wert für jeden anderen Ausdruck mittels dessen Wert für die Vorgänger jenes Ausdrucks zu definieren. Eine derartige Definition nennt man rekursiv, und mit ihr können wir den Wert von 5! ausrechnen. Der ist 5 mal 4!. Aber was ist 4!? Nun, 4 mal 3!. Und was ist 3!? Einfach 3 mal 2!. Und 2!? Na, was schon? Eben 2 mal 1!. Und laut Definition ist 1! gleich 1. Zusammengefaßt: $5! = 5 \times 4 \times 3 \times 2 \times 1$. Die Litanei mit 19! durchzumachen will ich Ihnen freilich nicht antun.

In ähnlicher Weise sagt uns die rekursive Definition, wie eine beliebige Zahl zu x hinzugezählt wird. Zunächst legt sie fest, $x + 0$

ist x, und definiert rekursiv, $x + (y + 1)$ ist 1 mehr als $x + y$. (An dieser Stelle muß ich mich entschuldigen, da sich der Rest dieses Absatzes wirklich wie ein dummer Witz liest.) Um also z. B. mit dieser Definition $8 + 3$ zu bestimmen, sagen wir, daß $8 + 3 = (8 + 2) + 1$ ist, $8 + 2 = (8 + 1) + 1$, $8 + 1 = (8 + 0) + 1$ und $(8 + 0) = 8$. Zusammengefaßt erhalten wir also: $8 + 3 = 8 + 1 + 1 + 1 = 11$. Damit haben wir die Addition auf einfachstes Zählen reduziert. Die rekursive Definition der Multiplikation besagt, daß $x \times 0 = 0$ ist, um dann $x \times (y + 1)$ als $(x \times y)$ plus x zu definieren. Gehen wir die Definition durch, dann können wir den Wert von 23×9 dadurch bestimmen, daß wir den Ausdruck auf eine Reihe von Additionen reduzieren ($23 \times 9 = (23 \times 8) + 23$; und $(23 \times 8) = (23 \times 7) + 23$; und $(23 \times 7) = (23 \times 6) + 23$; usw.) und diese Additionen wiederum aufs reine Zählen. Was es bedeutet, x in irgendeine Potenz zu erheben, können wir auch sagen. Zuerst legen wir fest, daß x^0 gleich 1 ist, und definieren dann $x^{(y+1)}$ als x mal x^y. Folglich ist $7^4 = 7 \times 7^3$; $7^3 = 7 \times 7^2$ usw. Damit ist die Exponentialrechnung auf die Multiplikation zurückgeführt, diese auf die Addition und diese aufs einfachste Zusammenrechnen.

Die Idee, den Wert einer Funktion bei $(n + 1)$ durch die Werte ihrer Vorgänger auszudrücken, mag ja auf ersten Blick sinnlos erscheinen. Für die Computerwissenschaft ist sie jedoch unerläßlich. Charakteristisch für die Rekursion sind Schleifen (Prozeduren, die für verschiedene Werte einer Variablen immer wieder durchlaufen werden), Subroutinen und andere Strategien, um komplexe Abläufe auf einfache arithmetische Operationen zu reduzieren. So ist sie in der Tat das Kernstück der Computerprogrammierung. Die mathematischen Funktionen und Algorithmen, die in rekursiver Weise definiert werden können, sind nämlich genau die, mit denen ein Computer etwas anfangen kann. Das heißt, ist eine Funktion rekursiv, kann ein Computer sie berechnen; und wenn ein Computer eine Funktion berechnen kann, dann ist diese rekursiv. Außerdem können rekursive Definitionen miteinander kombiniert und unbeschränkt wiederholt und mittels entsprechender Kodierungen und Übereinstimmungen auf allerlei Aktivitäten ausgedehnt werden, die scheinbar nicht viel mit Rechnen zu tun haben.

Eine wichtige Rolle spielen diese Funktionen und Definitionen in der Logik. Sie präzisieren, was mit Wörtern wie »mechanisch«, »Regel«, »Algorithmus« und »Beweis« gemeint ist (siehe auch das Kapitel über *Mathematische Induktion*). Sprachwissenschaftler verwenden in der formalen Grammatik rekursive Definitionen zur Klärung der grammatikalischen Regeln und zur Untersuchung kognitiver Prozesse. Sie zeigen, wie lange, komplexe Aussagen aus kurzen Sätzen und Wortverbindungen rekursiv aufgebaut werden können. Noch stärker erweist sich die Rekursion in Verbindung mit Selbstbezüglichkeit. Manche Computerviren reproduzieren sich z. B. in der Art des folgenden Satzes, der die Direktiven und das Rohmaterial zu seiner eigenen Replikation gleich mit sich bringt: *Alphabetize and append, copied in quotes, these words: »these append, in Alphabetize and words: quotes, copied.«* Oder auf deutsch: *Alphabetisiere, dann füge, gänsefüßchenmarkiert, ganz hintenan nämlich selbige Wörter: »gänsefüßchenmarkiert, ganz dann hintenan füge, Wörter: selbige Alphabetisiere, nämlich.«* Beide Sätze, der englische wie der deutsche, geben die Anweisung, daß die Wörter, die nach dem Doppelpunkt kommen, alphabetisiert und anschließend dieser alphabetisierten Liste die zwischen den Anführungszeichen stehenden, nicht alphabetisch geordneten Wörter angehängt werden sollen. Damit hat sich jeder der beiden Sätze selbst reproduziert, und seine Nachkommen werden dasselbe tun.

Vor allem im Zusammenhang mit der Entwicklung der Chaostheorie kommt der Rekursion bei der Beschreibung physikalischer Phänomene eine immer größere Bedeutung zu, was deutlich macht, wie kompliziert und gleichzeitig lebensnah rekursiv definierte Strukturen sein können.

Gerade in dieser Hinsicht ist faszinierend, was der englische Mathematiker John Conway aus einer simplen Rekursion gemacht hat. Sein Solitärspiel »Life« (»Leben«) spielt sich auf einem Schachbrett von unbegrenzter Größe ab. Einige Felder sind von sogenannten Markern besetzt (genausogut geht es mit einem Bogen Millimeterpapier, auf dem einige Felder dunkel ausgefüllt werden). Jedes Feld hat 8 Nachbarfelder (4 seitlich und 4 diagonal angrenzende), so daß jeder Marker zwischen 0 und 8 Nachbarn haben kann. Die anfängliche Plazierung der Marker ist die erste Generation. Um nun von einer Generation zur nächsten zu gelangen, gibt es drei Regeln: Jeder Marker mit 2 oder 3 Nachbarn bleibt im Spiel (also auf dem Brett oder auf dem Papier) und geht in die nächste Generation ein, während jeder Marker mit 4 oder mehr Nachbarn mit Entstehen der nächsten Generation ausscheidet. Auch die Marker mit 0 oder 1 Nachbarn sterben dabei aus. Dafür bekommt jedes leere Feld mit genau 3 besetzten Nachbarfeldern in der nächsten Generation einen Marker.

	1	2	3	
	8	■	4	
	7	6	5	

Ein markiertes Feld und seine 8 Nachbarn

Von einer Generation zur nächsten: Markierte Felder mit 2 oder 3 markierten Nachbarn bleiben bestehen. Jene mit 0, 1 und 4 oder mehr markierten Nachbarn sterben aus. Dafür entsteht ein neuer auf einem leeren Feld, das genau 3 markierte Nachbarn hat.

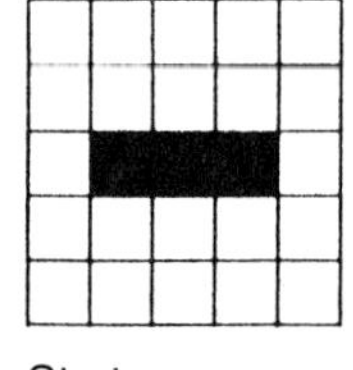

Start (1. Generation)

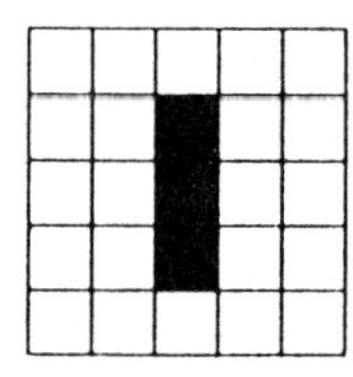

Phase 1 (2. Generation)

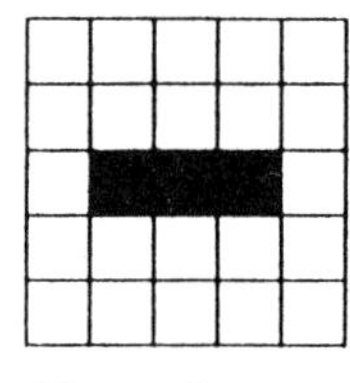

Phase 2 (3. Generation)

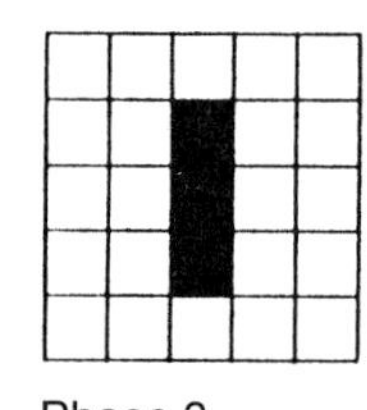

Phase 3 (4. Generation)

Ein Blinker

Die Veränderungen, die die drei Regeln diktieren, finden alle gleichzeitig statt, so daß dieser »Zellautomat« von einem Augenblick zum anderen immer neue Generationen entwickelt. Diese simplen rekursiven Regeln, die das Überleben, Sterben und Entstehen der Marker bestimmen, führen zu ebenso komplizierten wie schönen Mustern und Bewegungen, die sich auf unvorhersagbare Weise quer über das ganze Spielfeld ausbreiten. Figuren, die aussehen wie Züge oder Flugzeuge, jagen im Laufe der Generationen darüber hinweg. Ursprüngliche Konfigurationen sterben aus, andere vermehren sich, während andere wiederum massenweise Kröten und Schiffe und geometrische Gebilde in die Welt setzen. Einige oszillieren oder blinken, andere machen reihenweise Veränderungen durch, um schließlich in alter Form wiederzukehren, und andere hören in ihrer Evolution gar nicht mehr auf.

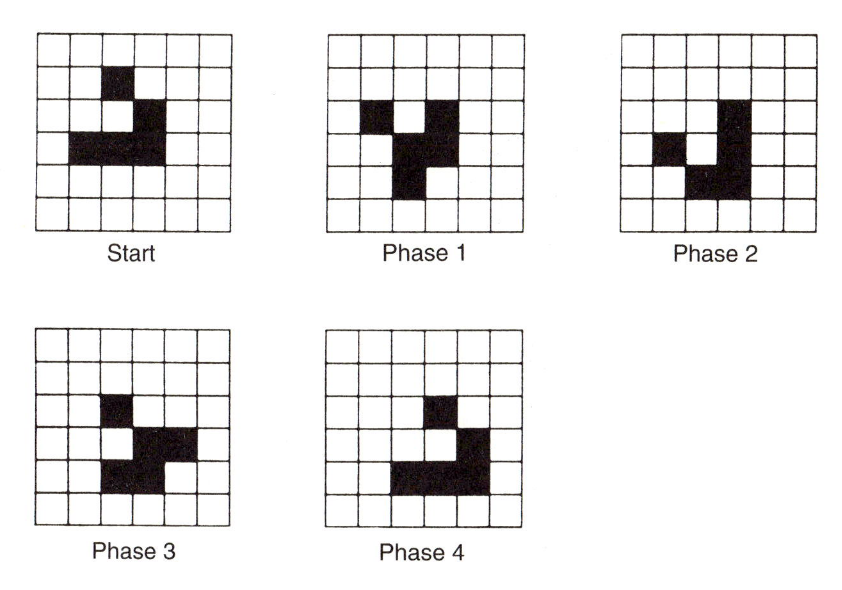

Ein Muster reproduziert sich selbst

Man muß die ganze Sache selbst probieren, um ein Gefühl dafür zu bekommen. Man kann entweder mit irgendwelchen Plättchen als Marker auf einem Schachbrett anfangen (oder mit dunkel ausgefüllten Feldern auf einem Bogen Millimeterpapier) und dann systematisch von Hand entsprechend der Regeln weitermachen, oder man schaut zu, wie ein Computer das Spiel entwickelt. In jedem Fall sollte man es mit verschiedenen Ausgangskonfigurationen versuchen, z. B. als erstes mit drei Markern nebeneinander. Man nennt dieses Muster einen Blinker, der zwischen horizontaler und vertikaler Stellung abwechselt. Eine sehr interessante Entwicklung nimmt ein Muster mit 5 Markern, von denen 4 wie ein in der Horizontalen liegendes L plaziert sind und ein weiteres oberhalb des mittleren Markers erscheint.

Vereinfacht dargestelltes Diagramm eines sich selbst reproduzierenden Musters

Conway hat sogar bewiesen, daß sich bestimmte Anfangskonfigurationen von Markern wie ein langsamer, aber vollwertiger Computer verwenden lassen, ein Faktum, das uns zu rekursiven Funktionen ganzer Zahlen zurückbringt. Rekursionen sind die Essenz von »Life«, möglicherweise sogar des Lebens an sich (siehe das Kapitel über *Turing-Test und Expertensysteme*). Immer wieder haben Mathematiker, von Pythagoras bis zu Poincaré, darauf hingewiesen, daß Zahlen und einfachstes Zusammenzählen die Grundlage der ganzen Mathematik sind – eine geradezu bescheidene Behauptung, wie wir anhand rekursiver Definitionen sehen können.

Das Russell-Paradoxon

Personen aus der Geschichte herauszutreten und die Handlung von ihnen kommentieren zu lassen ist ein häufiges Stilmittel der modernen Literatur und Filmkunst, was manchmal sogar so weit geht, auch ihre Kommentierungen von ihnen kommentieren zu lassen. Vielleicht hängt es mit einem größeren Selbstbewußtsein zusammen oder mit einer Abkehr vom zentralistischen Denken oder einfach mit einer stärker gewordenen Vorliebe für abstrakte Stücke. Was immer der Grund dafür ist, die Idee ist uralt. Sie reicht in die Zeit des klassischen griechischen Theaters zurück, wo der Chor mit seinem Sprechgesang in die Handlung eingriff; auch in mittelalterlichen Stücken und bei Shakespeare war die Rolle eines Kommentators fester Bestandteil der Dramaturgie.

Solche Kommentare ermöglichen eine wesentlich größere Lebensnähe, was sich manchmal bis zum Paradoxon steigern kann, wie das klassische Lügner-Paradoxon schon vor über 2000 Jahren zeigte. Demzufolge soll der Kreter Epimenides behauptet haben, daß alle Kreter lügen. Die Crux an dieser janusköpfigen Äußerung wird deutlicher, wenn wir den Satz vereinfachen zu »Ich lüge« oder noch besser zu »Dieser Satz ist falsch«. Sagen wir, Q steht für die Aussage »Dieser Satz ist falsch«. Wenn Q also wahr ist, dann muß diese Aussage ihren eigenen Worten nach falsch sein. Andererseits, wenn Q falsch ist, dann muß das Gesagte wahr sein, und folglich muß Q dann wahr sein. Das heißt, Q ist wahr, wenn und nur wenn es falsch ist. In abgeschwächter Form ist das Lügner-Paradoxon immer präsent, wenn der Rahmen eines Bildes, die Kulisse einer Theaterbühne oder der Tonfall beim Erzählen eines Witzes suggerieren: »Dies ist falsch, es ist nicht die Wirklichkeit.«

Der selbstbezügliche Aspekt dieser Paradoxa kann auch anders zum Ausdruck kommen. Denken wir nur an den bekannten Fall, wo der Barbier einer Stadt laut Gesetz die und nur die Männer zu rasieren hat, die sich nicht selbst rasieren. Aber wie ist es mit ihm selbst? Muß er sich rasieren oder nicht? Mit dieser Frage wird der arme Kerl ganz allein gelassen. Sich selbst rasieren darf er laut Gesetz nicht. Andererseits, wenn er sich nicht selbst rasiert, muß er es laut Gesetz doch tun. Eine Variante des Paradoxons trifft den Kern der Sache, um die es hier geht, besser. Gemeint sind die Sondergesetze für den Wohnsitz der Bürgermeister in einem (Phantasie-)Land. Einige Bürgermeister leben in den Städten, die sie regieren, andere nicht. Der Diktator, reformorientiert wie er ist, verordnet, daß die Bürgermeister, die außerhalb ihres Amtsbezirks wohnen, und nur sie, alle an einem Ort leben müssen – sagen wir, in der Stadt ZVB (Zone für verpflanzte Bürgermeister). Plötzlich merkt der Diktator, daß ZVB ja einen eigenen Bürgermeister braucht. Aber wo soll der seinen Wohnsitz haben? Die Frage bereitet ihm tyrannische Kopfschmerzen.

Doch kommen wir endlich zum Russell-Paradoxon. Es stammt von dem englischen Philosophen und Mathematiker Bertrand Russell und hat in etwa denselben Charakter wie die früheren Paradoxa. Mathematisch gesehen, ist es allerdings beträchtlich potenter. Es ist zwar mit der Mengenlehre verbunden, aber wenn man weiß, daß Mengen, salopp gesagt, fest definierte Sortimente x-beliebiger Objekte sind, dann reicht das, zusammen mit ein bißchen Kenntnis in Notation. Um anzuzeigen, daß 7 ein Element von P ist, der Menge aller Primzahlen, schreibt man $7 \in P$; will man anzeigen, daß z. B. 10 kein Element von P ist schreibt man $10 \notin P$; oder analog $13 \in P$ und $15 \notin P$. Allgemein bedeutet der Ausdruck »$x \in y$«, daß x ein Element der Menge y ist, bzw. daß die Menge y das Element x enthält. Wenn also y die Menge der in den Vereinten Nationen vertretenen Staaten und x Kenia ist, dann ist $x \in y$.

Um nun das Paradoxon abzuleiten, sagen wir, daß manche Mengen sich selbst als Elemente enthalten ($x \in x$) und manche nicht ($x \notin x$). Die Menge aller auf dieser Seite erwähnten Dinge ist selbst auf dieser Seite erwähnt und enthält sich folglich selbst als Element. Ebenso enthält die Menge aller Mengen mit mehr als 11 Zahlen selbst mehr als 11 Elemente und ist folglich ein Element ihrer selbst. Und mit Sicherheit ist die Menge aller Mengen selbst eine Menge und mithin auch ein Element ihrer selbst. Die meisten natürlich vorkommenden Mengen enthalten sich jedoch nicht selbst als Element. Die Menge der Bundestagsmitglieder ist nicht selbst ein MdB und folglich kein Element ihrer selbst. Auch die Menge der ungeraden Zahlen ist nicht selbst eine ungerade Zahl, enthält sich also nicht selbst als Element.

Bezeichnen wir mit M die Menge aller Mengen, die sich selbst als Elemente enthalten, und mit N die Menge aller Mengen, die sich nicht selbst als Elemente enthalten. Oder, in mathematischen Zeichen ausgedrückt: Für jede Menge x gilt $x \in M$, wenn und nur wenn $x \in x$; andererseits gilt $x \in N$, wenn und nur wenn $x \notin x$. Nun könnten wir uns fragen, ob N ein Element seiner selbst ist oder nicht. (Vergleichen Sie damit die Frage: »Wer rasiert den Barbier?« oder »Wo wohnt der Bürgermeister von ZVB?«) Wenn $N \in N$, dann ist der Definition nach $N \notin N$. Wenn aber $N \notin N$ ist, dann ist per definitionem nach $N \in N$. Also ist N ein Element seiner selbst, wenn und nur wenn es kein Element seiner selbst ist. Aus diesem Widerspruch besteht das Russell-Paradoxon.

Russell löste dieses Paradoxon dadurch, daß er den Begriff einer Menge auf eine genau definierte Sammlung bereits bestehender Mengen beschränkte. In ihrer berühmten Typenlehre klassifizierten er und Alfred North Whitehead Mengen entsprechend ihres Typs. Auf der untersten Stufe befinden sich die individuellen, einzelnen Objekte (Typ 1). Auf der nächsten Stufe kommt Typ 2, die Mengen der Objekte von Typ 1, danach Typ 3, die Mengen der Objekte von Typ 1 oder von Typ 2 usw. Die Elemente von Typ n sind Mengen der Objekte von Typ $(n - 1)$ oder darunter. Auf diese Weise wird das Paradoxon vermieden, da eine Menge nur ein Element einer höher eingestuften Menge sein kann und nicht von sich selbst. Eine Menge, die ein Element ihrer selbst ist ($x \in x$), ist ausgeschlossen, genauso auch Mengen wie M und N, die uns eben noch Kopfzerbrechen bereitet haben.

(Im übrigen stellten Russell und Whitehead ihre Typenlehre nicht allein deshalb auf, um damit dieses und ähnliche Paradoxa zu umgehen; der entscheidende Grund war, daß damit die gesamte Mathematik auf eine axiomatische Grundlage gestellt werden sollte. Es gelang ihnen tatsächlich, die gesamte Mathematik auf reine Logik zu reduzieren, wie sie die Typenlehre verkörpert – also Logik in Verbindung mit dem hierarchischen Mengenbegriff. Es ist normalerweise auch nicht so, daß Selbstbezüglichkeit nun unbedingt zu einem Paradoxon in der Mathematik oder in natürlichen Sprachen führt. Z. B. sind die meisten Fälle, in denen das Wort »ich« vorkommt, völlig unproblematisch.)

In Anlehnung an die Typenlehre könnten wir eine ähnliche Lösung mit dem Lügner-Paradoxon probieren und sagen, daß die Aussage »Alle Kreter lügen« dem Typ nach höher einzuordnen ist als andere Behauptungen von Kretern. Wir unterscheiden zwischen Aussagen ersten Grades, die sich auf keine anderen Aussagen beziehen (z. B. »Es regnet« oder »Menelaos ist glatzköpfig«); Aussagen zweiten Grades, die sich auf Aussagen ersten Grades beziehen (»Waldemars Bemerkungen zum Essen waren idiotisch«); Aussagen dritten Grades, die sich auf Aussagen zweiten Grades beziehen; und höhergradige Aussagen. Epimenides' Aussage, »Alle Kreter lügen«, ist folglich als eine zweiten Grades zu interpretieren, die nicht auf sich selbst zutrifft, sondern nur auf solche ersten Grades. Wenn er behauptet, daß all seine Aussagen zweiten Grades falsch sind, dann macht er damit eine Aussage dritten Grades, die nicht auf sie selbst angewandt werden kann.

Damit läßt sich der gesamte Wahrheitsbegriff strukturieren und abstufen: Wahrheit_1 für Aussagen ersten Grades, Wahrheit_2 für Aussagen zweiten Grades usw. Der Mathematiker Alfred Tarski hat diesen Wahrheitsbegriff weiterentwickelt und formalisiert. Der Philosoph Saul Kripke machte ihn dann für die komplizierteren Strukturen der natürlichen Sprachen flexibler. Verwicklungen treten dann auf, wenn von zwei oder mehr Personen jede etwas behauptet, was für sich genommen zwar unproblematisch ist, zusammengenommen aber etwas Paradoxes ergibt, z. B. wenn Georg behauptet: »Was Martha sagt, ist falsch«, und Martha behauptet: »Was Georg sagt, ist wahr«, ohne daß sich beide weiter auslassen.

Seltsamerweise werden diese Dinge meistens für total esoterisch und akademisch gehalten, und das von Leuten, die die verschlungensten und verschachteltsten Geschichten vom Stapel lassen, angefangen von der Teenager-Intrige (nach dem Muster: Sie hat gesagt, daß er gesagt hat, aber das kann ja nicht sein, sonst hätte sie es ja nicht gesagt, daß er ..., na ja, usw. usw.) bis zu den verworrenen Verlautbarungen der Politiker, egal zu welchem Thema. (Siehe auch das Kapitel über *Variablen und Pronomina.*)

Der Satz des Pythagoras

Man mag darüber streiten, ob der griechische Mathematiker Pythagoras (ca. 540 v. Chr.) und sein Vorgänger Thales (ca. 585 v. Chr.) die ersten Mathematiker waren oder nicht; jedenfalls bedeutet Mathematik seit ihrer Zeit mehr als bloßes Rechnen. Natürlich verfügten schon Ägypter, Babylonier und andere über ein bedeutendes mathematisches Wissen (die Rhind-Papyrusrolle aus dem Jahr 1650 v. Chr. enthält ein ganzes Arsenal von rechnerischen Hilfsmitteln, u. a. auch eine rudimentäre, aber offensichtlich sehr geschickte Schreibweise für Brüche). Diese Völker hatten eine ganz andere Einstellung zur Mathematik, da sie sie lediglich in der Praxis einsetzten, um Steuern und Zinsen festzulegen oder die Menge der Getreidescheffel zu bestimmen, die man fürs Bier brauchte, oder landwirtschaftliche Flächen und Rauminhalte auszumessen, Ziegelmengen zu kalkulieren oder einzelne astronomische Berechnungen anzustellen – alles zweifellos äußerst wichtige Fähigkeiten, die heutzutage vielen leider fehlen.

Mathematik als ein System mit einer logischen Struktur zu sehen, als ein System ideeller Vorstellungen und Begriffe, die mit Hilfe der menschlichen Vernunft geklärt werden können, daran dachte bis zum 6. Jahrhundert v. Chr. kein Mensch. Thales, Pythagoras und ihre Zeitgenossen waren die ersten. Niemand hatte bis dahin Zahlen und geometrische Formen für allgegenwärtige Phänomene gehalten oder sich theoretische Kreise und abstrakte Zahlen vorgestellt. Man hatte immer nur Wagenräder vor Augen und mit bestimmten Zahlen in konkreten Fällen zu tun gehabt. Niemand war bis dahin auf die Idee gekommen, die elementaren, evidenten Fakten zu isolieren und daraus andere, weniger selbstverständliche Theoreme allein mit Logik abzuleiten. Darauf kamen erst Thales und Pythagoras. Sie und die anderen griechischen Mathematiker, die ihnen folgten, erfanden die Mathematik (und die Logik), wie wir sie heute kennen. Von da an war Mathematik mehr als bloße praktische Rechnerei; sie wurde zu einer der freien Künste, also Teil der Allgemeinbildung der besseren Leute.

Über Pythagoras' persönliches Leben ist uns wenig bekannt. Er war viel unterwegs, begründete die Pythagoreische Schule, die sich u. a. mit der Zahlenlehre beschäftigte. Für sie war die Zahl das Wesen aller Dinge, nach dem Motto: »Hinter allem steckt eine Zahl«. Außerdem pflegte man strenge Sitten, die so weit gingen, daß das Essen von Bohnen verboten war. Pythagoras (andere behaupten, es war Heraklit oder Herodot) soll auch die Wörter »Philosophie« (»Weisheits- oder Wissensliebe«) und »Mathematik« (»Wissenschaft«) geprägt haben. Er und seine Nachfolger hatten einen enormen Einfluß auf die griechische Mathematik (d. h. natürlich auf die Mathematik an sich). Vieles von dem, woraus 250 Jahre später die ersten beiden der 13 Bücher von Euklids *Elementen* entstanden, soll auf sie zurückgehen, insbesondere natürlich der Satz, der mit dem Namen Euklid unweigerlich verbunden ist. (Siehe das Kapitel über *Die nichteuklidische Geometrie*.)

Ohne den Satz des Pythagoras kommt man nicht aus; die klassischen Beweise sind nun fast zweieinhalbtausend Jahre alt und immer noch einmalige Exemplare geometrischer Schönheit. Diesem Lehrsatz nach ist das Quadrat über der Hypotenuse eines rechtwinkeligen Dreiecks (die Seite, die dem rechten Winkel gegenüberliegt) gleich der Summe der Quadrate über den beiden anderen Seiten, den Katheten. Symbolischer ausgedrückt: Wenn die beiden Katheten die Längen A und B haben und die Hypotenusen die Länge C, dann ist mit Sicherheit $C^2 = A^2 + B^2$. (Für einen Beweis dieses Lehrsatzes ein delphischer Tip: Fügen Sie vier identische rechtwinklige Dreiecke mit den Seiten A, B und C in ein Quadrat ein, dessen Seiten so groß sind wie die Summe der Katheten A und B, und zwar auf zwei verschiedene Weisen: einmal so, daß ein Bereich mit der Fläche C^2 von den Dreiecken nicht überlagert wird; das andere Mal so, daß die Dreiecke zwei Bereiche, einen mit der Fläche A^2 und einen mit der Fläche B^2, nicht überdecken.)

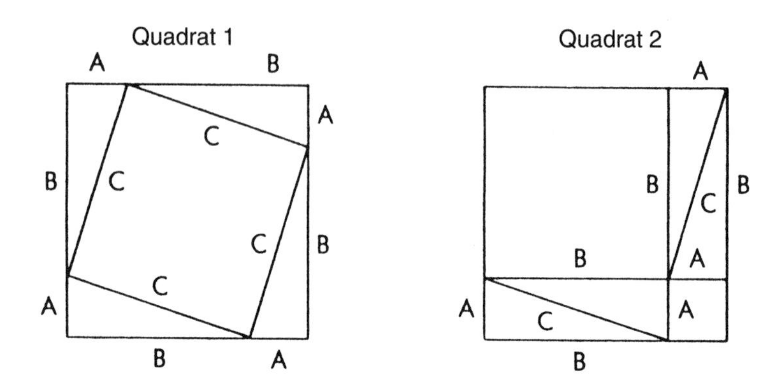

Die Fläche des Quadrats 1 ist genauso groß wie die Fläche des Quadrats 2.
Die Fläche der vier Dreiecke im Quadrat 1 ist genauso groß wie die Fläche der (gleichen) vier Dreiecke im Quadrat 2.
Folglich ist die übrige Fläche des Quadrats 1 gleich der übrigen Fläche des Quadrats 2.
Das heißt, $c^2 = a^2 + b^2$.

Auch Entfernungen können mit Hilfe des Pythagoreischen Lehrsatzes berechnet werden: Wenn Martha in genau nördlicher Richtung 12 km vom Parthenon entfernt ist und Waldo in genau östlicher 5 km weit weg ist, dann ist Martha 13 km (Luftlinie) von Waldo entfernt, da $5^2 + 12^2 = 13^2$. Ähnlich läßt sich auch die Länge eines Rechtecks oder die der Diagonale eines Schuhkartons bestimmen. Mathematisch noch effektiver wird das Theorem, wenn man es in die Sprache der analytischen Geometrie (deren Entdeckung 2000 Jahre auf sich warten ließ) umsetzt und weitgehend generalisiert.

Hätte Pythagoras zu Zeiten des englischen Philosophen Thomas Hobbes gelebt, er hätte die ästhetisch sensible Reaktion dieses Mannes bestimmt verstanden, die er beim Lesen des Lehrsatzes gezeigt haben soll. John Aubrey, ein Freund von Hobbes, schrieb damals: ». . . er (Thomas Hobbes) war 40, als er sich zum ersten Mal Geometrie ansah; es war ganz zufällig. In der Bibliothek eines sehr gebildeten Herrn waren Euklids *Elemente* aufgeschlagen; es war der Satz des Pythagoras. Hobbes las den Satz. ›Bei G__ ‹, entfuhr es ihm. (Das passierte ihm ab und zu, wenn er emphatisch wurde.) ›Bei G__ ‹, entfuhr es ihm erneut, ›das ist ja unmöglich!‹ So las er denn, wie der Beweis geführt wird. Der aber brachte ihn zu einem ebensolchen Satz zurück; auch diesen las er dann, um erneut auf einen anderen verwiesen zu werden, den er auch gleich las. *Et sic deinceps*; bis er am Ende sichtlich von der Wahrheit überzeugt war. So verliebte er sich in die Geometrie.«

Leider G__ wird das unschätzbare Vermächtnis, das in der axiomatischen Methode liegt, diese Ableitung nichtintuitiver Behauptungen aus selbstverständlichen Axiomen, nicht weitergereicht. Wie es scheint, sind zu viele Geometriebücher zur vorgriechischen Betrachtungsweise zurückgekehrt, der es ja fast nur auf zusammenhanglose Fakten, Daumenregeln und praxisorientierte Formeln ankam. Vermutlich hätte Pythagoras eher Bohnen gegessen als diese Bücher gelesen.

Sortieren und Wiederfinden

Sortieren und Wiederfinden scheinen anspruchslose buchhalterische Tätigkeiten zu sein, die nicht sehr viel mathematische Kenntnisse erfordern. Listen per Hand zu alphabetisieren oder in einem riesigen Aktenschrank zu stöbern, um etwas nachzuschlagen, hat etwas von dem geistlosen Vergnügen, das wohl auch im Stricken steckt. Aber wer denkt schon groß über die theoretischen Aspekte nach? Wie man etwas am besten sortiert und wiederfindet, ist ein interessantes mathematisches Problem, das für die Praxis von erheblicher Bedeutung ist.

Angenommen, Sie sollen einen riesigen Haufen durchnumerierter Papierstreifen ordnen. Sie könnten einen Streifen nach dem anderen nehmen, mit den bereits geordneten vergleichen und an die richtige Stelle tun und so alle schön der Reihe nach sortieren. Sie könnten den Haufen auch in viele Häuflein aufteilen und jedes für sich nach irgendeiner Methode ordnen, um anschließend aus je zwei Häuflein ein größeres zu machen, indem Sie die Streifen nach und nach paarweise vergleichen und ordnen. Dann nehmen Sie sich diese größeren Häuflein vor, um sie zu noch größeren zu ordnen, die Sie erneut paarweise miteinander vergleichen und ordnen, bis sie am Ende einen riesigen geordneten Stapel haben, womit Ihre Aufgabe erledigt wäre.

Wenn nur wenige Nummern zu ordnen sind, ist das Procedere vielleicht nicht so wichtig. Sind es jedoch Tausende oder Millionen, dann ist es zeitlich ein gewaltiger Unterschied. (Ich gehe mal davon aus, daß der Sortierer, sei es eine Person oder ein Computer, zwei Dinge kann: zwei Nummern vergleichen und eine Nummer von einer Stelle zur anderen schaffen.) Im ersten Beispiel arbeitet der Sortieralgorithmus nach der Insertionsmethode, was im schlechtesten Fall an die n^2 Schritte (oder Zeiteinheiten) erforderlich macht, wenn n Posten zu sortieren sind. Im zweiten Beispiel arbeitet der Sortieralgorithmus nach der Fusionsmethode, was etwa $n \times \ln(n)$ Schritte sind. Ist $n = 100$, dann ist $n^2 = 10000$, $n \times \ln(n)$ dagegen nur 460 – ein erheblicher Unterschied.

Noch mehr Zeit als diese beiden Sortieralgorithmen verschlingen oft die »Apportieralgorithmen« (um sie mal so zu nennen), mit denen Informationen aus einer Liste wieder zurückgeholt und auf die eine oder andere Weise miteinander in Beziehung gebracht werden (das trifft besonders dann zu, wenn es ganz ähnliche Bestandteile sind – eine Nadel im Heuhaufen zu finden ist beträchtlich einfacher, als eine bestimmte Nadel in einem Nadelhaufen). Bei n Posten kann manch einer von diesen Algorithmen 2^n Schritte brauchen, bis er gefunden hat, was man sucht. Und das ist genau der springende Punkt, wenn es um die praktische Bedeutung dieser Begriffe geht. Nehmen wir wieder an, $n = 100$; dann ist 2^n ungefähr $1{,}3 \times 10^{30}$, was so viele Schritte sind, daß der Algorithmus praktisch (im doppelten Sinn des Wortes) nutzlos ist. Es ist nicht auszuschließen, daß die moderne Planwirtschaft genausosehr an informationstheoretischen wie an politischen Beschränkungen gescheitert ist, denn für die Kommissare dürfte es immer schwieriger geworden sein, exponentiell ins Kraut schießende Daten über Lieferungen, Ersatzteile und Logistik zentral zu koordinieren. (Siehe auch das Kapitel über *Komplexität*.)

Das Problem ist universal. Da aus einem Laserdrucker mit Personalcomputer inzwischen ein Verlagshaus oder eine Setzerei gemacht werden kann, bleibt unsere Fähigkeit, Informationen zu sortieren und wieder hervorzukramen, immer weiter hinter unserer Fähigkeit zurück, sie zu generieren. Mit der rasanten Zunahme an Forschungsberichten, Fachzeitschriften, Fachbüchern, Magazinen, Zeitungsartikeln, Reportagen, Datenbanken, elektronischen Briefkästen usw. steigt auch die Zahl der gegenseitigen Abhängigkeiten, und zwar exponentiell. Wir brauchen unbedingt neue Möglichkeiten, um Verbindungen, Querverweise und Prioritäten herzustellen, wenn wir nicht in den Fluten von Informationen untergehen wollen.

Wir haben oft mehr Informationen, als wir überhaupt gedanklich verarbeiten können. Jesse Shera, ein Computerwissenschaftler, trifft da mit seiner Paraphrase von Coleridge ins Schwarze: »Daten, Daten überall, aber von einem Gedanken keine Spur.« Immer mehr Leute verlassen sich auf zusammengestellte Berichte, Nachrichten, Abrisse, Kritiken und Statistiken, aber ohne das nötige begriffliche Rüstzeug erworben zu haben, um daraus wirklich schlau zu werden. Der wichtigste Sortieralgorithmus ist nach wie vor eine gute, breit angelegte Ausbildung.

Spieltheorie

Faßt man den Begriff »Spiel« weit genug, kann man viele, wenn nicht sogar alle Situationen im Leben als Spiel betrachten. (Natürlich können wir viele Situationen im Leben, wenn wir »weit genug« weit genug auslegen, auch als Zucchini betrachten, aber das ginge wohl jedem über die Hutschnur, selbst bei größter sprachlicher Toleranz.) Von daher ist es nicht verwunderlich, daß der Spieltheorie als mathematischer Disziplin bei der Gestaltung und Festlegung von Strategien in wirtschaftlichen, militärischen und politischen Planungen eine wesentliche Bedeutung zukommt. Auch wenn sie vor etwa 50 Jahren von John von Neumann primär für diese Zwecke erfunden wurde, heißt das nicht, daß man sie nicht genausogut für persönliche Entscheidungen einsetzen kann.

Der größte Nutzen läßt sich aus der Spieltheorie ziehen, wenn Bluff mit im Spiel ist und deshalb probabilistische Strategien angesagt sind. In Spielen mit perfekter Information wie z. B. beim Schach, wo die Züge weder willkürlich noch heimlich stattfinden, liegt immer eine optimale deterministische Strategie vor. Doch obwohl man über diese Art Spiele sehr viel weiß, bedeutet die Tatsache, daß es für sie eine Gewinnstrategie gibt, nicht unbedingt, daß man diese auch in »Echtzeit« parat hat. Die optimalen Strategien für ein Schachspiel sind immer noch nicht bekannt.

Eine Spielsituation kommt immer dann auf, wenn zwei oder mehr Spieler aus einer Anzahl möglicher Optionen oder Strategien uneingeschränkt wählen können. Bei jeder Wahl kommt etwas anderes heraus – die eine macht sich bezahlt, die andere nicht, immer in verschiedenen Größenordnungen. Jeder Spieler hat seine eigenen Präferenzen. Bei der Spieltheorie geht es darum, die Strategien der Spieler zu bestimmen sowie Verluste und Gewinne abzusehen und ausgewogene Resultate zu erzielen.

Statt hier lange die Prinzipien zu entwickeln, beschreibe ich lieber eine typische Situation beim Baseballspiel, die für probabilistische Strategien ganz geeignet erscheint. Ein Werfer, ein sogenannter Pitcher, steht einem Schlagmann, dem sogenannten Batter, gegenüber. Nun kann der Pitcher seinen Ball seitlich werfen (»curveball«) oder gerade (»fastball«) oder so, daß er sich erst im letzten Moment hineindreht (»screwball«). Hat sich der Schlagmann auf einen Fastball eingestellt, dann trifft er ihn im Durchschnitt zu 40%; kommt statt dessen aber ein Curveball, trifft er diesen nur zu 30% und einen Screwball nur noch zu 20%. Erwartet er einen Curveball, dann sind es durchschnittlich 40%, bei Fastballs dagegen nur 20% und bei Screwballs 0%. Und wenn er sich auf einen Screwball einrichtet, dann sind es bei Curveballs, Fastballs und Screwballs jeweils durchschnittlich 0%, 30% und 40%.

		Schlagmann erwartet		
		Curveball	Fastball	Screwball
Werfer wirft	Curveball	0,4	0,3	0,0
	Fastball	0,2	0,4	0,3
	Screwball	0,0	0,2	0,4

Wahrscheinlichkeit eines Treffers

Aufgrund dieser Wahrscheinlichkeiten muß der Pitcher entscheiden, wie er werfen wird, und der Batter, auf welchen Wurf er sich gefaßt machen soll. Entscheidet sich letzterer für einen Fastball, vermeidet er auf alle Fälle eine 0%ige Trefferquote. Bleibt er dabei, wird der Pitcher natürlich nur noch Screwballs werfen, damit der Batter bestenfalls eine Trefferquote von 20% bekommt. Also wird sich der Batter vielleicht auf Screwballs einrichten, was ihm eine 40%ige

Trefferchance brächte, wenn der Pitcher sie weiterhin wirft. Nun mag der Pitcher das vorausahnen und statt dessen Curveballs werfen, die dem Batter überhaupt keine Chance ließen, wenn dieser weiterhin Screwballs erwartet. Und so könnte das natürlich endlos weitergehen.

Jeder Spieler muß eine allgemeine stochastische Strategie haben. Der Werfer muß entscheiden, wie er die Curveballs, Fastballs und Screwballs prozentual aufteilt, um dann seine Würfe *willkürlich*, aber ihrer Prozentzahl entsprechend zu machen. Ebenso muß der Batter entscheiden, zu wieviel Prozent er sich auf jede Wurfart einstellen muß, um dies dann *willkürlich*, aber prozentual entsprechend umzusetzen. Mit den Techniken und Theoremen der Spieltheorie sind wir imstande, die optimalen Strategien für jeden Spieler in diesem wie in vielen anderen Spielen zu finden. Für den Pitcher ist es in dieser besonderen und idealisierten Spielsituation am besten, wenn er 60% der Zeit Screwballs anbringt und die anderen 40% Curveballs wirft. Für den Batter ist es am besten, wenn er 80% der Zeit auf Fastballs konzentriert ist und die restlichen 20% auf Screwballs. Wenn sich beide an diese optimalen Strategien halten, hat der Schlagmann im Durchschnitt eine 24%ige Trefferquote.

Ein mörderisches Spiel ist, wenn zwei Jungs damit imponieren wollen, wie sie mit ihren Autos aufeinander zu rasen, wobei der erste, der ausschert, bei allen unten durch ist, der andere, der Sieger, ein Mordskerl. Weichen beide voreinander aus, ist es halt ein Patt, und falls nicht, dann stoßen sie eben zusammen. Auf einer etwas quantitativeren Ebene betrachtet, haben A und B die Wahl, vor dem anderen auszuweichen oder nicht. Wenn A kneift und B nicht, dann bekommt A, sagen wir mal, 20 Punkte und B 40. Umgekehrt verteilen sich die Punkte, wenn B vor A ausweicht. Weichen beide voreinander aus, dann hat jeder 30 Punkte, während es immerhin noch 10 für jeden gibt, wenn sie es nicht tun. Im Grunde ist das eine durchaus übliche Situation, um nicht zu sagen, ein arg verbreitetes Dilemma, und nicht nur idiotischen Halbwüchsigen vorbehalten, wie es auch Tatsache ist, daß es sich nicht auszahlt, wenn man nur auf seinen eigenen Vorteil aus ist.

Es gehört nicht viel Phantasie dazu, um zu sehen, daß es viele Situationen gibt, die nach diesem Modell funktionieren, in der Arbeitswelt, im Beruf (Arbeitskonflikte, Marktkämpfe etc.), im Sport (eigentlich bei allen Konkurrenzkämpfen), im Militär (Kriegsspiele). Ein ganz modernes Beispiel für so eine Situation verdanken wir dem Aufkommen von solchen Geräten, die die Telefonnummer des Anrufers feststellen können, wenn der Anrufer nicht auch ein Gerät hat, das ihm die Wahl ermöglicht, dies zuzulassen oder nicht, während die angerufene Person immer noch die Wahl hat, den Hörer abzunehmen oder nicht. Zwar evozieren die Anwendungsbereiche üblicherweise beunruhigende Wörter wie »Kampf«, »Krieg«, »Wettstreit« usw., aber darauf kommt es im wesentlichen nicht an. Man könnte statt Spieltheorie ebensogut Verhandlungstheorie sagen. Ihre Prinzipien lassen sich in allen sogenannten Nullsummenspielen anwenden, wo der Vorteil eines Spielers zum Ausgleich nicht unbedingt einen Nachteil auf Seiten des anderen nach sich zieht; desgleichen bei gesellschaftlichen Spielen, angefangen mit politischen Wahlen bis zu den intimen Auseinandersetzungen zwischen Mann und Frau (Kampf der Geschlechter?), ja selbst in Spielen, wo die Natur und die Umwelt mitspielen.

So nützlich die Spieltheorie ist, so wenig darf sie die vorausgesetzten Annahmen verschleiern, die zu einer ganz besonderen Situation der Verhandlung oder Auseinandersetzung führen. (Nach dem Motto: »Das Dorf mußte zerstört werden, um es zu retten.«) Es ist einfach traurig, wie leicht man sich doch verheddern kann, vor lauter Matrixkonstruktionen für die eigenen Vorteile, vor lauter Kalkulieren, welche Konsequenz die verschiedenen Strategien haben können, ohne die Grundvoraussetzungen dabei zu durchdenken oder die eigenen Ziele zu hinterfragen. Solche Strategieversessenheit kann taub, blind und gefühllos machen, und dieses Buch wurde nicht zuletzt als Sühne für viele technophile Sünden geschrieben.

Statistik – zwei Theoreme

Der französische Soziologe Emile Durkheim schreibt in seinem Buch *Der Selbstmord*, daß sich allein auf der Grundlage demographischer Daten vorhersagen läßt, wie viele Selbstmorde in einem Gebiet zu erwarten sind. Ebenso kann auf der Basis statistischer Daten (und verschiedener ökonomischer Indexzahlen) die Zahl der Arbeitslosen abgeschätzt werden. Es ist tatsächlich so, daß viele soziologische und ökonomische Vorhersagen rein auf wahrscheinlichkeitstheoretischen Grundlagen beruhen und unabhängig von psychologischen Erkenntnissen und Prinzipien zustande kommen. Obwohl sich Ereignisse selten in ihrer Besonderheit vorhersagen lassen (wer sich das Leben nehmen wird oder wer arbeitslos werden wird), können im allgemeinen sehr viele von ihnen zusammengenommen und mühelos im voraus beschrieben werden. Genau darauf zielen, *ganz* grob gesagt, zwei der wichtigsten theoretischen Resultate bzw. Theoreme in der Wahrscheinlichkeitstheorie und Statistik ab. (Siehe auch unter *Arithmetisches Mittel*, *Korrelation* und *Wahrscheinlichkeit*.)

Der Unterschied zwischen der Wahrscheinlichkeit eines Ereignisses und der relativen Häufigkeit, mit der es vorkommt, strebt notwendigerweise auf Null zu. So lautet das Gesetz der großen Zahlen. Jakob Bernoulli, ein Schweizer Mathematiker, beschrieb es als erster in einer Arbeit, die 1713 postum veröffentlicht wurde. Wir können diesem Gesetz entnehmen, daß z. B. beim Münzenwerfen der Unterschied zwischen 1/2 und dem Quotienten aus der Zahl, wie oft die Kopfseite nach oben zeigt, und der Zahl der Würfe insgesamt beliebig nah an Null herankommt, wenn die Zahl der Würfe uneingeschränkt zunimmt.

Man darf das aber nicht so verstehen, daß man die Münze nur genügend oft werfen muß, damit der Unterschied zwischen der Gesamtzahl von Kopf- und Zahlwürfen entsprechend kleiner wird. In der Regel ist das Gegenteil der Fall. Wirft man eine Münze 1000000 Mal, dann wird das Kopf-Zahl-*Verhältnis* wahrscheinlich viel näher bei 1/2 liegen, als wenn man sie nur 1000 Mal wirft – trotz der Tatsache, daß im ersten Fall wahrscheinlich der Unterschied, wie oft sie mit dem Kopf und wie oft mit der Zahl nach oben zeigt, viel größer ist. Münzen verhalten sich ganz im Sinne eines proportionalen Verhältnisses; im absoluten Sinne benehmen sie sich jedoch daneben. Aller Weisheit eines notorischen Spielers zum Trotz impliziert das Gesetz der großen Zahlen nicht, daß nach einer Zahl-Serie die Wahrscheinlichkeit, daß ein Kopf folgt, größer ist. Das ist und bleibt ein Trugschluß.

Da hat es der Experimentator besser. Dem Gesetz der großen Zahlen nach kann er beruhigt davon ausgehen, daß der Durchschnitt einer Reihe von Messungen dem wahren Wert der gemessenen Größe näher kommt, wenn er die Zahl der Messungen erhöht. Auch eine Beobachtung, die nur einen gesunden Menschenverstand voraussetzt, läßt sich mit diesem Gesetz untermauern: Wirft man einen Würfel n Male, dann wird die Wahrscheinlichkeit, daß die Zahl der gewürfelten Fünfen von dem Quotienten n/6 stark abweicht, mit größer werdenden n immer geringer. Theoretisch unterstützt das Gesetz der großen Zahlen sogar die intuitive Idee, daß die Wahrscheinlichkeitstheorie ein Schlüssel zur Welt ist. Wir leben mit der probabilistischen Realität, die uns von Meinungsforschungsinstituten, Versicherungen und zahllosen soziologischen und ökonomischen Studien immer wieder vor Augen geführt wird, einer Realität, die chaotischer als die Realität von Geldstücken und Würfeln ist, aber nicht weniger echt.

Das andere Gesetz, von dem hier die Rede sein soll, ist der sogenannte Zentrale Grenzwertsatz. Danach ist der Durchschnitt oder die Summe einer großen Menge von Messungen eines bestimmten Charakteristikums am besten mit einer normalen Glockenkurve beschreibbar (zu Ehren des großen Mathematikers Karl Friedrich Gauß manchmal auch als Gaußsche Glockenkurve bezeichnet). Daran ändert sich auch nichts, wenn die Verteilung der einzelnen Messungen selbst nicht normal ist.

Um es etwas anschaulicher zu machen: Stellen Sie sich eine Fabrik vor, wo Laufwerke für Computer hergestellt werden. Nehmen Sie an, der ganze Laden gehört einem subversiven Hacker, der dafür sorgt, daß garantiert 30% der Laufwerke bereits nach 5 Tagen ausfallen, während die anderen 70% nach 100 Monaten kaputtgehen. Die Verteilung der Lebensdauer dieser Laufwerke wird offensichtlich nicht von einer normalen Glockenkurve beschrieben, sondern eher von einer U-förmigen Kurve mit einer Spitze bei 5 Tagen und einer größeren bei 100 Monaten.

Die Laufwerke werden in zufälliger Reihenfolge vom Fließband genommen und in Kartons mit je 36 Stück verpackt. Würden wir die durchschnittliche Lebensdauer der Laufwerke in einem Karton ausrechnen, dann kämen ungefähr 70 Monate heraus, exakt vielleicht 70,7. Und in einem anderen läge sie wieder bei ungefähr 70 Monaten, exakt vielleicht bei 68,9. Wir können so viele Kartons untersuchen, wie wir wollen – der durchschnittliche Durchschnitt wäre ziemlich genau 70 Monate. Bedeutender allerdings ist die Tatsache, daß die Verteilung dieser Durchschnitte annähernd normal (glockenförmig) sein wird, wobei der richtige Prozentsatz pro Karton im Durchschnitt zwischen 68 und 70 oder zwischen 70 und 72 usw. liegt.

Es gibt eine Reihe von Umständen, wo man laut Zentralem Grenzwertsatz immer erwarten kann, daß Durchschnitte und Summen auch von nichtnormal verteilten Größen selbst eine normale Verteilung haben.

Die Normalverteilung entsteht auch beim Meßprozeß, da die Messungen einer Größe oder eines Charakteristikums der Tendenz nach eine normale, glockenförmige »Fehlerkurve« haben, die auf den wahren Wert jener Größe zentriert ist. Andere Größen, die tendenziell eine Normalverteilung haben, sind z. B. altersspezifische Körpergewichte und -größen; oder der Gasverbrauch in einer Stadt für einen bestimmten Wintertag; oder solche Größen wie die Stärken von Maschinenteilen, IQ (was immer das ist, was damit gemessen wird); oder die Zahl der Aufnahmen in einem Krankenhaus an einem bestimmten Tag; oder die Abstände der Pfeile von der Mitte einer Zielscheibe; die Größen von Blättern und Nasen; oder die Anzahl der Rosinen in der Müslipackung. Man kann all diese Größen als Durchschnitt oder Summe vieler Faktoren (genetischer, physikalischer oder sozialer) auffassen; und insofern erklärt der Zentrale Grenzwertsatz ihre Normalverteilung. Um es noch einmal zu sagen: Durchschnitte oder Summen von Größen tendieren zur Normalverteilung, selbst wenn die Größen, deren Durchschnitt (oder deren Summe) sie bilden, es nicht tun.

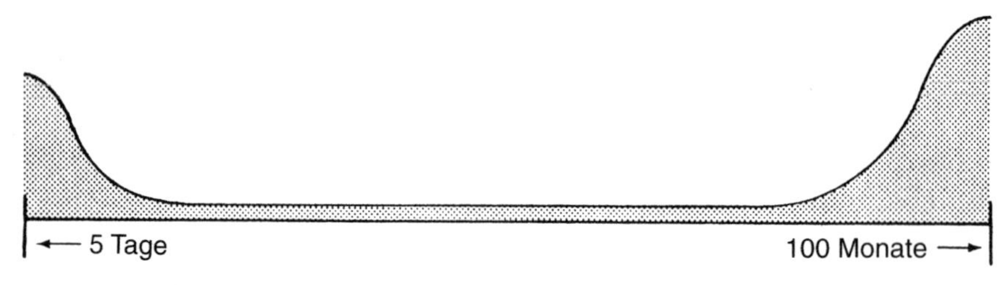

U-förmige Verteilung der Lebensdauer von Laufwerken in einem Karton mit 36 Stück.

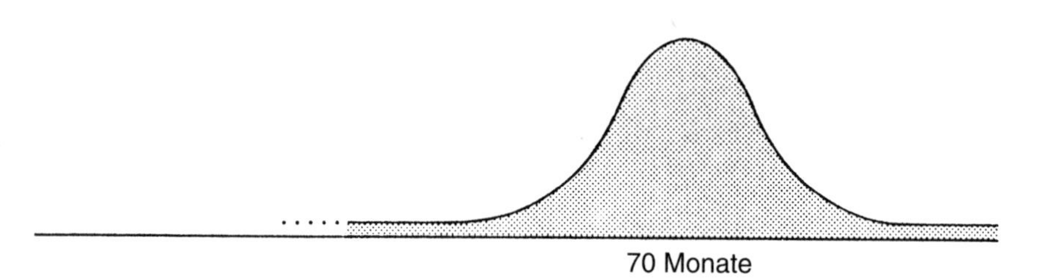

Normalverteilung (Glockenkurve) beim Durchschnitt der durchschnittlichen Lebensdauer für viele solcher Kartons.

Der Zentrale Grenzwertsatz

Symmetrie und Invarianz

Invarianz und Symmetrie sind Leitprinzipien mathematischer Ästhetik, über die sich mathematisch kaum fachsimpeln läßt. Über Jahrtausende hinweg haben diese Ideen Anstöße zu vielen großartigen Arbeiten in der Mathematik und mathematischen Physik gegeben, angefangen bei den alten Griechen, die sich mit Ausgewogenheit, Harmonie und Ordnung befaßten, bis zu Albert Einstein, der immer wieder hervorhob, daß die Gesetze der Physik für alle Beobachter invariant bleiben sollten.

Symmetrie und Invarianz sind komplementäre Begriffe. Etwas ist in dem Maße symmetrisch, wie es invariant (oder unveränderlich) ist, wenn es einer gewissen Transformation unterworfen wird. Nehmen wir z. B. einen Kreis. Wir können ihn drehen und wenden, wie wir wollen, ohne daß er seine Kreisform verliert. Seine Symmetrie besteht in seiner Unveränderlichkeit trotz dieser Veränderungen. Pressen wir ihn jedoch leicht zusammen, nimmt er eine elliptische Gestalt an, und schon ist eine wesentliche Eigenschaft futsch. Seine Diagonalen sind nicht mehr alle gleich groß; manche sind länger, manche kürzer geworden. Aber andere Eigenschaften sind noch vorhanden, z. B. daß der Mittelpunkt der Ellipse immer noch jeden ihrer Durchmesser halbiert, egal wie lang dieser ist. Diese Eigenschaft ist selbst unter einer so extremen Veränderung invariant, was von einer tieferen Symmetrie zeugt.

Solche Beobachtungen brachten den deutschen Mathematiker Felix Klein im 19. Jahrhundert auf die Idee, daß es möglich sein müßte, Theoreme über geometrische Figuren danach zu klassifizieren, ob sie gelten bleiben oder nicht, wenn die Figuren verschiedenen Transformationen unterworfen werden. Er fragte sich, welche Eigenschaften von Figuren unter ganz spezifischen Transformationen (starre Bewegungen in der Ebene, einheitliche Kompressionen, Projektionen) invariant bleiben. Die Gesamtheit der Theoreme, die diese Eigenschaften behandeln, wird als die Geometrie betrachtet, die mit diesen Transformationsarten verbunden ist.

Damit wird die euklidische Geometrie also so aufgefaßt, daß sie jene Eigenschaften untersucht, die trotz starrer Bewegungen wie Parallelverschiebungen, Drehungen und Spiegelungen unverändert bleiben. Die projektive Geometrie wird andererseits so verstanden, daß sie sich mit jener kleineren Klasse von Eigenschaften befaßt, die bei starren Bewegungen *plus* Projektionen invariant bleiben. (Die Projektion einer Figur ist, grob gesprochen, ihr Schatten, den sie wirft, wenn sie von hinten beleuchtet wird. Die Projektion eines Kreises könnte z. B. eine irgendwie geartete Ellipse sein.) Und Topologie ist das Gebiet, das sich der noch kleineren Klasse von Eigenschaften annimmt, die unter all den genannten Transformationen *plus* der extremsten Verdrehungen und Streckungen invariant bleiben.

Länge und Winkel sind euklidische Eigenschaften; sie bleiben bei rigiden Bewegungen erhalten. Allerdings sind sie unter projektiven Transformationen nicht mehr invariant. Linearität und Triangularität sind projektive Eigenschaften; sie bleiben unter projektiven Transformationen erhalten, da Geraden und Dreiecke durch Projektion immer in andere Geraden und Dreiecke transformiert werden. Unter topologischen Transformationen sind sie jedoch nicht mehr invariant. Eigenschaften wie der Zusammenhalt einer Figur oder die Anzahl von Löchern darin bleiben trotz aller möglichen Verdrehungen und Streckungen bestehen.

Auch außerhalb der Geometrie kommt diese Idee von tieferen Invarianzen, die subtilere Symmetrien kennzeichnen, außerordentlich stark zur Geltung. Moderne Kunstformen haben viel abstraktere Symmetrien als z. B. der Mäander in der griechischen Ornamentik oder so ein architektonisches Kunstwerk wie die Alhambra. Und resultierte Einsteins spezielle Relativitätstheorie nicht aus seiner Vorstellung, daß die physikalischen Gesetze invariant sein sollten, wenn man sie den Lorentz-Transformationen aussetzt (benannt nach dem holländischen Physiker H. A. Lorentz)? Einstein dachte sogar daran, sie Invariantentheorie zu nennen.

Wenn sich die Mathematik mit zeitlosen Wahrheiten wie auch mit dieser Ästhetik von Symmetrie und Invarianz auseinandersetzt, dann hat das auch eine soziale Konsequenz, nämlich die, daß sie in ihrer reinsten Form notgedrungen weit abseits der realen Welt arbeitet, fern vom sonderbaren Auf und Ab des Lebens, fern menschlicher Idiosynkrasien. Selbst in populärwissenschaftlichen Büchern über Mathematik oder in der angewandten Mathematik wird manchmal kein Hehl aus der Aversion gegen alles Persönliche und Menschliche gemacht. Einmal schrieb mir ein Mathematiker, daß in einem Buch über Mathematik das Wort »ich« nichts verloren hätte; er habe meine Bücher gern gelesen, aber mit Mathematik hätten die nichts zu tun. Na ja, dachte *ich*, schade, daß er zwischen dem reinen Lesevergnügen und seiner devoten Einstellung zur reinen Mathematik eine so ausdrückliche Trennlinie ziehen mußte.

An sich kann die Suche des Mathematikers nach Symmetrie und Invarianz nicht danebengehen, da komplettes Chaos auf jeder Ebene der Analyse eine logische Unmöglichkeit ist. Trotzdem kann es nicht schaden, auch das Asymmetrische, Veränderbare und Persönlich-Menschliche anzuerkennen.

Tautologien und Wahrheitstabellen

Entweder hatte Aristoteles rote Haare, oder Aristoteles hatte keine roten Haare. Da es nicht wahr ist, daß Gottlob oder Wilhelm anwesend sind, sind sowohl Gottlob als auch Wilhelm nicht da. Immer wenn Thoralf außer Haus ist, übergibt sich Leopold, so daß, wenn sich Leopold nicht übergibt, Thoralf nicht außer Haus ist. Jede dieser erstaunlichen Erkenntnisse ist ein Fall mathematischer Tautologie, eine Aussage, die kraft der Bedeutung der logischen Verbindungswörter »nicht«, »oder«, »und« und »wenn – dann« wahr ist. (Der Begriff »Tautologie« wird in der Umgangssprache auch in einem etwas weiteren Sinn gebraucht.)

Wir können diese einfachen Aussagesätze auch mit Großbuchstaben wiedergeben: »A oder nicht A«; »Wenn nicht (G oder W), dann (nicht G und nicht W)«; und »Wenn (wenn T, dann L), dann (wenn nicht L, dann nicht T)«. Jeder andere einfache Aussagesatz ließe sich durch A, G, W, T oder L ersetzen, und es wird immer bei einer wahren Aussage bleiben. »Entweder ist Gorbatschow ein Transvestit oder nicht«; »Da es nicht wahr ist, daß Georg oder Martha schuldig sind, sind sowohl Georg als auch Martha unschuldig«; »Da der Computerladen, wenn es regnet, immer geschlossen ist, regnet es nicht, wenn er geöffnet ist« – all diese Sätze sind tautologisch wahre Aussagen. Und diese besonderen Tautologien haben der Reihe nach sogar einen eigenen Namen: das Gesetz des ausgeschlossenen Dritten, das De Morgansche Gesetz und das Gesetz der Kontraposition.

Zur Formalisierung des Prüfprozesses, nach dem solche Aussagen als Tautologien beurteilt werden, haben Logiker für jede der Konjunktionen Regeln entwickelt bzw. Wahrheitstabellen, wie man im allgemeinen dazu sagt: Eine Aussage der Form »Nicht P« ist genau dann wahr, wenn P falsch ist; Aussagen der Form »P und Q« sind nur dann wahr, wenn sowohl P als auch Q wahr sind; Aussagen der Form »P oder Q« sind nur dann wahr, wenn von P oder Q mindestens eine wahr ist; und Aussagen der Form »Wenn P, dann Q« sind nur dann falsch, wenn P wahr und Q falsch ist. (Der Gebrauch von »Wenn – dann«-Implikationen ist auch in anderen, nichtmathematischen Kontexten üblich und dann allerdings ganz anders zu interpretieren. Für rein mathematische Zwecke ist es jedoch ganz praktisch, Wahrheit selbst einer Aussage zuzuschreiben, die so blödsinnig ist wie »Wenn der Mond aus grünem Käse wäre, dann wäre Bertrand Russell Papst«, einfach um festzustellen, daß überhaupt etwas aus einer falschen Aussage folgt.) Und schließlich noch Aussagen der Form »P wenn und nur wenn Q«, die nur wahr sind, wenn P und Q denselben Wahrheitswert haben, also entweder beide wahr oder beide falsch sind.

Schweifen wir ganz kurz zu zwei Rätseln ab. Sie lesen folgende Stellenanzeige für einen Posten an der mathematischen Fakultät: »Gesucht wird entweder eine enthusiastische und effektive Lehrkraft oder jemand, der aktiv in der Forschung tätig ist. Bewerbungen von enthusiastischen und effektiven Lehrkräften, die nicht auch aktiv in der Forschung tätig sind, können leider nicht berücksichtigt werden.« Was wird damit wirklich gesagt? Nun zum anderen Rätsel: Stellen Sie sich vor, Sie wären auf einer Insel, wo nur Leute leben, die entweder immer die Wahrheit sagen oder immer lügen. Sie stehen an einer Straßengabelung und wissen nicht weiter. Zufällig kommt einer der Insulaner vorbei; er hat aber nur für eine einzige Ja-oder-Nein-Frage Zeit. Ob er zu den ständigen Lügnern gehört oder zu denen, die immer die Wahrheit sagen, wissen Sie allerdings nicht. Welche Frage müßten Sie ihm stellen, um zu wissen, welche Straße zur Hauptstadt führt?

In der propositionalen Logik – dem Teil der mathematischen Logik, den ich hier beschreibe – ist das Gegenteil einer Tautologie eine Kontradiktion, eine Aussage, die kraft der Bedeutung ihrer logischen Konjunktionen immer falsch ist. »Waldemar ist glatzköpfig und Waldemar ist nicht glatzköpfig« kann als unwahr beurteilt werden, ohne daß man Waldemar oder seinen Haarwuchs kennen muß. Formale Kontradiktionen wie »A und nicht A« und »(C und nicht B) und (wenn C, dann B)« sind falsch, ganz gleich, welche einfachen Aussagesätze durch A, B und C substituiert werden. Die dritte und größte Kategorie von Aussagen in der propositionalen Logik umfaßt jene, die manchmal wahr und manchmal falsch sind, je nachdem, ob ihre Konstituenten wahr oder falsch sind. Prüfen wir doch einmal eine Wahrheitstabelle wie die folgende für »A und (B oder nicht A)«:

A	B	A	und	(B	oder	nicht	A)
W	W	W	W	W	W	F	W
W	F	W	F	F	F	F	W
F	W	F	F	W	W	W	F
F	F	F	F	F	W	W	F

Die Spalten unter A und B listen die vier Zuordnungen von wahr und falsch auf, die für dieses Symbolpaar möglich sind. Die erste Reihe ist so zu interpretieren, daß die Aussage »A und (B oder nicht A)« als ganze wahr ist (was mit dem unterstrichenen W angezeigt wird), wenn immer A und B zusammen wahr sind. Die Reihen zwei bis vier lassen erkennen, daß die Aussage für jede andere Zuordnung von Wahrheitswerten, die man A und B gibt, falsch ist. (Die traditionellen Symbole für »und«, »oder« und »nicht« sind $\wedge$, $\vee$ und $\neg$, so daß das Ganze oben kurz $A \wedge (B \vee \neg A)$ ergibt. Ein einfacher Pfeil, $\rightarrow$, symbolisiert »wenn – dann«, ein in zwei Richtungen weisender Pfeil, $\leftrightarrow$, dient für »wenn und nur wenn«.)

Ob diese Aussage, die wir da eben geprüft haben, wahr oder falsch ist (wie sich ja herausstellt, hat sie dieselben Wahrheitswerte wie »A und B«), für diese Feststellung braucht man nicht unbedingt eine Wahrheitstabelle. Wahrheitstabellen sind eigentlich erst bei komplizierten Aussagen nötig, die verschachtelte Iterationen (Formeln innerhalb von Formeln) und viele mehr als nur zwei Sätze erfassende Symbole enthalten. Mit solchen Tabellen kann nicht nur bestimmt werden, ob willkürliche Aussagen Tautologien, Kontradiktionen oder Kontingenzen sind, sondern auch, ob gewisse Typen von Argumenten Bestand haben, wie wir sie z. B. von Lewis Carroll kennen. (Ein Beispiel aus dem Wunderland der Wirtschaft: Wenn die Anleihen steigen oder die Zinsen fallen, dann fallen entweder die Aktien oder es werden keine Steuern erhöht. Die Aktien gehen in den Keller, wenn und nur wenn die Anleihen steigen und Steuern erhöht werden. Wenn die Zinsen sinken, fallen die Aktienwerte nicht, oder die Anleihen steigen nicht. Deshalb werden entweder Steuern erhöht, oder die Aktien fallen und die Zinsen sinken.) Inzwischen sind die Verfahren zur Validitätsprüfung so zur Routine geworden, daß in die Hardware eines jeden Computers Schaltkreise für »und«, »oder« und »nicht« mit eingebaut werden und die Maschine in Nullkommanichts die Wahrheit komplexer Sätze und Bedingungen bestimmen kann.

Von geringem Nutzen sind Wahrheitstabellen bei Sätzen mit relationalen Wortkomplexen. (Siehe das Kapitel über *Quantoren.*) Die Aussagen »Alle Freunde von Mortimer sind meine Freunde«, »Oskar ist Mortimers Freund« und »Oskar ist mein Freund« müssen mit einzelnen Buchstaben symbolisiert werden – sagen wir mit P, Q und R –, wenn sie für die propositionale Logik in Betracht kommen sollen. Nur reflektieren sie dann nicht die Tatsache, daß P und Q die Aussage R mit einschließen, da dies nicht von der Bedeutung von »und«, »oder«, »nicht« und »wenn – dann« abhängt. Diese Implikation ist nur in der Prädikatenlogik erfaßt, die nicht nur die propositionale Logik, sondern auch die Logik relationaler Ausdrükke (»ist ein Freund von«) und die mit ihnen verbundenen Quantoren (»alle Freunde«) in sich einschließt. Dies ist ein so riesiges Gebiet, daß es, wie Alonzo Church, ein amerikanischer Logiker, bewiesen hat, niemals ein Rezept geben kann (so wie die Methode mit den Wahrheitstabellen etwa), um die Gültigkeit von Sätzen oder Argumenten zu bestimmen.

(Und nun zu den Lösungen der beiden Rätsel: Mit etwas Nachdenken wird man dahinterkommen, daß sich die hochgeschraubten Anforderungen herunterschrauben lassen und es genügt, wenn man aktiv in der Forschung tätig ist. Rechnerisch ergibt sich dasselbe, denn welchen Wahrheitswert man auch immer E (für enthusiastisches und effektives Unterrichten) und F (aktive Forschungsarbeit) zuordnet, herauskommt in jedem Fall, daß $(E \vee F) \wedge \neg (E \wedge \neg F)$ den selben Wahrheitswert wie F hat. Und was die passende Frage an den Insulaner betrifft, von dem keiner weiß, ob er lügt oder die Wahrheit sagt, so könnte eine lauten: »Ist es der Fall, daß die linke Straße zur Hauptstadt führt, wenn und nur wenn Sie einer sind, der die Wahrheit sagt?« Wenn die linke Straße zur Hauptstadt führt, wird sowohl der Lügner als auch der, der die Wahrheit sagt, mit Ja antworten, und mit Nein, wenn sie nicht zur Haupstadt führt. Die Frage könnte auch so gestellt werden: »Wenn ich Sie fragen sollte, ob die Straße dort links zur Hauptstadt führt, würden Sie dann Ja sagen?« Wieder wird sowohl der Lügner als auch der, der die Wahrheit sagt, dieselbe Antwort geben.)

Topologie

Vorweg eine kleine Geschichte über Woody Allens »falsche Gummitintenkleckse«, die ihm zufolge ursprünglich einen Durchmesser von nahezu 3,5 m hatten, so daß eigentlich niemand auf sie hereinfallen konnte. Später konnte jedoch ein Physiker aus der Schweiz »beweisen, daß die Größe eines bestimmten Objekts reduziert werden kann, und zwar ganz einfach dadurch, daß man es ›kleiner macht‹, eine Entdeckung, die das ganze Geschäft mit den Tintenklecks-Falsifikaten revolutionierte.« Dies klingt wie eine Parodie der Topologie, deren Erkenntnisse auf dem ersten Blick fast selbstverständlich erscheinen. In Wirklichkeit versteht man darunter einen Zweig der Geometrie, der sich nur mit jenen Grundeigenschaften geometrischer Figuren beschäftigt, die unverändert bleiben, wenn die Figuren gedreht, verzerrt, gestreckt, gestaucht, ja überhaupt irgendwie »verkrüppelt« werden, solange sie nicht zerrissen oder zerschnitten werden.

Statt einer technischen Beschreibung und Definition von »Verkrüppelungen« gebe ich lieber ein paar Beispiele. Größe und Umfang sind keine topologischen Eigenschaften, denn durch Zusammenziehen oder Ausdehnen können Kugeln (oder Gummitintenkleckse), ohne sie zu zerstören, einfach kleiner oder größer gemacht werden, wie ja schon Woody Allens Physiker beobachtet hat. Stellen Sie sich vor, Sie würden einen Ballon aufblasen oder die Luft aus ihm herauslassen. Auch Form und Gestalt sind keine topologischen Eigenschaften, da sich ein runder Ballon (oder ein seltsam geformter

Gummitintenklecks) so zusammendrücken läßt, daß daraus ein Ellipsoid oder ein Würfel oder sogar die Gestalt eines Kaninchens wird.

Weil die Eigenschaften eines Gummituchs topologisch sind – d. h., man kann es in die Länge ziehen, zusammendrücken und verformen, wie man will, ohne daß die Eigenschaften darunter leiden –, bekam die Topologie den Spitznamen »Gummituch-Geometrie«. (Da fällt mir wieder mein Mathe-Lehrer in Milwaukee ein, bei dem ich mal einen Kurs über »Moderne Mathematik« belegt habe; daß wir ihm manchmal nur schwer folgen konnten, lag seiner Ansicht nach nur daran, daß wir keinen Schimmer von der Gummituch-Geometrie hatten, und um zu zeigen, wie unbestreitbar recht er doch hatte, zog er immer ein dickes Gummiband in die Länge.)

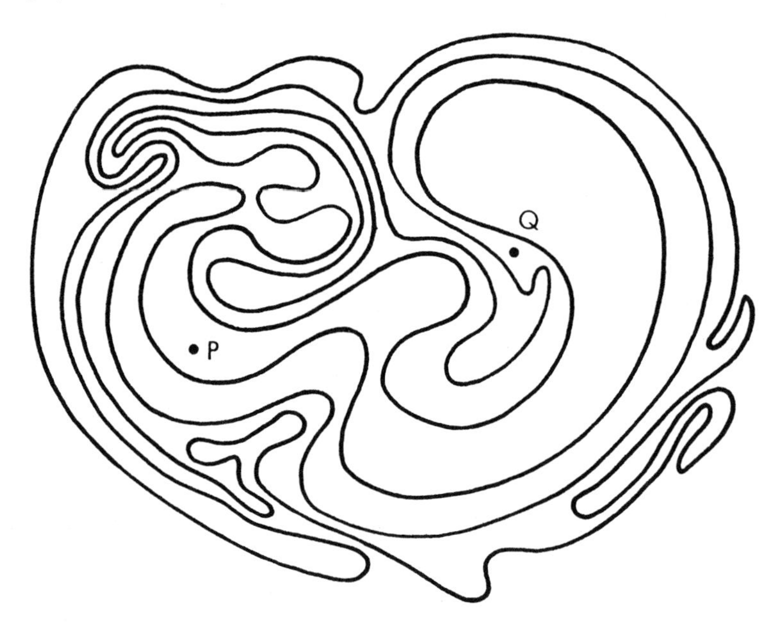

Eine geschlossene Kurve in einer Ebene teilt die Ebene in zwei Teile, in Innen und Außen.
Liegt P innen oder außen? Und Q?

Ob eine geschlossene Kurve im Raum, z. B. ein Stück Bindfaden, einen Knoten hat oder nicht, ist eine topologische Eigenschaft der Kurve im Raum. Daß eine geschlossene Kurve, die auf einer flachen Ebene liegt und so verschlungen sein kann, wie sie mag, die Ebene in zwei Teile teilt, nämlich in Innen und Außen, ist eine topologische Eigenschaft der Kurve in der Ebene. Ob eine geometrische Figur in ihrer Dimensionalität (d. h. in der Anzahl ihrer Dimensionen) begrenzt ist oder nicht und wenn ja, wie, sind ebenfalls topologische Eigenschaften. (Siehe das Kapitel über *Möbiusbänder und Orientierbarkeit.*)

Von einiger Bedeutung ist auch das Genus einer Figur. Dieses wird durch die Anzahl der Löcher bestimmt, die sie hat (das ist kein Witz!), oder – jetzt mehr aus der Metzgerperspektive – durch die Anzahl von Schnitten, die sie maximal verkraftet, ohne in zwei Teile zu zerfallen. Eine Kugel hat das Genus 0, da sie keine Löcher enthält und schon ein einziger Schnitt genügt, um aus ihr zwei Teile zu machen. Ein Torus (ein Brezenring oder eine reifenförmige Figur) hat das Genus 1, da er ein Loch hat und einen Schnitt vertragen kann, ohne zweigeteilt zu werden. Figuren vom Genus 2, wie z. B. Brillengestelle ohne Gläser, haben zwei Löcher und können zwei Durchschnitte verkraften, ohne daß aus ihnen gleich zwei Teile werden. Das läßt sich natürlich für Figuren, die ein höheres Genus haben, so fortsetzen.

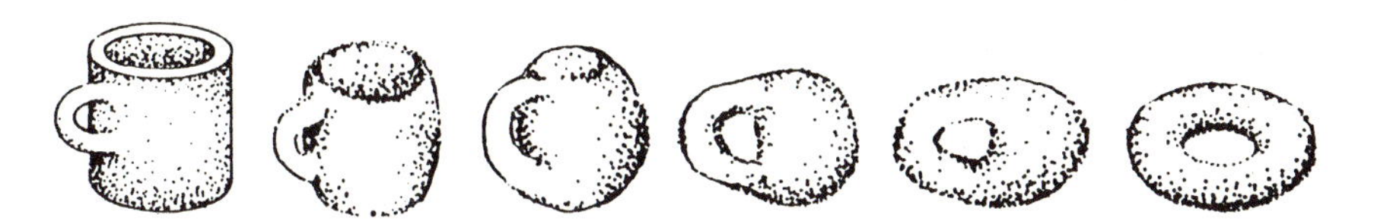

Eine Kaffeetasse mit einem Henkel wird allmählich in einen Brezenring verwandelt. Beide sind topologisch äquivalent.

Kugeln, Würfel und Felsen sind alle vom Genus 0 und topologisch äquivalent. Ein weiteres Beispiel für eine solche Äquivalenz könnte einem Topologen schon beim Frühstück in die Augen springen. Wahrscheinlich wäre es auch Henri Poincaré, einem der

Väter der Topologie (und Wegbereiter für Einsteins Relativitätstheorie), sofort aufgefallen, daß ein Brezenring und eine Kaffeetasse mit einem Henkel, beides Figuren vom Genus 1, topologisch äquivalent sind. Man muß sich nur vorstellen, daß die Kaffeetasse aus frischem Ton ist, so daß sie an den Seiten vorsichtig zusammengepreßt werden kann. Dann drückt man langsam etwas Ton von der Tasse zum Henkel, damit er dicker wird, und bearbeitet das Ganze noch ein Weilchen, bis der Brezenring perfekt und die topologische Äquivalenz unverkennbar ist. Im großen und ganzen sind auch Menschen vom Genus 1, also topologisch äquivalent zu einem Brezenring (dem Loch im Brezenring entspricht bei uns natürlich der Kanal vom Mund bis zum Anus, aber das ist vielleicht sogar für einen Topologen zuviel, wenn er gerade beim Frühstück sitzt).

Anwendung finden diese Ideen größtenteils in der Mathematik selbst. Oft kommt es in der theoretischen Arbeit hauptsächlich darauf an, zu wissen, daß eine Lösung existiert, und nicht unbedingt darauf, eine Methode zu haben, mit der man die Lösung findet. Um einen kleinen Eindruck von den sogenannten Existenzbeweisen zu bekommen, stellen Sie sich vor, ein Bergsteiger beginnt am Montag morgen um 6 mit dem Aufstieg und erreicht mittags um 12 den Gipfel. Am Dienstag morgen um 6 beginnt er den Abstieg und ist mittags um 12 wieder unten. Wie schnell oder wie gleichmäßig er an den beiden fraglichen Tagen vorankam, soll uns nicht interessieren; er kann am Montag ganz langsam hochgeklettert sein, mit vielen Pausen zwischendrin, und am Dienstag, nach einem gemütlichen Rundgang um den Gipfel, in halsbrecherischem Tempo heruntergeeilt, die letzten 500 Meter sogar buchstäblich auf dem Hosenboden heruntergerutscht sein. Uns interessiert nur die Frage: Ist es sicher, daß es an beiden Tagen einen Zeitpunkt zwischen 6 Uhr morgens und 12 Uhr mittags gibt, wo der Bergsteiger genau auf derselben Höhe ist, egal wie er jeweils vorankommt?

Die Antwort ist Ja und der Beweis einsichtig und überzeugend. Sie müssen sich nur vorstellen, Aufstieg und Abstieg werden von zwei Bergsteigern gleichzeitig gemacht und bis ins Detail genau wiederholt. Beide beginnen ihren Marsch um sechs Uhr am Morgen desselben Tages, der eine unten, der andere oben am Gipfel, und jeder macht genau nach, wie der erste Bergsteiger ursprünglich jeweils am Montag und Dienstag geklettert ist. Da sich beide in entgegengesetzter Richtung bewegen, werden sie natürlich aneinander vorbeikommen und in diesem Moment auf gleicher Höhe sein. Da sie den Auf- und Abstieg nur wiederholen, können wir sicher sein, daß unser erster Bergsteiger an den beiden Tagen zur gleichen Zeit auf der gleichen Höhe war.

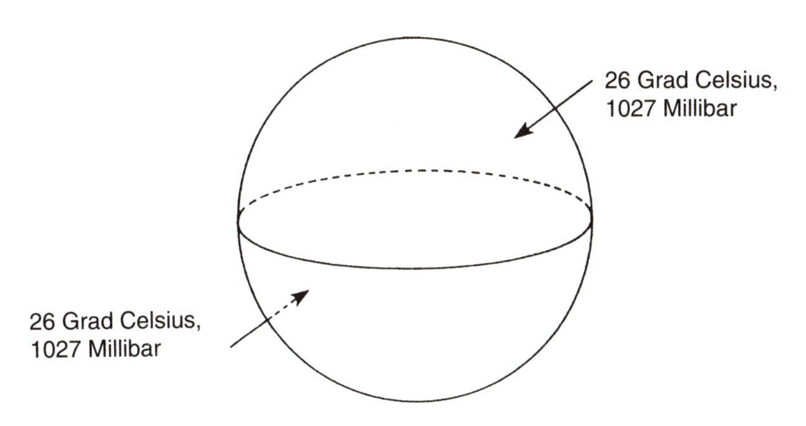

Es gibt immer ein antipodisches Punktepaar, wo der eine Punkt genau die gleiche Temperatur und den gleichen Luftdruck hat wie der andere.

Ein nicht so ganz einsichtiges Beispiel für einen Existenzsatz ist die Aussage, daß es zu jeder Zeit antipodische (genau gegenüberliegende) Punkte auf der Erde gibt, die die gleiche Temperatur und den gleichen Luftdruck haben. Diese Punkte sind ständig in Bewegung, und obwohl wir keine Möglichkeit haben, sie aufzuspüren, können wir beweisen, daß sie immer existent sind. Dies ist kein meteorologisches, sondern ein mathematisches Phänomen. Ein anderes Beispiel: Legen Sie ein rechteckiges Stück Seidenpapier so in eine Schachtel, daß es den Boden ganz bedeckt. Dann knüllen Sie es zu einem kleinen Ball zusammen und lassen es in der Schachtel, wo es sich von selbst aufknüllen wird. Topologisch gesehen können Sie sicher sein, daß sich mindestens ein Punkt des Papiers direkt über demselben Punkt auf dem Boden der Schachtel befindet, über dem er auch war, bevor Sie das Papier zusammengeknüllt haben. Es ist absolut sicher, daß ein solcher fixer Punkt existiert.

Manchmal führen Theoreme wie diese zu konkreten und praktischen Entwicklungen, wie z. B. in der Graphen- und Netzwerktheorie, Bereichen, die sich u. a. mit mathematischen Idealisierungen von Straßennetzen befassen. Doch häufiger tragen sie, wie gesagt, zu theoretischen Fortschritten in anderen Bereichen der Mathematik bei. Die algebraische Topologie z. B. nutzt topologische und algebraische Ideen, um verschiedene geometrische Strukturen charakterisieren zu helfen, während sich die Differentialtopologie einer Reihe von Techniken aus der Differentialrechnung und der Topologie bedient, um damit ganz allgemeine Arten von höherdimensionalen, mannigfaltigen Oberflächen zu untersuchen. Und die Katastrophentheorie, ein Zweig der Differentialtopologie, befaßt sich mit der Beschreibung und Klassifizierung von Diskontinuitäten – sprunghaften Änderungen, Unterbrechungen, Umschwüngen. Sie sehen, falsche Gummitintenkleckse machen noch längst keine Topologie.

Trigonometrie

Die Trigonometrie, eine Errungenschaft der Griechen, wurde schon von Eratosthenes zur Berechnung des Erdumfangs benutzt; auch Aristarch, der als erster die Entfernungen von Sonne und Mond zur Erde zu bestimmen versuchte, befaßte sich mit ihrer antiken Form, der Sehnenrechnung. Jahrhundertelang diente sie den Astrologen zur Berechnung der Stern- und Planetenkonstellationen und zur Aufzeichnung ihrer Horoskope; selbst heute schlachten viele noch das geheimnisvolle Image der Himmelstrigonometrie bis ins letzte aus, um die Haltlosigkeit ihrer astrologischen Erkenntnisse zu vertuschen. Auch wenn es zunächst nicht sehr verlockend klingen mag, so geht es mir hier primär um den elementaren Teil der Trigonometrie, d. h. um rechte Winkel und die Verhältnisse ihrer verschiedenen Seiten. Da dies wohl auch immer noch mit dem Lehrplan übereinstimmen dürfte (und wahrscheinlich immer noch viel zu sehr im Vordergrund steht), sollten wir in den sauren Apfel beißen und uns einem kanonischen Beispiel zuwenden: Angenommen, Sie stehen 80 m weit vom Fuß eines Fernsehturms entfernt und müssen seine Höhe wissen. Nehmen Sie außerdem an, daß der Elevationswinkel des Turms – damit ist der Winkel zwischen Ihrem Blick geradeaus und dem Blick hoch zur Turmspitze gemeint – 45 Grad beträgt. Wie hoch ist nun der Turm?

Grundlegend für die elementare Trigonometrie ist die Erkenntnis, daß ähnliche Dreiecke (Dreiecke mit proportionalen Seiten) eine ganz besondere Beschaffenheit haben. Das heißt, wenn man das

Verhältnis einer Seite zur anderen in einem dieser Dreiecke bestimmt, wird man feststellen, daß es gleich dem Verhältnis der entsprechenden Seiten in jedem anderen ähnlichen Dreieck ist. In einem rechtwinkligen Dreieck, dessen andere beide Winkel jeweils 45 Grad betragen (die Winkelsumme eines Dreiecks ist, wie Sie wissen, immer 180 Grad, und ähnliche Dreiecke stimmen in den entsprechenden Winkeln immer überein), ist das Verhältnis der beiden kürzeren Seiten immer 1 zu 1, egal wie groß oder klein das Dreieck ist. Nun ist es für Sie ein leichtes zu folgern, daß der Fernsehturm, von dem Sie 80 m entfernt sind, 80 m hoch sein muß.

Allgemein gilt für ein rechtwinkliges Dreieck, daß der Tangens eines spitzen Winkels (eines Winkels unter 90 Grad) das Verhältnis der Gegenkathete zur Ankathete ist. Demnach ist in unserem Beispiel der Tangens des Elevationswinkels das Verhältnis der Höhe des Fernsehturms zu Ihrer Entfernung von ihm, und wenn dieser Winkel, wie gesagt, 45 Grad ist, dann ist der Tangens 1 zu 1, als Quotient ausgedrückt, 1/1 oder einfach 1. Wenn Sie 80 m vom Turm entfernt stehen, der Elevationswinkel aber nur 20 Grad beträgt, dann können Sie in einer Trigonometrie-Tabelle nachschlagen und feststellen, daß der Tangens dieses Winkels ungefähr 0,36 zu 1 ist oder einfach 0,36. In diesem Fall wäre der Fernsehturm nur $0{,}36 \times 80$ m hoch, was etwa 29 m sind.

Der Tangens eines Winkels ist nur eine von vielen trigonometrischen Funktionen, die Seitenverhältnisse und Zahlen mit Winkeln verbinden – und deren Namen wie Sinus, Kosinus etc. eine, wie ich finde, etwas einschläfernde Wirkung haben (warum eigentlich nicht »Somnux« für Sinus von X?). Häufig kennen wir schon einen bestimmten Winkel und eine bestimmte Länge, so daß wir mit diesen Funktionen die anderen, unbekannten Winkel oder Längen herausfinden können. Der Sinus eines spitzen Winkels in einem rechtwinkligen Dreieck ist definiert als das Verhältnis der Gegenkathete zur Hypotenuse (der dem rechten Winkel gegenüberliegenden Seite), der Kosinus eines Winkels als das Verhältnis der Ankathete zur Hypotenuse. Im Fall eines 45-Grad-Winkels sind Sinus und Kosinus gleich (beide ungefähr 0,71), wohingegen bei einem 20-Grad-Winkel der Sinus 0,34 und der Kosinus 0,94 ist. Mathematisch schreibt

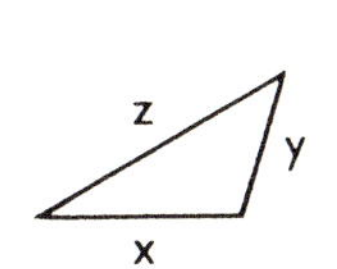

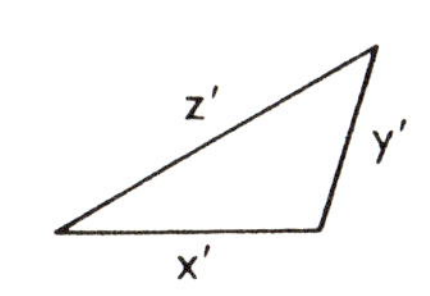

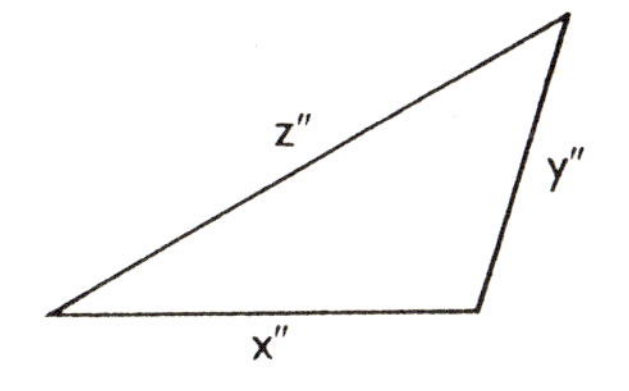

In ähnlichen Dreiecken stehen die sich entsprechenden Seiten im gleichen Verhältnis zueinander.

$$\frac{x}{y} = \frac{x'}{y'} = \frac{x''}{y''}; \frac{y}{z} = \frac{y'}{z'} = \frac{y''}{z''}; \frac{z}{x} = \frac{z'}{x'} = \frac{z''}{x''}$$

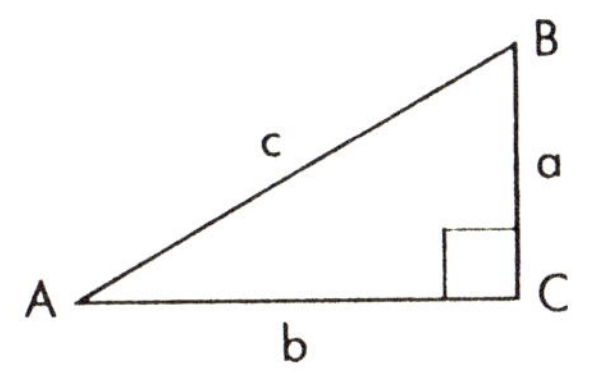

Rechtwinkliges Dreieck

Der Tangens des Winkels A ist $\frac{a}{b}$; $\tan(A) = \frac{a}{b}$.

Der Sinus des Winkels A ist $\frac{a}{c}$; $\sin(A) = \frac{a}{c}$.

Der Kosinus des Winkels A ist $\frac{b}{c}$; $\cos(A) = \frac{b}{c}$.

Die allgemeinsten trigonometrischen Funktionen

man $\sin(20°) = 0{,}34$ und $\cos(20°) = 0{,}94$; und $\tan(20°) = 0{,}36$, $\tan(45°) = 1$.

Die Werte für die trigonometrischen Funktionen eines jeden Winkels findet man entweder in den Trigonometrie-Tabellen, die extra dafür da sind, oder mit Hilfe von Formeln für unendliche Reihen (siehe das Kapitel über *Reihen – Konvergenz und Divergenz*) oder indem man einfach die entsprechenden Tasten auf einem Taschenrechner drückt. Tabellen, Formeln, Taschenrechner – all das hatte man in der Antike und im Mittelalter nicht; man mußte komplizierte geometrische Methoden zu Hilfe nehmen, wenn man den Sinus, Kosinus und Tangens von Winkeln wissen wollte, doch die Überlegungen dazu unterschieden sich nicht allzusehr von denen, die heute in der Geodäsie, Navigation und Astronomie gang und gäbe sind – freilich auch nicht von denen, die wir in unserem Beispiel mit dem Fernsehturm angestellt haben.

Damit in dieser Hinsicht nicht irgendein Schlaumeier einen falschen Schluß zieht, sollte ich vielleicht ausdrücklich erwähnen, daß der Sinus eines 60-Grad-Winkels nicht zweimal der Sinus eines 30-Grad-Winkels ist oder dreimal der Sinus eines 20-Grad-Winkels. Dasselbe gilt natürlich auch für den Kosinus und Tangens. Trigonometrische Funktionen haben kein linear proportionales Wachstum. Und noch etwas: Da sie Funktionen sind und keine Produkte, wäre es eine mathematische Sünde, wenn man den Term $\sin(20°)20°$ durch Kürzen von 20° zu einem einfachen sin umformen würde; abgesehen davon wäre es barer mathematischer Unsin(n). (Siehe das Kapitel über *Funktionen.*)

Oft passiert es ja, daß sich der Brennpunkt einer wissenschaftlichen Disziplin verschiebt und Definitionen verallgemeinert werden. Im Fall der Trigonometrie mußte es sein, um den Definitionsrahmen der trigonometrischen Funktionen so zu vergrößern, daß auch nicht-rechtwinklige Dreiecke und stumpfe Winkel (Winkel über 90 Grad) trigonometrisch behandelt werden konnten. Diese umfassenderen Definitionen verbinden die elementare Trigonometrie mit ihren moderneren Erscheinungen.

Der Sinus eines Winkels variiert zwischen einem Maximum von 1 und einem Minimum von −1. Für einen Winkel von 0 Grad ist der Sinus natürlich auch 0; er wächst an und wird ständig, aber nicht linear, größer, bis er für einen Winkel von 90 Grad ein Maximum von 1 erreicht; dann nimmt er ab und wird für einen Winkel von 180 Grad wieder 0, um nun immer mehr negativ zu werden, bis zu einem Minimum von −1 für 270 Grad, von wo aus er allmählich wieder zu 0 für 360 Grad zurückkehrt; diesen Zyklus durchläuft er dann von neuem für Winkel größer als 360 Grad. (Ein Winkel von 370 Grad ist von einem von 10 Grad nicht zu unterscheiden.) Graphisch dargestellt führen diese periodischen Schwankungen zu dem bekannten wellenförmigen Verlauf einer Sinuskurve, die viele physikalische, insbesondere elektrische Phänomene beschreibt.

Die moderne Trigonometrie befaßt sich hauptsächlich mit der Periodizität und anderen Eigenschaften trigonometrischer Funktionen, weniger mit deren Interpretation als proportionale Verhältnisse. In seiner bahnbrechenden Untersuchung zur Wärmetheorie summierte der französische Mathematiker Joseph Fourier die Sinus- und Kosinusfunktionen verschiedener Frequenzen (verschiedene Grade von »Schlangenlinigkeit«), um das Verhalten periodischer, aber nichttrigonometrischer Funktionen nachzuahmen. Man kann sich das analog so vorstellen, daß man die Klänge zweier Stimmgabeln, die mit unterschiedlichen Frequenzen schwingen, kombiniert, um einen Klang zu erhalten, der die »Summe« beider Klänge ist. Solche Summierungsverfahren ermöglichen es uns, durch Approximation große Klassen von wichtigen, selbst nichtperiodischen Funktionen mit unendlichen Fourierreihen annähernd zu bestimmen. Inzwischen sind solche Fourierreihen, mit denen man schon seit fast zwei Jahrhunderten arbeitet, aus der Wissenschaft und Technik nicht mehr wegzudenken; auch in der reinen Mathematik haben sie für Furore und tiefsinnige Theoreme gesorgt.

Zu meiner Zeit wurde im Trigonometrie-Unterricht übermäßig viel Zeit darauf verwendet, die formalen Manipulationen einzupauken, die notwendig sind, um trigonometrische Identitäten zu beweisen. Von entscheidender Bedeutung sind jedoch nur ein paar dieser Identitäten, die die völlige, unbedingte Gleichheit des einen Ausdrucks mit einem anderen komplizierten trigonometrischen Ausdruck anzeigen. Die wichtigste dürfte wohl die sein, die auf der Aussage beruht, daß das Quadrat des Sinus eines Winkels addiert zum Quadrat des Kosinus desselben Winkels immer 1 ist. Prüfen wir das mit den bereits erwähnten Werten nach, dann stimmt es sowohl für den 45-Grad-Winkel, wo $0{,}71^2 + 0{,}71^2 = 1$ ist, als auch für den 20-Grad-Winkel, wo $0{,}34^2 + 0{,}94^2 = 1$ ist.

Zu guter Letzt noch ein kleines Rätsel zum Kopfzerbrechen und eine alberne Anekdote. Das Rätsel ist natürlich aufgrund der allgemeinen Verbreitung von Digitaluhren etwas altmodisch, so wie Ihre Armbanduhr, die noch Zeiger hat. Sie schauen auf Ihre Uhr und stellen fest, daß es 3 Uhr ist. Wie lange wird es dauern, bis der Minutenzeiger den Stundenzeiger aufholt? Einfach zu sagen 15 bis 20 Minuten ist zu ungenau. Also bitte ganz präzis. Und nun zum

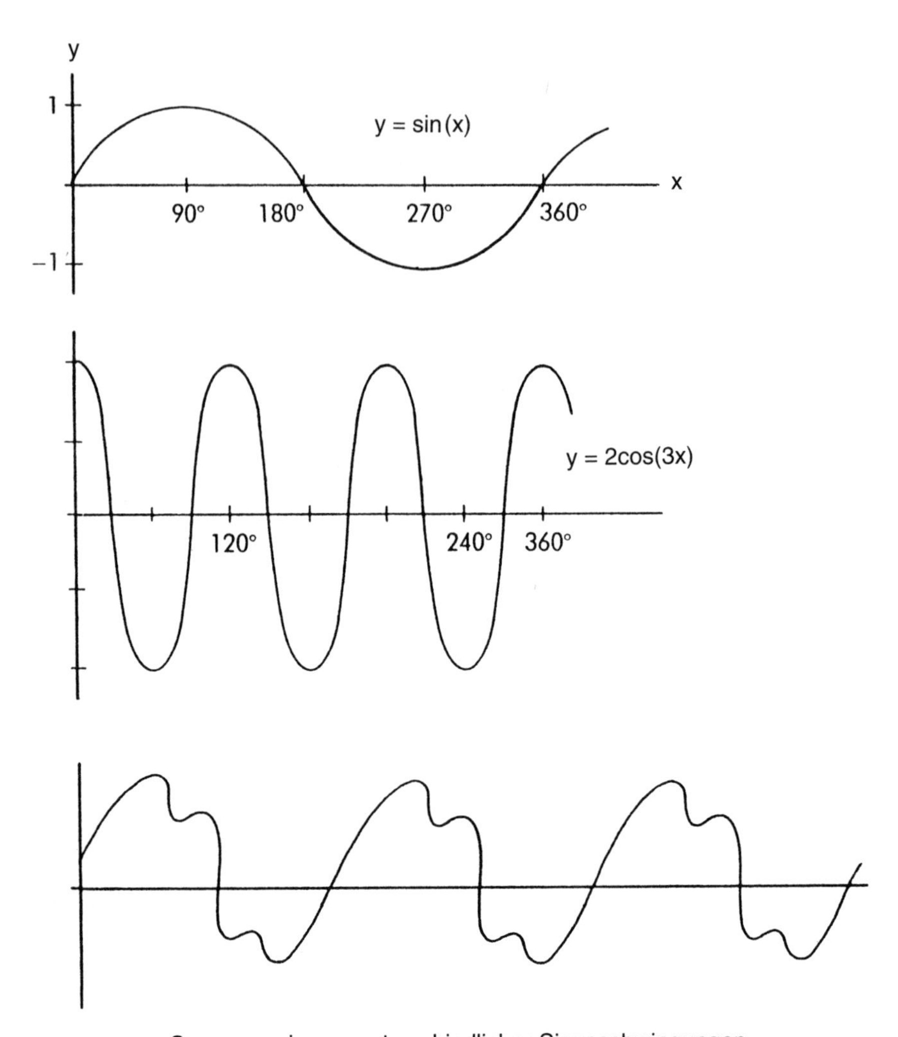

Summe mehrerer unterschiedlicher Sinusschwingungen

Anekdötchen: Vor kurzem hörte ich im Radio einer psychologischen Beratungssendung zu. Der Psychologe hatte einen dieser Provinzschauspieler zu Gast, die man von der Mattscheibe her kennt; ein Quasselfritze, der mir mit seinem pausenlosen Gerede ganz schön auf den Geist ging, wie er vor lauter Drogen- und Alkoholkonsum irgendwann völlig am Boden zerstört war, dann aber mit wachsender Spiritualität und mit einem Aufenthalt in einer Reha-Klinik darüber hinwegkam; und der dem Ganzen dann noch eins draufsetzte: »... und nun ist es mir endgültig geglückt, meinem Leben eine Wende um 360 Grad zu geben«.

(Des Rätsels Lösung ist: Gehen wir einmal von dem Winkel aus, den der Stundenzeiger beschrieben hat, wenn der Minutenzeiger ihn einholt, und benennen wir den Winkel einfach mit x. Da währenddessen der Minutenzeiger 12mal soweit wandert (er macht einen kompletten Umlauf, während der Stundenzeiger sich nur zwischen 3 und 4 bewegt, 1/12 des Wegs um das Zifferblatt), ist der Winkel, den der Minutenzeiger durchlaufen hat, 12mal so groß, also 12x. Jetzt haben wir aber noch eine andere Möglichkeit, den Winkel auszudrücken, den der Minutenzeiger durchmißt, nämlich $x + 90°$, also den Winkel x, den der Stundenzeiger beschreibt, plus die 90°, die der Stundenzeiger auf dem Zifferblatt bis 3 Uhr zurückgelegt hat, wenn wir davon ausgehen, daß seine Nullstellung ganz oben bei null Uhr ist. Wenn wir nun diese beiden möglichen Beschreibungen des Winkels, den der Minutenzeiger durchlaufen hat, gleichsetzen, erhalten wir $12x = x + 90°$. Lösen wir die Gleichung auf, dann ist $x = 8{,}1818°$. Jetzt müssen wir nur noch Grade in Minuten und Sekunden übersetzen ($90° = 15$ Minuten), und schon haben wir die präzise Antwort: Um 3:16:22 Uhr holt der Minutenzeiger den Stundenzeiger ein.)

Turing-Test und Expertensysteme

Der englische Mathematiker und Logiker Alan M. Turing behandelte in einer Reihe zukunftsweisender Arbeiten Probleme der Logik und theoretischen Informatik. Schon 1936, als es noch gar keine programmierbaren Computer gab, beschrieb er die logische Struktur, die solche Maschinen besitzen müßten. Seine Beschreibung eines idealisierten Computers spezifizierte mit mathematischen Begriffen die Beziehungen zwischen den Eingaben, Ausgaben, Aktionen und Zuständen eines solchen Apparats, den man später Turing-Maschine nannte. Er behauptete außerdem, daß es keine Rolle spielt, aus welchem physikalischen Substrat eine solche Maschine besteht; ob aus Neuronen, Silikonchips, Legosteinen oder sonstigem Zeug, sei völlig egal. Entscheidend seien allein Muster und Struktur. Das Material ist dabei im wesentlichen unwesentlich, um es mal so zu sagen.

Während des 2. Weltkriegs tüftelte Turing zusammen mit anderen im Auftrag der englischen Regierung an kryptographischen Problemen, um den Code des deutschen Oberkommandos knacken zu helfen, was schließlich auch gelang. Anschließend wandte er sich wieder der abstrakten Arbeit zu. 1950 äußerte er dann in einer bekannten Arbeit den Vorschlag, daß die unklare Frage, ob Computer eine Art Bewußtsein haben könnten, durch die weniger metaphysische Frage ersetzt werden sollte, ob ein Computer so programmierbar wäre, daß ein Mensch glauben würde, er hätte es mit einem anderen Menschen zu tun. Es müßte also jemand über einen Bildschirm Ja-Nein-Fragen oder Multiple-Choice-Fragen sowohl an einen entsprechend gut programmierten Computer als auch an eine andere Person richten und dann bestimmen, welche Antworten vom Computer und welche von der anderen Person sind. Wenn der Fragesteller das nicht kann, hat der Computer den Test bestanden. Oftmals hat dieser sogenannte Turing-Test die Form einer Unterhaltung. Versetzen Sie sich einmal selbst in die Rolle des Fragers und versuchen Sie, die Konversation mit zwei Gesprächspartnern über einen Monitor in Gang zu halten. Und Sie müssen natürlich entscheiden, wessen Hardware (oder Physiologie) auf Silizium und wessen auf Kohlenstoff aufgebaut ist (eine diesbezüglich sehr anregende Analogie zwischen der in der Computerwissenschaft üblichen Unterscheidung von Hardware und Software und der Unterscheidung von Gehirn und Geist in der Philosophie hat der amerikanische Philosoph Hilary Putnam entwickelt).

Die Kriterien für das Bestehen des Turing-Tests sind wesentlich klarer, wie immer man sie ausdrückt, als jene für das »Bewußtsein« einer Maschine. Aber trotz Turings Vorhersage, daß ein Computer spätestens bis zum Jahr 2000 seinen Test bestehen würde, ist es bislang noch keinem auch nur annähernd gelungen. Daran wird sich in absehbarer Zeit bestimmt nichts ändern; die »Konversationsfähigkeit« eines Computers wird seine mechanische Seele rasch entlarven. Was wir an »stillem Wissen« besitzen, ist für unsere Möchtegern-Nachahmer unerreichbar. Wir wissen, daß Katzen nicht auf Bäumen wachsen, Senf nicht in Schuhe gehört, Zahnbürsten nicht 3 m lang sind und in Computerläden verkauft werden und Regenmäntel, selbst wenn Pelzmäntel aus Pelz und Baumwolljacken aus Baumwolle sind, nicht aus Regentropfen hergestellt werden. Man müßte nur ein paar von diesen zig Zillionen (d. h. unendlich vielen) uns Menschen vertrauten Selbstverständlichkeiten fragen, um die Hochstapler-Maschine auffliegen zu lassen.

Um das enorme Ausmaß der Programmierarbeit noch von einer anderen Seite zu beleuchten, kann man sich z. B. folgende Situation vorstellen: Im Verlauf der Unterhaltung mit den beiden Gesprächspartnern spielt unser Fragesteller auf jemanden an, der sich an den Kopf faßt. Wie soll ein Computer die mögliche Bedeutung dieser Geste beurteilen? Sie kann bedeuten, daß diese Person Kopfweh hat; oder fassungslos ist, weil sie wieder mal danebengeschossen hat; oder ihre Nervosität verbergen will; oder Angst hat, das Haarteil zu verlieren; oder unendlich viel anderes, abhängig von unendlich vielen, immerzu sich verändernden menschlichen Kontexten.

Natürlich gibt es sogenannte Expertensysteme, Programme für ganz besondere Zwecke, die alles machen, von molekularen Analysen bis zu medizinischen Diagnosen, von der Urkundenerstellung (ich habe eins, das entwirft Testamente) bis zu komplizierten Statistikauswertungen; sie halten Verbindung zu Mammutdatenbanken, spielen Schach und weiß Gott was alles. Ein klassisches Programm (wenn man das von einer so jungen Entwicklung auf einem so jungen Sektor sagen kann) ist das berühmte »Doktor«-Programm ELIZA von Joseph Weizenbaum, das sogar das Ausweichen vor den Fragen eines nicht lockerlassenden Psychotherapeuten nachahmt und für ein, zwei Minuten nicht nur ganz amüsant, sondern auch ganz ordentlich ist.

Geschrieben werden solche Expertensysteme von »Wissensingenieuren« (wenn es je einen fürchterlichen Begriff gegeben hat, dann jenen). Diese Leute sind ganz spezielle Programmierer, die in der artifiziellen Intelligenz zu Hause sind (Programmierungen, die so entwickelt sind, daß Antworten induziert werden, die, kämen sie von einem Menschen, für intelligent gehalten würden). Sie holen sich von anderen Experten auf einem bestimmten Gebiet, z. B. in der Erdöl-Geologie, etwas von deren Know-how und versuchen es dann in eine für den Computer passende Form zu bringen: lange Listen von Aussagen über Gesteine wie »Wenn A, B oder C, dann D; anderenfalls E, wenn nicht F« und komplizierte Netzwerke von untereinander zusammenhängenden geologischen Fakten. Wenn alles gutgeht, wird das Expertensystem dann auf Fragen, wo nach Erdöl gebohrt werden soll, Antwort geben können.

Ist es bei all diesen beeindruckenden und schwerverständlichen Dingen, die für Computer nur Routine sind, nicht um so bemerkenswerter, daß eine leichtverständliche Konversation, ein Plausch, ein Scherz, eine Spöttelei erwiesenermaßen eine solche

Resistenz gegen die Computersimulation besitzen? (Siehe das Kapitel über *Komplexität bei Programmen.*) Die Flugbahnen von Interkontinentalraketen zu simulieren ist einfach, verglichen mit der Simulation von Familientratsch, denn dazu braucht es ein unvergleichlich flexibleres Allzweck-Programm. Ich habe schon vielen Unterhaltungen gelauscht, wo Leute dabei waren, die sich schwertun würden, ihrerseits den Turing-Test zu bestehen, so daß ich meinen Human-Chauvinismus vielleicht etwas mäßigen sollte. Aber ich finde es ermutigend, daß viele, die auf dem Gebiet der AI (häufiges Kürzel für *artificial intelligence*) tätig sind, also daran arbeiten, Maschinen einen Anstrich von allgemeiner Intelligenz zu geben, allem Anschein nach die menschliche Komplexität mehr respektieren und deutlicher als manch ein Theoretiker und Schreiberling.

Ob die AI über die ganz speziellen Zwecke dienenden Expertensysteme hinauskommen und wahr machen wird, was sie verspricht (androht?), oder letztlich als ein Teil eines großen, ausgemachten intellektuellen Schwindels angesehen werden wird, wird wahrscheinlich noch lange nicht geklärt werden. Sollte echte AI tatsächlich erreicht werden, sollten wir lieber darüber staunen, wie lebensecht diese Maschinen dann geworden sind, und nicht, wie mechanisch wir immer gewesen sind. Wir sollten von uns nicht denken, daß wir Automaten sind, deren mechanistische Lebensgrundlage von unseren Computer-Abkömmlingen aufgedeckt wird, sondern menschliche Pygmalions, die Computer-Galateas zum Leben erwecken.

Unendliche Mengen

Endlich kommen Sie im Hotel an, sind verschwitzt, ausgelaugt und nicht gerade bester Laune. Die wird nicht besser, als Sie an der Rezeption zu hören bekommen, daß man keine Reservierung vorliegen hat und das Hotel belegt ist. »Nichts zu machen. Tut mir leid«, heißt es in offiziösem Ton. Nun, Sie könnten sich ja auf eine Argumentation einlassen und zu dem an der Rezeption in genauso offiziösem Ton sagen, das Problem bestehe nicht darin, daß jedes Zimmer belegt, sondern daß ihre Anzahl begrenzt, also endlich ist. Wäre das Hotel belegt, aber unendlich, könnte er ja die Gäste von Zimmer 1 in Zimmer 2 legen und die aus Zimmer 2 in Zimmer 3, aus dem die anderen schon raus und in Zimmer 4 sind, usw. usw. Um es auf einen generellen Nenner zu bringen: Die Gäste in Zimmer n kämen in Zimmer $(n + 1)$ für alle Zahlen n. Mit dieser Aktion würde keinem Gast ein Zimmer weggenommen und dennoch Zimmer 1 frei. Und da könnten Sie ja dann rein.

Zu den unendlichen Mengen gehören viele Eigenschaften, die endliche Mengen nicht haben und die dem gesunden Menschenverstand nicht zugänglich sind. Eine unendliche Menge kann immer in eine Eins-zu-Eins-Entsprechung mit einer Teilmenge ihrer selbst gebracht werden. Wenn wir, was am Hotelszenario oben zu sehen ist, die Zahl 1 aus der Menge der ganzen Zahlen herausnehmen, dann bleiben genauso viele Zahlen übrig (2, 3, 4, 5, . . .), wie ganze Zahlen insgesamt vorkommen (1, 2, 3, 4, . . .). Desgleichen kommen genauso viele gerade Zahlen vor wie ganze Zahlen; desgleichen auch genauso viele ganze Zahlen, die ein Vielfaches von 17 sind, wie ganze Zahlen an und für sich. Letzteres wird klar, wenn man sich folgende Paarung ansieht: 1, 17; 2, 34; 3, 51; 4, 68; 5, 85; 6, 102; usw.

Manch Kurioses, was mit unendlichen Mengen zusammenhängt, kannte man schon zu Galileis Zeiten. Systematisch untersucht wurde es aber erst von dem deutschen Mathematiker Georg Cantor. Ihm ist es hauptsächlich zu verdanken, daß die Mengenlehre zur allgemeinen Sprache abstrakter Mathematik wurde. Unendliche Mengen sind – wen wundert's? – ein sehr weitläufiges Thema, und ich will mich hier lediglich mit einer Unterscheidung befassen, die sehr nützlich ist und auf Cantor zurückgeht: Die Unterscheidung zwischen abzählbaren und nicht abzählbaren, sogenannten überabzählbaren unendlichen Mengen. In der mathematischen Analysis spielt diese Trennung eine sehr wichtige Rolle, und besonders schön sind die Beweise, die zu diesen Ideen gehören.

Eine Menge ist in abzählbarer Weise unendlich, wenn ihre Elemente irgendwie mit den positiven ganzen Zahlen in eine Entsprechung von eins zu eins gebracht und mit ihnen assoziiert werden können, ohne daß es irgendwelche Überbleibsel gibt. Wenn die Elemente einer Menge mit den positiven Zahlen in dieser Weise nicht zusammenpassen, dann sprechen wir von einer überabzählbar unendlichen Menge. Die Mengen, von denen bisher die Rede war, gehören zwar alle zur Kategorie der abzählbar unendlichen Mengen, aber bevor ich ein Beispiel für eine überabzählbar unendliche Menge nenne, will ich noch rasch auf einen Beweis von Cantor eingehen. Er zeigt, daß auch die Menge aller rationalen Zahlen trotz ihrer immensen Fülle und Dichte von abzählbarer Unendlichkeit ist. Das bedeutet mit anderen Worten, daß es genauso viele ganze Zahlen gibt, wie es Brüche gibt. (Siehe das Kapitel über *Rationale und irrationale Zahlen.*)

Wie kann man die rationalen Zahlen (Brüche) mit den positiven ganzen Zahlen richtig zusammenbringen? Wir können nicht einfach hergehen und 1/1 mit 1 verbinden oder 2/1 mit 2 oder 3/1 mit 3. Wir würden die meisten rationalen Zahlen glatt auslassen. Mit anderen, wesentlich besser durchdachten Anläufen hat man ähnliche Probleme. Ein guter – und vor allem funktionierender – Trick ist, erst jene rationalen Zahlen in Betracht zu nehmen, wo die Summe von Zähler und Nenner 2 ist. Davon gibt es nur eine: 1/1. Mit ihr assoziieren wir die ganze Zahl 1. Nun wenden wir uns jenen rationalen Zahlen zu, wo die Summe von Zähler und Nenner 3 ist. Davon gibt es zwei: 1/2 und 2/1. Mit ihnen assoziieren wir jeweils die ganzen Zahlen 2 und 3. Dann suchen wir uns jene rationalen Zahlen heraus, wo Zähler und Nenner zusammengenommen 4 sind. Das sind drei, nämlich 1/3, 2/2, 3/1. Und so verbinden wir mit 1/3 die nächst verfügbare ganze Zahl, also 4, dann die 5 mit 3/1, da wir 2/2 ignorieren (wie alle Brüche, die man noch kürzen kann). Als nächstes kommen Brüche dran, wo Zähler und Nenner 5 ergeben. Die 6 verbinden wir dann mit 1/4, die 7 mit 2/3, die 8 mit 3/2 und die 9 mit 4/1.

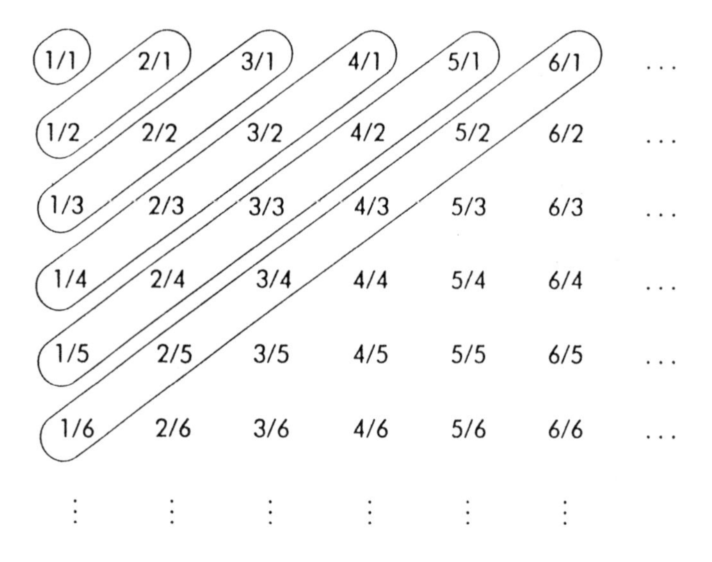

Beweis, daß die rationalen Zahlen abzählbar sind

Wir betrachten also, allgemein gesagt, der Reihe nach jene rationalen Zahlen, deren Zähler und Nenner zusammengenommen die Summe n ergeben, und verbinden sie mit aufeinanderfolgenden ganzen Zahlen. Auf diese Weise können wir schließlich jede rationale Zahl mit einer ganzen Zahl verknüpfen, was uns zu der Schlußfolgerung führt, daß Brüche eine abzählbar unendliche Menge bilden. (Wer will, kann ja mal nachprüfen, ob es stimmt, daß z. B. die ganze Zahl 13 mit dem Bruch 2/5 liiert ist.)

Doch nun zu einer überabzählbaren Menge. Cantor hat bewiesen, daß die Menge aller reeller Zahlen (alle Dezimalzahlen) größer (unendlicher) ist als die Menge ganzer Zahlen oder die Menge rationaler Zahlen. Die reellen Zahlen passen, genauer gesagt, nicht eins zu eins mit den ganzen Zahlen (oder mit den rationalen) zusammen, ohne daß am Ende immer eine reelle Zahl übrigbleibt. Der Beweis dafür wird standardmäßig auf indirekte Weise erbracht, indem man zunächst davon ausgeht, daß sie sehr wohl richtig zusammenpassen. Nehmen wir einen spezifischen Fall an. Angenommen, die Zahl 1 würde mit der reellen Zahl 4,$\underline{5}$6733951 . . . verbunden werden, 2 mit 189,3$\underline{1}$299008 . . ., 3 mit 0,33$\underline{9}$33337 . . ., 4 mit 23,543$\underline{7}$9802 . . ., 5 mit 0,9896$\underline{2}$415 . . ., 6 mit 6219,31218$\underline{4}$62 . . ., usw. Wieso kann ich sagen, daß mit Sicherheit manche reelle Zahlen in dieser (oder jeder anderen denkbaren) unbegrenzten Liste, egal wie sie weitergeht, ausgelassen werden?

Um diese Frage zu beantworten, sehen wir uns mal die Zahl zwischen 0 und 1 an, deren n-te Dezimalstelle von einer Ziffer besetzt ist, die um 1 größer ist als die unterstrichene Ziffer an der n-ten Dezimalstelle der n-ten Zahl in der Liste. (Lesen Sie diesen Satz noch einmal in aller Ruhe.) Wenn wir die Liste oben hernehmen, dann fängt die Zahl, die ich meine, so an: 0,620835 . . , und zwar deshalb, weil ihre erste Ziffer 6 um 1 größer ist als 5, 2 um 1 größer als 1, 0 um 1 größer als 9 usw. Die Zahl erscheint in der Liste nirgends, da sie sich laut Definition von der ersten Zahl in der Liste zumindest in der ersten Dezimalstelle unterscheidet und von der zweiten zumindest in der zweiten, von der dritten zumindest in der dritten und von der n-ten Zahl in der Liste zumindest in der n-ten Dezimalstelle.

So ist das. Q. e. d. Der Beweis ist komplett. Jetzt kann man uns eine noch so lange Liste präsentieren, und wir werden immer eine reelle Zahl zusammenbasteln können, die nicht in der Liste ist. Die reellen Zahlen mit den ganzen Zahlen restlos zu paaren geht nie auf. Die Menge reeller Zahlen ist überabzählbar unendlich. Sie hat

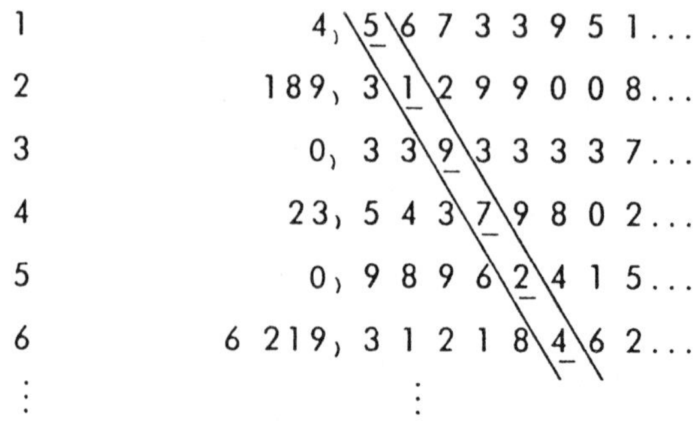

1	4, 5 6 7 3 3 9 5 1...
2	189, 3 1 2 9 9 0 0 8...
3	0, 3 3 9 3 3 3 3 7...
4	23, 5 4 3 7 9 8 0 2...
5	0, 9 8 9 6 2 4 1 5...
6	6 219, 3 1 2 1 8 4 6 2...
⋮	⋮

Die mit 0,620835 ... beginnende Zahl erscheint nirgends auf der Liste, da sie sich von der n-ten Zahl der Liste in mindestens der n-ten Dezimalstelle unterscheidet. Die reellen Zahlen sind überabzählbar.

sozusagen eine höhere (unendlichere) »Kardinalzahligkeit« als die Menge ganzer oder rationaler Zahlen.

Es gibt sogar Mengen mit noch höheren Kardinalitäten als die Menge reeller Zahlen. Als Beispiele seien nur die Menge aller Teilmengen reeller Zahlen genannt oder die Menge aller Funktionen reeller Zahlen. Es existiert in der Tat eine ganze Hierarchie von unendlichen Kardinalitäten, angefangen mit $\aleph_0$, Cantors Symbol für die Kardinalität der ganzen Zahlen ($\aleph$ ist der erste Buchstabe des hebräischen Alphabets, Aleph). Aber wie gesagt, das eigentliche A und O ist für die meisten Mathematiker die Unterscheidung zwischen abzählbaren und überabzählbaren Mengen.

Es gibt, so spekulierte Cantor, keine Teilmenge reeller Zahlen, die größer ist als alle ganzen Zahlen, aber kleiner als alle reellen Zahlen (deren Kardinalität deshalb mit dem Symbol $\aleph_1$ versehen wollte). Inzwischen ist aus dieser Spekulation die sogenannte Kontinuum-Hypothese geworden, ohne daß sie bislang je bewiesen wurde. Das hat seinen Grund darin, wie Gödel und der amerikanische Mathematiker Paul Cohen überzeugend dargelegt haben, daß sie von den anderen Axiomen der Mengentheorie unabhängig ist. Nicht nur die Kontinuum-Hypothese, sondern auch ihre Negation ist mit unserem gegenwärtigen Verständnis von Mengen völlig im

Einklang. Ein neues, plausibles Axiom könnte das Problem vielleicht aus der Welt schaffen. Aber noch hat man es nicht gefunden, trotz der Versuche vieler großer Logiker und Mengentheoretiker (ganz zu schweigen von meinem donquichottehaften Versuch mit »generischen« Mengen, worüber ich mich hier aus Platzgründen gottlob nicht näher auslassen kann).

Schauen wir zum Schluß noch einmal ins Hotel »Unendlich« rein. Auch wenn dort jedes der abzählbar unendlichen Hotelzimmer abzählbar unendlich viele Fenster hätte, wäre die Zahl der Fenster immer nur abzählbar unendlich. Das Hotel hätte also nicht mehr Fenster als Zimmer. (Das läßt sich ähnlich beweisen wie die Behauptung, daß rationale Zahlen abzählbar sind.) Stellen wir uns vor, diese unendlich vielen Fenster wären alle beziffert und um 11 : 59 Uhr gingen die Fenster 1 – 10 zu Bruch, wobei Fenster 1 repariert werden würde. Eine halbe Minute später gehen die Fenster 11 – 20 kaputt, wobei Fenster 2 repariert wird. Eine Viertelminute später passiert das gleiche mit den Fenstern 21 – 30, und Fenster 3 wird repariert. Klar, wie es weitergeht? Also, eine Achtelminute später . . . Die Frage ist nun, wie viele Fenster sind um 12 : 00 kaputt und wie viele repariert? Die Antwort ist: Alle sind um 12 Uhr repariert.

Und jetzt haben Sie Zeit, es nachzuprüfen.

Unmöglichkeiten – drei antike, drei moderne

Etliche Leute zerbrechen sich oft viel zu sehr den Kopf, um Problemlösungen zu finden; insofern geht es ihnen natürlich nur schwer in den Kopf, daß es unter den interessantesten mathematischen Problemen einige gibt, die überhaupt keine Lösung haben. Ist das denn nicht ein Anlaß zur Freude, den man entsprechend würdigen sollte? Jedenfalls gehören zu dieser Kategorie, neben drei klassischen Konstruktionsproblemen aus der Antike, auch drei revolutionäre Ergebnisse unseres Jahrhunderts.

Doch zuerst zu den antiken. Mit einem einfachen Lineal (ohne Markierungshilfen) und einem Zirkel soll 1. ein Würfel verdoppelt, 2. ein Winkel in drei gleiche Teile geteilt und 3. die Quadratur eines Kreises zustande gebracht werden. Also, einen Würfel zu verdoppeln, das müßte man doch wohl mit links hinkriegen. Dem ist natürlich nicht so. Deshalb will ich die Problematik etwas näher erklären. Um einen Würfel, ausgehend von einer bestimmten Strecke, zu verdoppeln, konstruieren wir eine weitere Strecke, die so lang sein muß, daß ein Würfel, der diese Strecke als Seite hat, dem Volumen nach doppelt so groß wäre wie ein Würfel, der an der Seite so lang ist wie die Strecke, von der wir ausgegangen sind. Die ursprüngliche Strecke einfach auf das Doppelte zu verlängern haut nicht hin. Dabei käme nämlich ein Würfel heraus, der ein achtmal so großes Volumen hätte wie sein Original. Und was es bedeutet, einen Winkel in drei gleiche Teile aufzuteilen, muß ich ja nicht groß erklären. Nur muß die Methode bei jedem Winkel klappen, nicht nur für ein paar ausgesuchte. Für die Quadratur des Kreises schließlich müssen wir eine Strecke konstruieren, die so lang sein muß, daß ein Quadrat mit dieser Strecke als Seitenlänge eine gleich große Fläche hätte wie der gegebene Kreis. Und um es noch einmal zu wiederholen: Wir wollen für jedes Problem eine Methode haben, die prinzipiell taugt, nicht eine, mit der es nur so recht und schlecht geht.

Erst im 19. Jahrhundert, als der schlüssige Beweis endgültig erbracht war, daß diese Konstruktionen unmöglich sind, hörten die Mathematiker auf, sich daran zu versuchen. Die Gleichungen, die mit diesen Problemen zusammenhängen, enthalten entweder Kubikwurzeln oder die Zahl π (die keine algebraische Gleichung erfüllt – siehe dazu das Kapitel über *Pi*). Aber bewiesen wurde, daß die mit Lineal und Zirkel konstruierbaren Längen und Größen auf solche beschränkt sind, die mittels quadratischer Wurzeln (und Quadratwurzeln von Quadratwurzeln) definierbar sind. Die Mathematik, die diesen vergeblichen Bemühungen entsprang, hat allerdings einen beträchtlich höheren Wert, praktisch wie theoretisch, als die Konstruktionen. Untersuchungen von analytischen Kurven, drei- und viergradige Gleichungen, die Galois-Theorie, transzendente Zahlen – an sich kommt dies alles von jenen Unmöglichkeiten.

Eigentlich ist es gar nicht so selten, daß die Mathematik wie ein blindes Huhn auch mal ein Korn findet. Mit der Anerkennung der Irrationalität der Quadratwurzel von 2 wurde zwar die pythagoreische Überzeugung zerstört, daß mittels ganzer Zahlen und ihrer Brüche alles erklärbar sei, aber damit war auch ein Ansporn geschaffen, jedenfalls für Euxodus, Archimedes und ein paar andere, um eine Theorie über irrationale Zahlen zu entwickeln. Das Problem, Euklids Parallelenaxiom aus anderen Axiomen abzuleiten, wurde mit der im 19. Jahrhundert gemachten Entdeckung der nichteuklidischen Geometrie gelöst (ihre Entdecker waren übrigens János Bolyai, Nikolai Lobatschewski und Karl Friedrich Gauß). Kurz vor der Jahrhundertwende bekam die mathematische Welt neue Impulse von Georg Cantor und seinen mengentheoretischen Kuriositäten, die schließlich auch die grundlegenden Arbeiten von Bertrand Russell, Alfred North Whitehead, und wie sie alle heißen, ermöglichten.

Von den herausragendsten Entdeckungen des 20. Jahrhunderts gibt es drei, die sozusagen Unmöglichkeitsfeststellungen sind. So besagt Kurt Gödels Unvollständigkeitssatz, daß in jedem axiomatischen mathematischen System, in dem etwas Arithmetik enthalten ist, immer Behauptungen aufgestellt werden können, die sich innerhalb des Systems weder beweisen noch widerlegen lassen. Das heißt, es ist unmöglich, innerhalb des Systems sämtliche Wahrheiten darüber zu beweisen. Damit zerschlugen sich die Hoffnungen all derer, die gedacht hatten, daß sämtliche mathematischen Wahrheiten von einem einzigen axiomatischen System abgeleitet werden könnten. (Siehe auch das Kapitel über *Gödel*).

Die zweite Unmöglichkeitsentdeckung machte Werner Heisenberg in der Physik. Laut seiner Unschärferelation ist es unmöglich, die Position und den Impuls eines Teilchens zu einer bestimmten Zeit genau festzulegen. Außerdem geht das Produkt der Unschärfen in diesen beiden Größen immer über eine bestimmte Konstante hinaus. Zu der revolutionären Auswirkung des Unschärfeprinzips auf die Physik kam noch hinzu, daß es von da an viel problematischer wurde, sich weiterhin an eine strikt deterministische Wissenschaftsauffassung zu halten. Leider wurden dadurch auch viele »Parapsychologen« inspiriert. (Mit den Anführungszeichen will ich nur meine altmodische Überzeugung kundtun, daß Leute, die meinen, eine Disziplin zu praktizieren, eine solche auch wirklich haben sollten. Aber diese Parapsychologen haben sich von manch vagen formalen Ähnlichkeiten zwischen der Quantenmechanik und menschlichen Verhaltensweisen leider so sehr beeindrucken lassen, daß sie dem Glauben an Telepathie, Psychokinese und Präkognition im Handumdrehen einen wissenschaftlichen Anstrich gegeben haben, ohne für die geringste wissenschaftliche Substanz zu sorgen.)

Als drittes gibt es noch das Theorem von Kenneth Arrow über »soziale Auswahlfunktionen«. Demnach gibt es keine verläßliche Methode, um von individuellen Präferenzen auf Gruppenpräferenzen zu schließen, die garantiert gewisse Minimalbedingungen erfüllen. Oder anders gesagt: Es ist unmöglich, ein Wahlsystem zu entwerfen, das in manchen Situationen nicht ernste Mängel aufweist. Auch in diesem Fall mußte ein intellektuelles Ideal aufgegeben werden, nämlich die Hoffnung auf eine universelle Methode, auf gesellschaftlicher Ebene immer die richtige Wahl zu treffen. (Siehe auch das Kapitel über *Wahlsysteme*.)

Oft ist die Erkenntnis, daß etwas theoretisch unmöglich ist, nur eine Frage des intellektuellen Differenzierungsvermögens. Nur primitive Leute und Gesellschaften können in der Regel alle ihre Probleme lösen.

Variablen und Pronomina

Eine Variable ist eine Größe, die verschiedene Werte annehmen kann; allerdings ist ihr Wert in einer bestimmten Situation oftmals nicht bekannt. Ihr gegenüber steht die konstante Größe. Die Zahl der biologischen Eltern eines Menschen ist eine solche Konstante, die Zahl seiner biologischen Abkömmlinge dagegen eine Variable.

Der französische Mathematiker François Viète kam als erster auf die – im Rückblick naheliegende – Idee, Buchstaben einzusetzen, um damit Variablen zu kennzeichnen. Das war erstaunlicherweise erst im 16. Jahrhundert. Seither stehen x, y und z gewöhnlich für reelle Zahlen, n für ganze Zahlen. Über die Einführung von Variablen meckern Mathematikschüler schon seit Generationen, obwohl deren Gebrauch nicht abstrakter ist als der von Pronomina, denen sie von der Idee her sehr ähnlich sind. (Substantive dagegen sind analog zu Konstanten.) Und so wie Pronomina die Kommunikation einfacher und flexibler machen, so erlauben Variablen eine viel größere Allgemeingültigkeit, als wenn wir unseren mathematischen Diskurs nur auf Konstanten, sprich Substantive, beschränken.

Sehen wir uns folgenden Satz an: »Jemand schenkte einmal seiner Frau etwas, das sie so abscheulich fand, daß sie es in den nächsten Abfalleimer warf und immer nur sehr ungern zu ihm darüber sprach, wenn er sie gelegentlich fragte, wo es denn geblieben sei.« Ohne Pronomina wäre der Satz ein Ausbund an Schwerfälligkeit: »Diese Person schenkte einmal der Frau dieser selben Person dieses Ding, und die Frau dieser selben Person fand dieses Ding so abscheulich, daß die Frau dieser Person dieses Ding in den nächsten Abfalleimer warf und immer nur sehr ungern zu dieser Person über dieses Ding sprach, wenn diese Person die Frau dieser selben Person gelegentlich fragte, wo dieses Ding denn geblieben sei.« Mit dem Einsatz von Variablen machen wir den Satz wieder etwas handlicher: »x schenkte y, der Frau von x, z, und y fand z so abscheulich, daß y z in den nächsten Abfalleimer warf und immer nur sehr ungern zu x über z sprach, wenn x gelegentlich y fragte, wo z geblieben sei.«

Oder, um ein kürzeres Beispiel zu wählen, wenn sich Oskar hinter die Ohren schreiben soll: »Hilf dem, der dir hilft.« Ohne Pronomina müßte man ihm statt dessen einschärfen, »Hilf Georg, wenn Georg Oskar hilft«, »Hilf Waldemar, wenn Waldemar Oskar hilft«, »Hilf Martha, wenn Martha Oskar hilft« usw.

Da nur die allerwenigsten mit Pronomina oder ihren Bezugswörtern *nicht* zurechtkommen, könnte man meinen, daß auch die wenigsten mit Variablen Schwierigkeiten haben sollten. In der Mathematik jedoch sind den Variablen Beschränkungen auferlegt, die es uns ermöglichen, ihren Wert zu bestimmen. Wenn $x - 2y + 2(1 + 3x) = 31$ und $y = 3$ ist, dann läßt sich der Wert für x herausfinden. Die Techniken, die zur Lösung dieser und anderer, komplizierterer Gleichungen dienen, sind oftmals etwas irritierend. Aber wo ist die Analogie der Variablen zu unseren Pronomina geblieben? Recht nahe kommen ihnen die kleinen mysteriösen Alltagskrimis nach dem Muster »Wer war's?«. Wer immer (irgendein Herr x oder irgendeine Frau x) die Zimmerreservierung für die Gäste abgesagt hatte, wußte, daß sie wegen der Feier kommen und erst später eintreffen würden; und daß sie sich ärgern würden, wenn auf ihren Namen kein Zimmer gebucht wäre; und daß es auch ihren Gastgebern peinlich sein würde. Wenn wir die dazugehörigen Prinzipien kennen, können wir dann aufdecken, wer die Reservierung rückgängig gemacht hat (das heißt, wer = x)? Ich möchte wetten, daß die Techniken und Methoden, wie man derartige kleine menschliche Dramen angeht, mindestens so komplex sind wie die, die in der Mathematik Anwendung finden.

Noch eine Bemerkung zum Schluß: Es wird manchmal behauptet, die theoretische Natur der Mathematik führe dazu, daß wir uns immer mehr von dem entfernen, was unsere Menschlichkeit ausmacht; und irgendwie lasse sie sich deshalb nicht mit unserer Gabe zur Mitmenschlichkeit vereinbaren. Wie ich aber schon hier und in anderen Beiträgen angedeutet habe, ist die ganze Abstraktion und Komplexität der Mathematik in unserem Sprachgebrauch enthalten. Das »Problem« mit der Mathematik ist nicht, daß sie abstrakt ist; nur ist ihre Abstraktion zu oft unbegründet und menschlicherseits ohne logische Grundlage. In gesellschaftspolitischen Fragen oder bei persönlichen Entscheidungsfindungen kann die Mathematik durchaus eine wertvolle Hilfe sein, wenn wir die Konsequenzen unserer Annahmen, Voraussetzungen und Wertvorstellungen ernsthaft bestimmen und absehen wollen, denn schließlich sind *wir* (wir x) und nicht irgendwelche mathematischen Götter die Urheber und Auslöser all dessen.

Wahlsysteme

Wie kommen Entscheidungen in demokratischen Gesellschaften zustande? »Durch Abstimmungen«, wird man natürlich antworten. Aber was bedeutet das, insbesondere wenn mehr als zwei Möglichkeiten zur Wahl stehen, wie es ja meistens der Fall ist? Da ein anschauliches Beispiel oft Bände spricht, nehmen wir einmal an, daß sich fünf Kandidaten für den Präsidentenstuhl einer kleinen Organisation bewerben. Wie jeder Wähler die Kandidaten einstuft, ist nicht das Entscheidende; ausschlaggebend für den Wahlsieg eines Kandidaten ist, nach welchem Verfahren gewählt wird.

Wir kommen jetzt nicht um spezifische Zahlenangaben herum. Nehmen wir also an, daß es 55 Wähler gibt, die folgende Präferenzen, also einen Kandidaten erster Wahl, einen zweiter Wahl etc., haben:

18 Wähler ziehen A vor D vor E vor C vor B vor
12 Wähler ziehen B vor E vor D vor C vor A vor
10 Wähler ziehen C vor B vor E vor D vor A vor
9 Wähler ziehen D vor C vor E vor B vor A vor
4 Wähler ziehen E vor B vor D vor C vor A vor
2 Wähler ziehen E vor C vor D vor B vor A vor

Nun könnten die Anhänger des Kandidaten A für eine Mehrheitswahl plädieren, wonach derjenige gewinnt, der die meisten Erststimmen bekommt. Damit würde A als Sieger hervorgehen.

Die Anhänger des Kandidaten B könnten sich statt dessen für eine Stichwahl zwischen den zwei Bewerbern stark machen, die im ersten Wahlgang die meisten Erststimmen hatten. Auf diese Weise ginge B vor A als eindeutiger Sieger hervor (18 hätten lieber A als B, aber 37 lieber B als A).

Die Anhänger des Kandidaten C müßten wahrscheinlich etwas nachdenken, um sich ein Wahlverfahren einfallen zu lassen, mit dem C an die Spitze käme. Schließlich machen sie den Vorschlag, daß zunächst der Kandidat ausscheidet, der die wenigsten Erststimmen hat (in diesem Fall also E), und dann die Erststimmen für die anderen entsprechend anzupassen. (Damit wären es für A immer noch 18, für B aber jetzt 16, für C 12 und für D immer noch 9). Von diesen vier Bewerbern müßte als nächster wieder derjenige mit den wenigsten Erststimmen ausscheiden (damit wäre jetzt D an der Reihe), und wieder müßten die Erststimmen auf die anderen entsprechend verteilt werden. (Jetzt hätte C 21 Erststimmen.) Setzt man diese Prozedur, mit der auf jeder Stufe derjenige ausgesondert wird, der die wenigsten Erststimmen bekommen hat, so fort, dann würde natürlich C gewinnen.

Der Wahlmanager von D wendet dagegen ein, daß nicht nur die Erststimmen zählen sollten, sondern die Stimmen insgesamt, die jeder auf sich vereinigen kann. Er schlägt vor, daß jeder Kandidat für eine Erststimme 5 Punkte bekommen sollte, für eine Zweitstimme 4, für die dritte 3, für die vierte 2 und für die fünfte 1. Wenn die Wahl auf den Kandidaten fällt, der insgesamt die meisten Punkte bzw. die höchste Borda-Zahl, wie man dazu sagt, erzielt, dann wäre es das gerechteste Verfahren, so seine Argumentation. In diesem Fall macht natürlich D das Rennen, dessen Borda-Zahl von 191 größer ist als die aller anderen.

Kandidat E, der mehr zur Macho-Sorte gehört, erklärt, daß jeder gegen jeden antreten sollte. Da er in dieser direkten Auseinandersetzung jeden der vier anderen Gegenkandidaten schlagen würde, nimmt er für sich in Anspruch, der eigentliche Gewinner zu sein. (Jemand, der wie E auf diese Weise jeden Gegenkandidaten besiegt, ist der sogenannte Condorcet-Gewinner. Häufig geht es bei diesem Wahlverfahren aber so drunter und drüber, daß keiner der Kandidaten die Arena als Condorcet-Gewinner verläßt.)

Wer sollte nun zum Gewinner erklärt werden, und wie sollten die Wähler ihre Präferenzen bei der Einstufung der fünf Kandidaten verteilen? Um aus dieser Sackgasse herauszukommen, könnte man vielleicht versuchen, erst einmal über das Wahlverfahren abzustimmen. Aber mit welchem Wahlverfahren will man diese Frage entscheiden? Auch auf dieser höheren Ebene würde sich das Problem erneut stellen, da jeder, der hinter den einzelnen Bewerbern steht, ja für die Methode stimmen dürfte, die seinem Wunschkandidaten zum Sieg verhilft.

(Diese natürliche Tendenz, seine Vorgehensweise auf sein Eigeninteresse zuzuschneiden, erinnert mich an den Rat eines alten Advokaten an seinen Schützling: »Wenn das Gesetz auf deiner Seite ist, poche aufs Gesetz. Wenn die Fakten auf deiner Seite sind, poche auf die Fakten. Und wenn du keins von beidem auf deiner Seite hast, poche auf den Tisch.« Ich sollte auch anmerken, daß die Entscheidung, *wer* wählt, eigentlich ein noch heikleres Problem ist als das, für welches Wahlsystem man sich entscheiden soll. Soweit sich das irgendwie machen läßt, möchte man im allgemeinen, daß möglichst viele, die die eigene Sache oder den eigenen Kandidaten unterstützen, ein gesetzlich verankertes Stimmrecht haben, während möglichst viele, die nichts von der Sache oder dem Kandidaten halten, am besten überhaupt keine Stimme haben sollten – oder zumindest entmutigt werden sollten, ihr Stimmrecht wahrzunehmen. Es gibt genug Beispiele dafür – einerseits den altehrwürdigen Brauch, die Wahlurne mit falschen Stimmzetteln zu präparieren, andererseits den Widerstand gegen das Wahlrecht der Frauen und die Praxis der Apartheid. Und trotz des hohen Nimbus unserer Urnenwahl, egal wie sie im einzelnen praktiziert wird, kommt es immer wieder vor, nicht nur in den Niederungen von Gemeinden und Kreisstädten, daß selbst hochgesinnte Leute jeder politischen Couleur der Versuchung eines Wahlbetrugs nicht widerstehen können. Leute, die sich aktiv gegen die Abtreibung ausgesprochen haben, haben die »Stimmen« ungeborener Kinder mit auf ihre Listen gesetzt, Umweltschützer sich sogar auf die der nächsten Generationen berufen.)

Freilich ist eine so konfuse Situation, wie sie unser obiges Beispiel mit den verschiedenen Wahlsystemen darstellt, nicht der Regelfall. Die Zahlen in diesem Beispiel (das wir – in verschiedenen Varianten – Jean-Charles de Borda und dem Marquis de Condorcet, zwei Philosophen des 18. Jahrhunderts, und anderen Theoretikern bis zu William F. Lucas verdanken) wurden speziell ausgebrütet, um zu demonstrieren, wie der Ausgang einer Wahl manchmal durch das angewandte Wahlverfahren bestimmt werden kann. Aber selbst wenn solche verfahrenen Situationen normalerweise nicht entstehen, so ist jedes Wahlverfahren doch immerhin dafür anfällig.

Der Mathematiker und Wirtschaftswissenschaftler Kenneth J. Arrow hat bewiesen, daß es keine narrensichere Methode geben kann, um von individuellen Präferenzen auf Gruppenpräferenzen zu schließen, die mit absoluter Garantie folgende vier Mindestbedingungen erfüllen: 1) Wenn die Gruppe einem x den Vorzug vor einem y gibt und y den Vorzug vor z, dann ist ihr x lieber als z; 2) die Präferenzen (sowohl eines Individuums als auch einer Gruppe) müssen sich auf die verfügbaren Alternativen beschränken; 3) wenn jedes Individuum lieber x als y wählt, dann muß für die Gruppe dasselbe gelten; 4) es darf keinen Diktator geben, d. h., individuelle Präferenzen dürfen nicht die Gruppenentscheidung diktieren.

Es gibt kein perfektes Abstimmungsverfahren, jedes hat seine Mängel und bringt unerwünschte Folgen mit sich; es gibt nur welche, die sind besser als andere. Wenn viele Kandidaten zur Wahl stehen, eignet sich am besten ein Verfahren, bei dem jeder Wähler so viele Kandidaten ankreuzen kann, wie er will. Anstelle von »ein Wähler, eine Stimme« tritt das Prinzip: »Ein Kandidat, eine Stimme«. Gewinner ist, wer die größte Zustimmung bekommt.

Der moralische Appell, demokratisch zu sein, ist reine Formsache und Routine. Wie wir das sein sollen, darauf kommt es im wesentlichen doch an. Diese Frage offen und experimentierlustig anzugehen widerspricht nicht im geringsten dem unerschütterlichen Engagement für die Demokratie. Politiker als die Nutznießer des einen oder anderen Wahlsystems, das immer irgendwie beschränkt ist, hüllen sich in den Mantel der Demokratie, als wär's die natürlichste Sache der Welt; ab und zu müssen sie allerdings daran erinnert werden, daß dieser Mantel unterschiedlichen Schnitts sein kann und immer mal geflickt werden muß.

Wahrscheinlichkeit

Was Wahrscheinlichkeit ist, weiß intuitiv eigentlich jeder – selbst wenn das Verständnis manchmal so primitiv ist wie das meines Friseurs, der mir mal seine Lotto-Strategie enthüllte: »Also, entweder ich gewinne, oder ich verliere; die Chancen stehen 50 zu 50.« In der Regel liegt es aber auf einem beträchtlich höheren Niveau. Was mit Wendungen wie »Aller Wahrscheinlichkeit nach wird Martha Georg heiraten« oder »die Aussichten auf schönes Wetter morgen« gemeint ist, scheinen die meisten von uns zu wissen. In Verlegenheit kommen wir allerdings, wenn wir sagen sollen, was Wahrscheinlichkeit eigentlich ist.

Die Frage ist auch nicht einfach zu beantworten; versucht hat man es schon oft. Die einen haben Wahrscheinlichkeit als eine logische Relation verstanden, so als ob man einen Würfel nur ansehen müßte, um aufgrund seiner Symmetrie allein durch Logik zu erkennen, daß die Wahrscheinlichkeit, eine 5 zu würfeln, 1/6 sein muß. Andere haben die Auffassung vertreten, Wahrscheinlichkeit sei nur etwas Subjektives, eine persönliche Meinung, weiter nichts. Wiederum andere haben die relative Häufigkeit eines Ereignisses als Schlüssel zur Begriffsbestimmung gesehen und die Wahrscheinlichkeit gleichsam als eine Art Kurzschreibweise, die prozentual angibt, wie oft auf längere Sicht gesehen etwas eintritt – meistens ohne zu erklären, was »auf längere Sicht gesehen« bedeuten soll.

Überzeugend ist keine dieser Versionen; auch andere Standpunkte haben sich nicht durchsetzen können. Schließlich haben sich Mathematiker ihren eigenen Reim darauf gemacht. Ihren Erkenntnissen nach hat Wahrscheinlichkeit letztlich bestimmte formale Eigenschaften; und was immer diesen formalen Eigenschaften genügt, sollte auch der Definition von Wahrscheinlichkeit genügen – philosophisch gesehen nicht gerade eine befriedigende Antwort, aber für die Mathematik immerhin befreiend. Daraufhin konnten Mathematiker ganz aus der Debatte aussteigen und ihr eigenes Süppchen kochen.

Ganz ähnlich war es, als es in der Geometrie um Punkte und Geraden ging. Euklid äußerte sich zu diesen Begriffen so gut wie überhaupt nicht, zumal er sie nie wirklich verwendete. Erst in der neueren Zeit ging man an die Planimetrie axiomatisch heran und erklärte eben alles zu Punkten und Geraden, was die in den Axiomen festgehaltenen Bedingungen erfüllte. Wahrscheinlichkeit unter diesem abstrakten Blickwinkel zu beschreiben, und zudem auf sehr elegante und klare Weise, war das Verdienst des russischen Mathematikers A. N. Kolmogorow. Doch lassen Sie mich ein paar der elementarsten Eigenschaften und Theoreme der Wahrscheinlichkeit aufzählen, die größtenteils seit dem 17. Jahrhundert bekannt sind, als die Wahrscheinlichkeitstheorie mit dem Aufkommen der Glücksspiele ihren Anfang nahm.

Zunächst ist Wahrscheinlichkeit eine Zahl zwischen 0 und 1, wobei 0 für Unmöglichkeit steht, 1 für absolute Gewißheit und jede Zahl dazwischen einen Zwischengrad an Wahrscheinlichkeit darstellt. Dementsprechend haben wir einen Bereich zwischen 0% und 100%. Schließen sich zwei oder mehr Ereignisse gegenseitig aus, dann läßt sich ihre Wahrscheinlichkeit durch Addition der Einzelwahrscheinlichkeiten herausfinden. Nehmen wir irgendeinen Menschen auf der Welt, so ist die Wahrscheinlichkeit, daß er Chinese, Inder oder Amerikaner ist, ungefähr 45% (25% Chinesen addiert zu 15% Indern addiert zu 5% Amerikanern).

Nicht ganz so einfach ist es, die Wahrscheinlichkeit auszurechnen, daß mindestens eins von zwei willkürlichen Ereignissen eintritt. Zuerst addiert man die Wahrscheinlichkeiten beider Ereignisse; von der Summe subtrahiert man dann die Wahrscheinlichkeit, daß beide Ereignisse eintreten. (Ähnlich geht man vor, wenn man die Wahrscheinlichkeit von drei und mehr Ereignissen wissen will.) Wenn in einem großen Frankfurter Wohnblock 62% der Hausbewohner die FAZ, 24% die ZEIT und 7% beide Zeitungen lesen, dann ist die Wahrscheinlichkeit, daß einer von ihnen mindestens eine dieser Zeitungen liest, (62% + 24% − 7%) = 79%. Die Wahrscheinlichkeit, daß ein Ereignis nicht eintritt, ist 100% minus die Wahrscheinlichkeit, daß es eintritt. Wird mit 79%iger Wahrscheinlichkeit mindestens eine dieser Zeitungen gelesen, dann ist die Wahrscheinlichkeit, daß keine davon gelesen wird, nach Adam Riese 21%.

In der Wahrscheinlichkeitstheorie ist der Begriff der Unabhängigkeit von ganz entscheidender Bedeutung. Zwei Ereignisse gelten als unabhängig, wenn durch das Eintreten des einen die Wahrscheinlichkeit, daß damit das andere eintritt, weder größer noch kleiner wird. Wirft man eine Münze, so ist jeder Wurf unabhängig vom anderen. Wirft man zwei Würfel, so ist die Augenzahl des einen unabhängig von der des anderen. Sucht man zwei Leute aus dem Telefonbuch aus, so ist die Größe des einen unabhängig von der des anderen.

Die Wahrscheinlichkeit, daß zwei unabhängige Ereignisse eintreten, ist ziemlich einfach zu berechnen. Man muß nur ihre Wahrscheinlichkeiten multiplizieren. Demnach ist die Wahrscheinlichkeit, zweimal »Kopf« zu werfen, $(1/2 \times 1/2) = 1/4$. Die Wahrscheinlichkeit, mit einem Würfelpaar eine 2, d. h. (1; 1) zu werfen, ist $(1/6 \times 1/6) = 1/36$, während die Wahrscheinlichkeit, 7 Augen zu erzielen, 6/36 ist, da es sechs sich gegenseitig ausschließende Möglichkeiten gibt, wo die Augen zusammengezählt 7 ergeben, und jede die Wahrscheinlichkeit $(1/6 \times 1/6) = 1/36$ hat: (1; 6), (2; 5), (3; 4), (4; 3), (5; 2), (6; 1). Die Wahrscheinlichkeit, daß zwei aus einem Telefonbuch herausgesuchte Personen größer als 1,80 m sind, errechnet sich aus der Quadratzahl der Wahrscheinlichkeit, daß eine der beiden Personen über 1,80 m ist.

Dieses für Wahrscheinlichkeiten geltende Multiplikationsprinzip kann auch auf Ereignissequenzen ausgedehnt werden. Die Wahrscheinlichkeit, viermal hintereinander eine 3 zu würfeln, ist $(1/6)^4$; die Wahrscheinlichkeit, mit einer Münze sechsmal hintereinander »Kopf« zu werfen, ist $(1/2)^6$; die Wahrscheinlichkeit, daß jemand beim Russischen Roulette dreimal hintereinander davonkommt, ist $(5/6)^3$. Wird ein Buch nur von 10% der Leser für gut befunden (die anderen 90% halten es für miserabel), dann ist die Wahrscheinlichkeit, daß es in einem Dutzend Buchbesprechungen durchfällt, $0{,}9^{12}$ oder 0,28 und die Wahrscheinlichkeit, daß wenigstens eine davon positiv ausfällt, 1 – 0,28 oder 0,72. Die Chancen, daß selbst ein »schlechtes« Buch ein paar gute Kritiken bekommt, steigen also mit der Zahl der Buchbesprechungen (und damit auch die Möglichkeiten, so manche Lobhudelei auf dem einen und anderen Bucheinband abzudrucken, wie »ein Feuerwerk brillanter Geistesblitze«, »von atemberaubender Spannung«, »das Glanzvollste und Geistvollste, was die neue Schriftstellergeneration zu bieten hat« etc.).

Natürlich sind Ereignisse oftmals voneinander abhängig, d. h., passiert das eine, so vergrößert oder verringert sich damit die Wahrscheinlichkeit des anderen. Erzielt man mit einem Würfel auf Anhieb 6 Augen, dann sind die Chancen, mit dem zweiten Würfel insgesamt auf 10, 11 oder 12 zu kommen, größer als andersrum. Zu wissen, daß jemand über 1,80 m ist, verringert die Wahrscheinlichkeit, daß diese Person unter 50 kg wiegt. Wenn in der Nachbarschaft viele Leute einen Mercedes fahren, dann gibt es dort wahrscheinlich nicht viele, die obdachlos sind. Ereignispaare dieser Art sind alle abhängig.

Bedingt ein Ereignis das andere, dann haben wir es auch mit einer bedingten Wahrscheinlichkeit zu tun. Die bedingte Wahrscheinlichkeit, daß die Summe der Augen auf beiden Würfeln 10, 11 oder 12 ist, vorausgesetzt, daß man mit dem ersten eine 6 geworfen hat, ist 1/2. Sechs Möglichkeiten sind gleichermaßen wahrscheinlich: (6; 1), (6; 2), (6; 3), (6; 4), (6; 5), (6; 6); drei davon ergeben 10 und mehr Augen. Die bedingte Wahrscheinlichkeit, daß eine Person weniger als 50 kg wiegt, wenn sie über 1,80 m groß ist, ist meiner Schätzung nach nicht größer als 5%. Das ist beträchtlich weniger als die Wahrscheinlichkeit, daß irgendeine zufällig herausgesuchte Person unter 50 kg wiegt.

Im Umgang mit bedingten Wahrscheinlichkeiten muß man etwas vorsichtig sein. So ist z. B. die bedingte Wahrscheinlichkeit, daß jemand Spanisch spricht, wenn es sich um einen spanischen Staatsbürger handelt, ungefähr 95%, hingegen die bedingte Wahrscheinlichkeit, daß jemand ein spanischer Staatsbürger ist, wenn er spanisch sprechen kann, nicht viel höher als 10%. Oder stellen wir uns vor, in einer Wohngegend gibt es nur vierköpfige Familien – Mutter, Vater und zwei Kinder. Wir suchen ein x-beliebiges Haus auf, klingeln an der Tür und werden von einem Mädchen begrüßt. (Weil, so sagen wir, immer Mädchen die Tür aufmachen, wenn es sie gibt.) Was ist die bedingte Wahrscheinlichkeit, daß diese Familie sowohl einen Sohn als auch eine Tochter hat? Die Antwort ist nicht 1/2, was vielleicht erstaunen mag, sondern 2/3. Es gibt nämlich drei gleichermaßen wahrscheinliche Möglichkeiten – ein älterer Junge, ein jüngeres Mädchen; ein älteres Mädchen, ein jüngerer Junge; ein älteres und ein jüngeres Mädchen –, und in zwei der drei möglichen Fälle hat die Familie einen Sohn. Die vierte Möglichkeit – ein älterer, ein jüngerer Junge – scheidet ja aufgrund der Tatsache aus, daß ein Mädchen an die Tür gekommen ist.

Wahrscheinlichkeiten komplexer Ereignisse auszurechnen ist im allgemeinen keine Schwierigkeit, *wenn* wir die Wahrscheinlichkeiten der einfachen Ereignisse kennen, aus denen sich die komplexen zusammensetzen. Mit Hilfe von Kolmogorows Axiomen (einschließlich der Wahrscheinlichkeit von sich gegenseitig ausschließenden Ereignissen, unabhängigen Ereignissen etc.) teilt man die komplexen Ereignisse in sich gegenseitig ausschließende Unterereignisse auf, und schon kann man anfangen zu rechnen. Sollte dies zu mühsam sein, kann die Situation auch mit einem Computer simuliert und die Lösung empirisch bestimmt werden (siehe das Kapitel über die *Monte-Carlo-Simulationsmethode*).

Manchmal versuchen wir ja, die Wahrscheinlichkeit von so elementaren Ereignissen wie z. B. Krankheiten und Verbrechen, um zwei ganz verbreitete Kategorien zu wählen, herauszufinden – oder besser gesagt, solchen Vorfällen eine bestimmte Wahrscheinlichkeit anzuheften. Das Problem ist, daß wir diese Dinge meistens so verzerrt und dramatisch sehen wie das Fernsehen, statt einigermaßen objektiv und anhand statistischer Informationen. Rechnen Sie mal die Wahrscheinlichkeit aus, daß irgendeiner der über 5 Milliarden Menschen auf der Welt Sie umbringen wird. Sie ist dann immer noch geringer als die, daß Sie sich selbst umbringen werden. Oder denken Sie nur daran, daß der Durchschnittsdeutsche mit vielleicht 250000mal größerer Wahrscheinlichkeit an einer Herzerkrankung sterben wird als an einer Lebensmittelvergiftung. Natürlich ist ein Mord und ein Fall von Fleischvergiftung für die Medien ein gefundenes Fressen; mit einem Selbstmord oder Herzschlag läßt sich keine Schlagzeile machen, es sei denn, die Person hat irgendwie im Rampenlicht gestanden. Glauben Sie nicht, es handle sich hier nur um ein rein akademisches Problem. Wenn wir nicht imstande sind, die Gefahren und Risiken, mit denen wir generell leben, richtig zu bewerten und begreifbar zu machen, dann führt das zu unbegründeten persönlichen Ängsten, mit denen wir uns selbst ruinieren, oder zu unerreichbaren und alles lahmlegenden Forderungen nach einer risikofreien Umwelt und Gesellschaft.

Bleibt nach wie vor die Frage, trotz all unserer Wahrscheinlichkeitsberechnungen in noch so idealisierten Situationen: Was ist Wahrscheinlichkeit?

Zeit, Raum und Unendlichkeit

Laurence Sternes Roman *Leben und Ansichten von Tristram Shandy, Gentleman* aus dem 18. Jahrhundert brachte Bertrand Russell auf »das Tristram-Shandy-Paradoxon«. Tristram Shandy ist der Erzähler des Buchs, der, so teilt er dem Leser mit, zwei Jahre gebraucht hat, um die Geschichte der ersten zwei Tage seines Lebens aufzuschreiben. Shandy grämt sich, weil mit diesem Tempo die letzten Abschnitte seines Lebens nie zu Papier gebracht würden. Russell jedoch meint, »wenn er ewig gelebt hätte und des Schreibens nicht müde geworden wäre, dann wäre kein Teil seiner Biographie ungeschrieben geblieben, selbst wenn sein Leben weiterhin so ereignisreich verlaufen wäre wie am Anfang.«

Die Auflösung dieses Paradoxons hängt von den besonderen Eigenschaften unendlicher Zahlen ab (siehe das Kapitel über *Unendliche Mengen*). Bei dem angegebenen Tempo hätte Shandy jeweils ein ganzes Jahr für den dritten, vierten, fünften und sechsten Tag gebraucht, und jedes Jahr hätte er einen weiteren Tag aus seinem Leben aufschreiben können. Und obwohl er andererseits jedes Jahr immer weiter zurückgefallen wäre, hätte er keinen Tag auslassen müssen, vorausgesetzt, er wäre ewig am Leben geblieben.

Es ist vielleicht nicht ganz einfach für uns, andere, enorm differierende Zeitskalen völlig rational zu sehen, selbst wenn wir uns nur begrenzt von unserem gewohnten Zeitrahmen lösen müssen. Astronomische, geologische, biologische und historische Zeiträume miteinander in Einklang zu bringen kann zwar innerhalb von

Nanosekunden in Frustration münden, aber einen Versuch ist es allemal wert. Wenn man erst einmal einen Maßstab gelten läßt, dann treten oftmals ähnliche Strukturen in Erscheinung. Die daraus resultierende Perspektive, besser gesagt, der Sinn dafür, kann einen beträchtlichen Einfluß auf unsere Anschauungen haben, wenn nicht auch auf unsere Entscheidungen und auf unser Handeln.

Eine ähnliche Perspektive gewinnt man aus räumlichen Vergleichen. Man muß sich nur einmal vor Augen halten, daß die höchste Erhebung der Erde, der Mount Everest, gerade 8850 m hoch ist, eine Zahl, die der Größe nach mit der Tiefe der tiefsten Ozeane vergleichbar ist. Demnach sind die extremsten Unregelmäßigkeiten der Erdoberfläche kleiner als 1/1000 des Erddurchmessers (ca. 12850 km) und entsprechen kleinen Höckerchen von etwa 2/1000 eines Zolls auf einem 2-Zoll-Billardball (d. h. $2 \times 1/1000$). Insofern ist die Erde trotz ihrer Gebirge, Ozeane und Unebenheiten glatter (aber nicht unbedingt runder) als der durchschnittliche Billardball.

Hierzu paßt auch ganz gut eine meiner Lieblingsgeschichten, Tolstois »Wieviel Erde braucht der Mensch?«. In der Parabel geht es um einen Menschen, der die Gelegenheit bekommt, so viel Land zu besitzen, wie er an einem Tag abschreiten kann. Aber vor lauter Gier geht er dabei drauf, und damit ist die Frage auch beantwortet: Ein Mensch braucht ungefähr 2 Meter mal 0,5 Meter mal 1 Meter – genug für ein Grab. Selbst wenn wir sehr viel großzügiger wären und jedem Menschen auf der Erde ein würfelförmiges Appartement mit einer Seitenlänge von 7 m zubilligen würden, reicht das Volumen des Grand Canyon, um darin sämtliche 5 Milliarden Appartementwürfel unterzubringen (siehe das Kapitel über *Flächen und Rauminhalte*).

Natürlich stecken wir ganz in den uns vertrauten räumlichen und zeitlichen Verhältnissen; aber sie sind beschränkt auf das, was wir wahrnehmen können, und deshalb sollten wir uns von ihnen nicht den Blick verstellen lassen. Als im 19. Jahrhundert zum ersten Mal bewegte Bilder von Menschen und Tieren auf der Leinwand zu sehen waren, glaubte man zu träumen und hielt die ganze Sache eher für ein Wunder. Wir machen uns manchmal viel zu viel daraus, welche Einstellung andere in puncto Zeit und Vorausplanung haben, denn an sich sind die Unterschiede relativ gering, selbst zwischen den zeitlichen Horizonten eines Kindes und denen eines Rentners und selbst zwischen zwei so fremden Kulturräumen wie dem europäischen und dem asiatischen. Vielleicht überlegen wir mal, wie wir mit einem außerirdischen oder künstlichen Wesen in Beziehung treten können, das, obschon viel intelligenter als wir, 100000 Mal langsamer auf Reize reagieren würde. Auf den ersten Blick würde eine Kommunikation mit solchen Wesen kaum möglich scheinen. Doch wenn ich an eine ähnliche, nur umgekehrte Beziehung denke, nämlich wie langsam und gewieft ich bin und wie schnell und doof mein Computer ist und daß die schnellsten Computer absolut schwerfällig sind, verglichen mit inneratomaren Vorgängen, wo ein Elektron ungefähr 10^{15} Mal pro Sekunde um den Kern saust ..., na ja.

Noch unermeßlicher ist das, was in einer alten Indianer-Fabel steht, wo von einem riesigen Stein die Rede ist. Er soll die Form eines über 1,5 km großen Würfels haben und eine Million Mal härter sein als jeder Diamant. Alle Million Jahre erscheint ein Heiliger, der den Stein ganz sachte berührt. Nach einem Weilchen löst sich der Stein in nichts auf. Dieses Weilchen dauert schätzungsweise 10^{35} Jahre. Zum Vergleich: Das Alter des Universums beträgt ungefähr $1{,}5 \times 10^{10}$ Jahre.

Ganz nützlich kann manchmal die Aufstellung von Zeitabläufen und räumlichen Vergleichen sein, die die verschiedenen Größenordnungen (astronomische, geologische, biologische, geographische, historische und mikrophysikalische) in Beziehung bringen, auch wenn sie die Dinge manchmal sehr vereinfachen. Sie sind insbesondere bei der Orientierung in kosmischen Zusammenhängen hilfreich. In dieser Hinsicht machte Eratosthenes bereits im 3. Jahrhundert v. Chr. einen bemerkenswerten Fortschritt, als ihm die Vermessung der Erdkugel gelang. Er leitete den Erdumfang anhand der Feststellung ab, daß sich die Sonne 7 Grad südlich des Zenits bei Alexandria befindet, wenn sie über Syene (das heutige Assuan), 800 km südlich von Alexandria gelegen, direkt im Zenit steht. Eine der tragenden Säulen unseres gegenwärtigen Weltbilds, die Evolutionstheorie, entwickelte sich, weil das biblische Erdalter aufgrund der geologischen Forschung immer unhaltbarer wurde. Die Geo-

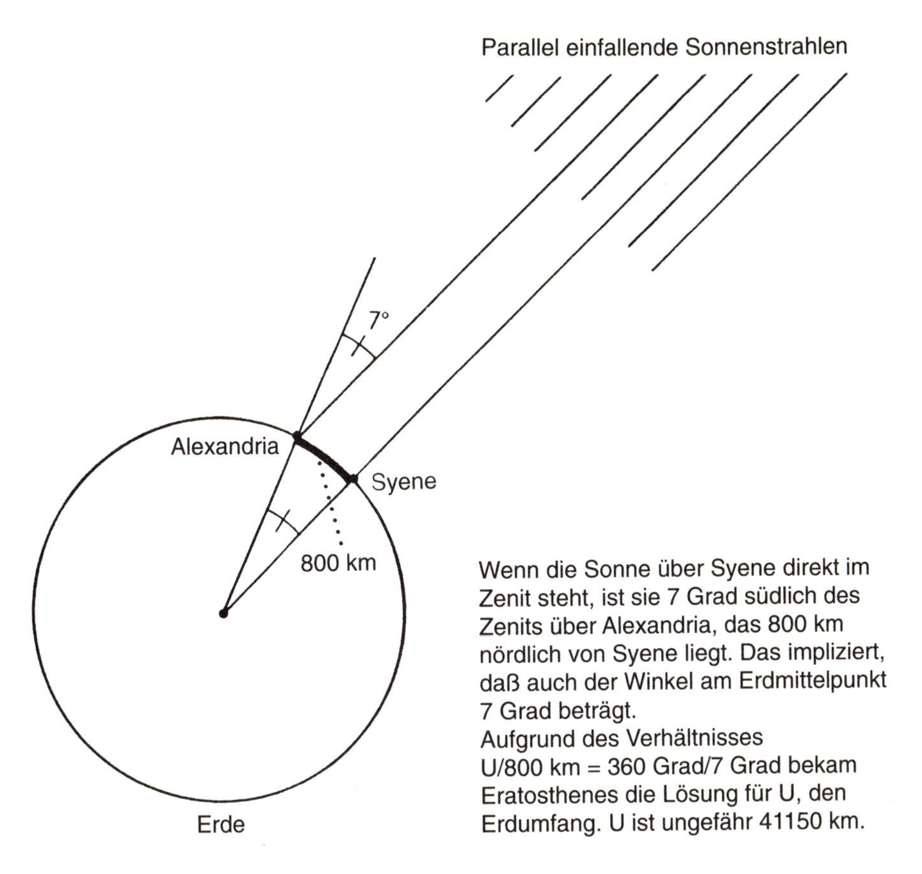

logen untersuchten keine Schriften wie die Gelehrten, die einfach alle Generationen in der Bibel zusammengezählt hatten und auf 4000 Jahre gekommen waren, sondern das Alter von Gesteinen. Und dann kam Darwin und hatte einen besseren Zeitplan.

Irgendwie gibt es uns eine gewisse Sicherheit, zu wissen, an welchem Ort und zu welcher Zeit wir uns in der Welt befinden. Ein kleiner Junge, der seine Adresse schreibt und dann mit »Deutschland, Europa, Erde, Sonnensystem, Milchstraße . . .« weitermacht, kennt das Gefühl ganz gut. Ein vergleichbares Gefühl kann in uns aufkommen, wenn wir merken, daß unser Leben (wenn wir jetzt ungefähr in den Vierzigern sind) gerade 1/100000000 der ungefähr 4 Milliarden Jahre ausmacht, die seit der Entstehung des Lebens auf der Erde vergangen sind. Und wie stark wird das Gefühl erst, wenn wir uns vorstellen, dieser ganze Zeitraum wäre auf ein einziges Jahr komprimiert; dann wären unsere »ältesten« Religionen etwa vor 30 oder 40 Sekunden entstanden und wir selbst etwa 3/10 Sekunden vor Mitternacht des 31. Dezembers auf die Welt gekommen. (Und wenn wir als Menschheit am 1. Januar eine Minute nach 12 Uhr mittag noch am Leben sind, ohne uns bis dahin selbst den Garaus gemacht zu haben, dann kann ich in aller Gelassenheit voraussagen, daß sich die Menschheit noch ein Weilchen auf dem Planeten herumtreiben wird.)

Archimedes' Sandrechnung, mit der er anhand der Zahl von Sandkörnern, die im Universum Platz hätten, die unendliche Fortsetzbarkeit der Reihe der natürlichen Zahlen darlegte; sein Hebelgesetz, mit dem er bewies, sogar die Erde mit einem ganz langen Hebel aus den Angeln wuchten zu können; seine Abhandlungen über kleinste Zeiteinheiten und andere Größen, deren Summen, laufend wiederholt, notwendigerweise jede Größe übertreffen – all diese Arbeiten sprechen dafür, daß die Verbindung zwischen Zahlenfaszination und Überlegungen hinsichtlich Raum und Zeit sehr frühen Ursprungs ist. Pascal dachte über den Gottesglauben, das Rechnen und die Stellung des Menschen in der Natur nach, die seiner Ansicht nach auf halbem Weg zwischen dem Unendlichen und dem Nichts liegt. Nietzsche stellte Spekulationen über ein geschlossenes und unendlich wiederkehrendes Universum an. Henri Poincaré und andere, die eine intuitionistische oder konstruktivistische Einstellung zur Mathematik hatten, haben die Folge ganzer Zahlen mit unserer vorwissenschaftlichen Auffassung von Zeit als einer Folge diskreter Zeitpunkte verglichen. Mutmaßungen über Raum und Zeit sind von Mathematikern wie Riemann und Gauß bis zu Einstein und Gödel gemacht worden. Alles in allem Themen, die seit Menschengedenken im Zentrum der mathematisch-physikalischen Gedankenwelt stehen.

Eine Schlußfolgerung ist aus diesen unvollständigen Bemerkungen nicht zu ziehen. Ein schwacher Trost ist vielleicht, daß solche Überlegungen irgendwie »gut« für uns sind. Denn irgendwie wirken sie ja therapeutisch oder sogar ernüchternd, was zuweilen nötig scheint, damit wir auf dem Teppich bleiben.

Zenon und Bewegung

Um 460 v. Chr., 80 Jahre nach Pythagoras, war der griechische Philosoph Zenon von Elea unermüdlich am Nachdenken und Schreiben. Leider gingen seine Schriften alle verloren. Dennoch kann man annehmen, da sich Aristoteles ein Jahrhundert später öfters auf sie bezog, daß er ein scharfsinner und spitzfindiger Skeptiker war, der verschiedene Paradoxa aufstellte, mit denen die damalige Mathematik nicht zurechtkam. Das berühmteste handelt vom Wettlauf zwischen Achilles und der Schildkröte und beweist scheinbar, daß Achilles, und wenn er noch so schnell läuft, die Schildkröte, der er einen Vorsprung gegeben hat, nie einholen kann. Denn um das zu schaffen, muß Achilles erst einmal den Punkt T_1 erreichen, von wo aus die Schildkröte losgerannt ist. Unterdessen aber ist die Schildkröte schon am Punkt T_2 angelangt. Und während Achilles die Strecke zwischen T_1 und T_2 zurücklegt, hat sich die Schildkröte schon zum Punkt T_3 bewegt. Achilles beeilt sich natürlich, um von T_2 nach T_3 zu kommen, aber wieder ist die Schildkröte ihm ein Stückchen voraus usw.

Achilles wird also die Schildkröte nie einholen, denn das ginge ja nur, wenn er eine unendliche Zahl von Abständen in einem endlichen Zeitraum zurücklegt, argumentierte Zenon spitzfindig. Das heißt, jede Strecke zwischen T_1 und T_2, zwischen T_2 und T_3, zwischen T_3 und T_4, zwischen T_{17385} und T_{17386} usw., die Achilles hinter sich bringen müßte, würde jedesmal eine bestimmte Zeit dauern, und da es unendlich viele Teilstrecken sind, würde es logischerweise auch unendlich lange dauern. Achilles wird zwar immer näher an die Schildkröte herankommen, aber einholen wird er sie nie. Das ist natürlich ein Trugschluß, so daß mit dem Argument irgend etwas nicht stimmen kann. Also, woran hapert's?

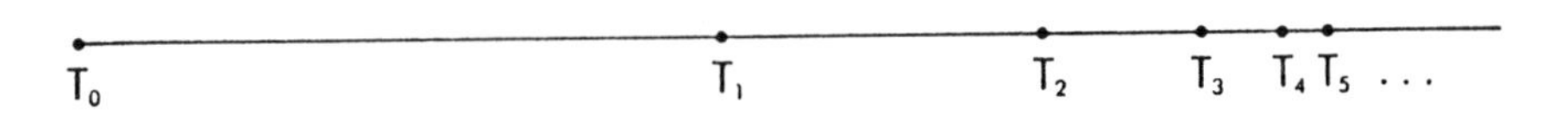

Um die Schildkröte einzuholen, muß Achilles zuerst von T_0 nach T_1 laufen, dann von T_1 nach T_2, anschließend von T_2 nach T_3 usw. Zenon argumentierte folgendermaßen: Da es jedesmal eine bestimmte Zeit dauert, jede Teilstrecke abzulaufen, muß es folglich unendlich lange dauern, eine unendliche Zahl von Teilstrecken abzulaufen. Also kann Achilles die Schildkröte nie einholen.

Bevor ich einen Ausweg aus diesem Dilemma beschreibe, möchte ich noch zwei weitere Aporien einflechten. »Der fliegende Pfeil ruht« ist ebenfalls ein Paradoxon von Zenon, der damit behauptete, daß ein Pfeil sich nicht bewegt, selbst wenn er mitten im Flug ist. Zu jedem einzelnen Zeitpunkt ist der Pfeil einfach da, wo er gerade ist, und nimmt in jedem dieser Momente genau so viel Raum in Anspruch, wie sein Volumen ist. Während dieses spezifischen Moments kann der Pfeil nicht in Bewegung sein, da ansonsten mindestens eine von zwei absurden Implikationen die Folge wäre: Wäre der Pfeil in Bewegung, so würde das bedeuten, daß ein Zeitpunkt einen früheren und einen späteren Abschnitt hat, doch laut Definition haben Zeitpunkte überhaupt keine Abschnitte. Oder es würde mit einschließen, daß der Pfeil einen Raum einnehmen müßte, der größer als sein eigenes Volumen ist, um Raum für die Positionsveränderung zu haben. Da beides keinen Sinn macht, folgern wir, daß Bewegung während eines Zeitpunkts unmöglich ist, denn wenn sie stattfände, müßte es ja während des einen oder anderen Zeitpunkts geschehen.

Natürlich ist auch das wieder ein Trugschluß; was ist an diesem Argument faul? Zenons Genialität liegt zum Teil darin, daß er gewillt war, Argumenten auf den Zahn zu fühlen, ihnen nachzugehen, egal wohin das führt, und sei es bis zu solchen Widersprüchlichkeiten wie in diesem Fall, wo es um die Beschaffenheit von Raum und Zeit geht. Besitzen Raum und Zeit Kontinuität, sind sie unendlich teilbar? Wie erklärt sich dann das Achilles-Paradoxon? Oder sind Raum und Zeit diskontinuierlich und sprunghaft fortbeweglich wie in der Kinematographie? Wie erklärt sich dann das Paradoxon des fliegenden Pfeils, der ruht?

Obwohl das folgende Rätsel nicht die historische Qualität der beiden Zenon-Aporien besitzt und nicht ohne Trick auskommt, paßt es ganz gut hierher, zumal es auch um Bewegung geht, obendrein bei einem Marathonlauf, der ja wiederum zur griechischen Geschichte gehört. Stellen wir uns vor, zwei Läufer, die allerdings schon etwas betagter sind, liefern sich bei einem Marathonlauf über ca. 42,2 km einen erbitterten Kampf. Der eine, Georg, läuft im gleichmäßigen Tempo einen Kilometer in 6 Minuten, wie die Stoppuhr jedesmal feststellt. Der andere, Waldemar, hat kein so regelmäßiges Tempo, macht aber laut Stoppuhr trotzdem jeden Kilometer in 6 Minuten und 1 Sekunde. Die Frage ist nun: Kann Waldemar in diesem Rennen Georg schlagen, auch wenn er durchweg langsamer ist?

Natürlich ist die Antwort Ja, denn sonst könnte ich mir das Rätsel sparen. Es kann nämlich so sein, daß Waldemar die ersten 200 m in 25 Sekunden durchsprintet und die restlichen 800 m gemächlich in 5 Minuten und 36 Sekunden abtippelt. Diese Strategie wiederholt er Kilometer für Kilometer, einschließlich des letzten. Da der Marathon über 42,2 km geht, beendet Waldemar die letzten 200 m mit einem Sprint. Georgs Gesamtzeit beträgt 253 Minuten und 12 Sekunden (42,2 km × 6 Minuten/Kilometer), Waldemars 253 Minuten und 7 Sekunden (42 km × 6 Minuten und 1 Sekunde pro Kilometer plus die 25 Sekunden für die letzten 200 m). Waldemar gewinnt also mit 5 Sekunden Vorsprung vor Georg.

Und wie hat man Zenons Argumentation widerlegen können, wenngleich auch erst in der Neuzeit? Nun, in der Achilles-Geschichte hat Zenon fälschlicherweise angenommen, daß die Summe unendlich vieler Zeitintervalle (während derer Achilles von T_1 nach T_2 und von T_2 nach T_3 usw. läuft) letztlich unendlich ist und daß Achilles deshalb die Schildkröte nie einholen wird. Daß dies nicht unbedingt der Fall ist, zeigt sich z. B. an der Reihe 1 + 1/2 + 1/4 + 1/8 + 1/16 + 1/32 + . . ., die zusammengezählt nur 2 ergibt, obwohl sie aus unendlich vielen Gliedern besteht. Endgültig geklärt wurde dies allerdings erst im 19. Jahrhundert, als die Grundsätze der Infinitesimalrechnung und unendlichen Reihen genauestens festgelegt wurden (siehe auch Kapitel über *Reihen – Konvergenz und Divergenz* und *Grenzwerte*).

Was das »Der fliegende Pfeil ruht«-Paradoxon angeht, so hatte Zenon insofern recht, als er glaubte, daß der Pfeil zu jedem bestimmten Zeitpunkt an einer bestimmten Stelle ist und es eigentlich keinen Unterschied gibt zwischen einem Pfeil, der zu einem bestimmten Zeitpunkt in Ruhe ist, und einem, der zu diesem bestimmten Zeitpunkt in Bewegung ist. Bewegung und Ruhe sind in der Momentaufnahme nicht voneinander zu unterscheiden. Sein Fehler war, daraus zu folgern, daß Bewegung somit unmöglich sei. Der Unterschied zwischen Ruhe und Bewegung kommt erst zum Vorschein, wenn man sich die Positionen des Pfeils zu verschiedenen Zeitpunkten ansieht. Bewegtheit ist nichts anderes, als zu unterschiedlichen Zeiten an unterschiedlichen Orten zu sein, Ruhe nichts anderes, als zu unterschiedlichen Zeiten am selben Ort zu sein.

Ein recht bemerkenswerter Aspekt ist, wie lange die endgültige Auflösung von Zenons Paradoxa doch gedauert hat – fast 2500 Jahre – und daß dazu die subtilsten Techniken nötig waren, die ja erst durch die gründlich formalisierte Infinitesimalrechnung und die unendlichen Reihen im 19. Jahrhundert aufkamen. Diese uralten Gedankenexperimente geben ein extremes Beispiel dafür, wie sehr doch Ideen allen Gleichungen und Berechnungen vorausgehen.

Dies ist die natürliche Entwicklung. Viel zu oft aber sieht man diese Reihenfolge umgekehrt, besonders in der mathematischen Pädagogik. Wenn das passiert, wird aus der Mathematik ein Bündel von Techniken, und verloren ist ihre enge Beziehung zur Philosophie, Literatur, Geschichte, Naturwissenschaft – und zum Alltag. Ohne diesen Hintergrund aus menschlicher Bedeutung und menschlicher Geschichte, vor dem sie sich entfaltet, wird die Mathematik keine von den freien Künsten mehr sein, sondern zu einem bloßen Instrument in der Hand des Technikers verkommen. Ich denke, dieser Tendenz sollte man gegensteuern, und dazu möchte ich meinen Teil beitragen.

Zufall

Zufälle haben etwas Faszinierendes an sich. Scheinbar müssen wir in ihnen stets eine Bedeutung suchen. Dabei sind sie öfter zu erwarten, als wir denken; sie bedürfen auch nicht immer einer speziellen Erklärung. Wenn ich neulich jemanden zufällig in Seattle getroffen habe, dessen Vater an der Hochschule von Chicago im selben Baseball-Team mitgespielt hat wie meiner und dessen Tochter genauso alt ist und den gleichen Namen hat wie meine, dann kann ich daraus weiß Gott nichts Kosmisches folgern. So unwahrscheinlich es war (das haben besondere Ereignisse nun einmal so an sich), so hoch ist die Wahrscheinlichkeit, daß das eine oder andere Ereignis von so vager Natur gelegentlich eben doch mal vorkommt.

Oder präziser gesagt: Wenn z. B. zwei Passagiere, die sich nicht kennen, nebeneinander im Flugzeug sitzen, dann stehen sie in 99 von 100 Fällen durch ein, zwei andere Personen mittelbar in Kontakt zueinander. (Die Verbindung mit dem Schulfreund meines Vaters war deshalb so verblüffend, weil sie eben nur durch eine einzige Person zwischen uns, nämlich meinen Vater, zustande kam und zudem weitere Elemente enthielt.) Vielleicht kennt der Neffe des einen Passagiers den Zahnarzt des anderen. In der Regel bleiben diese Verbindungen im dunkeln, denn wer geht schon in einer beiläufigen Unterhaltung all seine 1500 Bekannten samt deren Bekannten durch. (Wenn die Laptop-Computer so richtig populär werden sollten, dann könnte man die persönlichen Datenbanken, ja sogar die der Bekannten, gegenseitig vergleichen. Wer weiß, vielleicht gehört es schon bald zum guten Ton, so wie die persönliche Visitenkarte. Elektronische Netzwerk-Kontakte – was für ein höllischer Gedanke.)

Jedenfalls begegnet man immer wieder Leuten, mit denen man auf Umwegen bekannt ist. Das kommt so häufig vor, daß man darüber eigentlich kein Wort mehr verliert. Ebensowenig beeindruckt der »prophetische« Traum, der in traditioneller Weise immer dann an den Tag kommt, wenn irgendein Unglück schon passiert ist. Das ist nicht gerade umwerfend, wenn man einfach mal davon ausgeht, daß in der ganzen Bundesrepublik jede Nacht 160 Millionen Stunden lang geträumt wird – 2 Stunden pro Kopf bei nunmehr 80 Millionen wiedervereinigten Deutschen.

Oder denken Sie an das bekannte Geburtstagsproblem aus der Wahrscheinlichkeitsrechnung. Sie können wetten, daß von 367 Leuten (eine Person mehr, als ein Schaltjahr Tage hat) 2 mit Sicherheit an ein und demselben Tag Geburtstag haben. Wenn Sie sich mit einer 50:50-Chance zufriedengeben, dann genügen bereits 23. Sie können sich auch vorstellen, daß in einer Schule mit tausend Klassenzimmern jeweils 23 Schüler die Schulbank drücken; in ungefähr 500 Klassenzimmern werden Sie 2 Schüler finden, die am selben Tag Geburtstag haben. Die Bedeutung derartiger Zufälle zu erklären wäre reine Zeitverschwendung. Es gibt sie einfach.

Etwas anderes ist es, wenn der Herausgeber eines Börsenbriefs z. B. 64000 Anschreiben losläßt, worin er nur aufs Blech haut, mit super Insider-Kontakten, aktuellsten Datenbank-Informationen und tollsten Ökonometrie-Modellen usw. In 32000 davon kündigt er für die folgende Woche den Anstieg einer bestimmten Aktie an, in den anderen 32000 einen Rückgang. Egal wie es kommt, er schickt gleich danach einen zweiten Brief hinterher, aber nur an diejenigen 32000 Personen, für die er mit seiner »Prognose« recht hatte. Für 16000 von ihnen hat er in der nächsten Woche wieder einen gewinnversprechenden Aktientip parat, während dasselbe Wertpapier für die anderen 16000 laut seiner Prognose fallen wird. Und ganz gleich, was passiert, 16000 Leute haben von ihm ein zweites Mal hintereinander den richtigen Tip bekommen. Wenn er so weitermacht, indem er sich nur auf die Leute konzentriert, die jedes Mal eine richtige

Prognose bekommen haben, werden sie bald denken, daß er weiß, wovon er spricht. Und schließlich werden wahrscheinlich 1000 oder so übrigbleiben, die sechs Mal hintereinander (zufällig) eine richtige Prognose bekommen haben und die 1500 DM für gut angelegt halten, die der gute Mann für seine »Weissagungen« verlangt; man will ja weiterhin etwas absahnen.

Ganz nützlich scheint mir, zwischen Ereignissen allgemeiner und Ereignissen besonderer Natur zu unterscheiden. Viele Situationen sind so, daß sich garantiert selten etwas ganz Besonderes ereignet, etwa daß eine bestimmte Person im Lotto gewinnt. Das generelle Ereignis, daß irgend jemand im Lotto gewinnt, ist hingegen nichts Bemerkenswertes. Aber kehren wir noch einmal zum Geburtstagsproblem zurück. Wie wir wissen, genügen 23 Leute, damit mit 50%iger, also mit einer Wahrscheinlichkeit von $^1/_2$ zwei davon an irgendeinem Tag gemeinsam Geburtstag haben; legen wir jedoch ein spezielles Datum fest, den 24. Dezember z. B., dann müssen es schon 253 Leute sein, damit die Wahrscheinlichkeit 1/2 ist, daß 2 Leute genau an dem Tag Geburtstag haben. Es ist also wirklich nicht leicht, besondere Ereignisse eintreten zu sehen, so daß solche Prognosen gemeinhin völlig vage und amorph ausfallen – wenn man überhaupt von Prognosen sprechen kann, obwohl natürlich die Prognostiker, wenn etwas eingetreten ist, gern behaupten, sie hätten es ja so kommen sehen.

Die paar wenigen richtigen Prophezeiungen (von weiß Gott wem, Telepathen oder Verfassern dubioser Börsenbriefe) werden großartig in die Welt hinausposaunt, während die 9839 oder noch viel mehr Fehlprognosen pro Jahr einfach unter den Teppich gekehrt werden. Das ist ein weitverbreitetes Phänomen, das obendrein die Tendenz bei uns fördert, mehr Bedeutung in den Zufall hineinzulesen, als er es gewöhnlich verdient. Wir vergessen einfach, vor wie vielen Katastrophen wir schon gewarnt wurden, ohne daß damit die Zukunft richtig vorhergesagt wurde; aber wenn etwas mal eintraf, erinnern wir uns sofort daran. Wer von uns hätte es noch nie mit scheinbar telepathischen Gedanken zu tun bekommen? Dagegen sind die unvergleichlich vielen Male, die es nicht passierte, viel zu banal und überhaupt nicht der Rede wert.

Sogar die Biologie scheint sich darauf eingeschworen zu haben, Zufälle in überflüssiger Weise bedeutsamer erscheinen zu lassen. Das scheint der primitive Mensch in seiner natürlichen Umwelt aus Felsen, Flüssen und Pflanzen noch nicht gekonnt zu haben; aber immerhin muß er für alles erdenklich Ungewöhnliche und Unwahrscheinliche sehr offen gewesen sein, sonst hätte sich nicht allmählich ein gesunder Menschenverstand entwickeln können, ohne den es auch keine Wissenschaft gegeben hätte. Dennoch gibt es manchmal sehr bedeutsame Zufälle. Aber anscheinend ist die uns angeborene Neigung, Zufälle und Unwahrscheinlichkeiten auszumachen, infolge der vielen, vielen Verbindungen, die heute in unserer komplizierten und selbst geschaffenen modernen Welt zwischen uns existieren, bei vielen Leuten überreizt, was ja vielleicht dazu führt, daß Ursachen und Kräfte postuliert werden, wo es überhaupt keine gibt. Wir kennen heute mehr Namen als je zuvor (nicht nur die aus der Verwandtschaft, sondern auch die von Kollegen, Personen aus der Öffentlichkeit etc.); mehr Daten (von Nachrichten bis zu persönlichen Verabredungen und Terminen); mehr Adressen (von Telefonnummern bis zu Bürozimmernummern und Straßennamen); mehr Organisationen und Akronyme (von MBB und BND, KPdSU und HIV) usw. Wahrscheinlich hat sich die Häufigkeit von Koinzidenzen in den letzten beiden Jahrhunderten ziemlich gesteigert, obwohl es schwierig sein dürfte, das nachzumessen. Das ändert jedoch nichts daran, daß es meistens wenig Sinn macht, auf eine Erklärung zu pochen.

Fazit: Das totale Ausbleiben aller Zufälle wäre in Wirklichkeit der erstaunlichste und unglaublichste Zufall, den man sich denken kann.

(Apropos Geburtstagsproblem: 1) Die Wahrscheinlichkeit (siehe auch *Wahrscheinlichkeit*), daß zwei Personen unterschiedliche Geburtstage haben, ist 364/365; bei drei Personen (364/365 × 363/365); bei vier (364/365 × 363/365 × 362/365); und bei 23 (364/365 × 363/365 × 362/365 × . . . × 344/365 × 343/365). Wie sich herausstellt, ist dieses letzte Produkt gleich 1/2. Also ist die komplementäre Wahrscheinlichkeit, daß mindestens 2 Personen gemeinsam Geburtstag haben, ebenfalls gleich 1/2 (1 minus das Produkt oben). 2) Die Wahrscheinlichkeit, daß jemand nicht am 24. Dezember Geburtstag hat, ist (364/365); die Wahrscheinlichkeit, daß von 2 Leuten keiner am gleichen Tag Geburtstag hat, ist $(364/365)^2$; bei 3 Leuten ist sie $(364/365)^3$; und bei 253 $(364/365)^{253}$, was gleich 1/2 ist. Damit ist die komplementäre Wahrscheinlichkeit, daß mindestens eine von 253 Personen am 24. Dezember Geburtstag hat, ebenfalls gleich 1/2, nämlich $1 - (364/365)^{253}$.)

Die vierzig Besten – in chronologischer Reihenfolge

Ich bin mir bewußt, daß so eine Bestenliste nicht viel taugt, weil sie simplifiziert, verzerrt und mißverständlich ist. Mit Schallplatten oder Büchern ist es etwas ganz anderes, weil es da einen mehr oder weniger eindeutigen Standard gibt, nämlich die Zahl der innerhalb eines Zeitraums verkauften Exemplare. Mit welchem Maßstab soll man Mathematiker quasi von Anno mundi bis heute messen? Mit der Zahl der bewiesenen Theoreme oder anhand der Bedeutung und Tiefgründigkeit der Entdeckungen oder wie oft sie zitiert worden sind? Oder anhand einer Mixtur, indem man von allem ein bißchen nimmt? Die folgende Liste soll eigentlich nur ein Anhaltspunkt sein. Sie führt eine ganze Reihe von Mathematikern auf (die meisten wurden im Buch erwähnt), die im allgemeinen zu den »besten« gezählt werden und in den vergangenen Jahrtausenden bis zu Beginn des 20. Jahrhunderts in Erscheinung getreten sind. Ich habe fast alle Adjektive, die die eine oder andere Art der Verehrung ausdrücken, weggelassen, da ich mich nur immer wiederholt hätte. Und ich möchte noch einmal den feinen Unterschied betonen: Sie sind nicht *die* besten, sie gehören zu den besten.

Anonyme Ägypter, Babylonier, Chinesen, Maya, Inder und andere. Die unbekannten Schriftgelehrten, Priester, Astronomen und Schäfer, die die begrifflichen und zeichensystematischen Grundlagen für Zahlen und Formen entwickelten.

Pythagoras (um 540–500 v. Chr.). Grieche. Zusammen mit Thales Begründer der griechischen Mathematik. Während der Satz des Pythagoras schon in der babylonischen Mathematik bekannt war, wurde die Zahlenlehre erst in der pythagoreischen Schule entwickelt. Philosoph und Zahlenmystiker (die Zahl als Wesen der realen Dinge: »Hinter allem steckt eine Zahl«).

Platon (427–347 v. Chr.). Grieche. Selbst kein Mathematiker, aber bekannt als »der Vater der Mathematiker«. Seiner Naturphilosophie nach entstanden durch göttliche Formung gestaltloser Materie mathematisch bestimmte Körper, denen die vier Elemente Erde, Feuer, Wasser und Luft zugeordnet sind. Seine meistens in Dialogform verfaßten Schriften enthalten zahlreiche mathematische Spekulationen und Hinweise. Über dem Eingang zu seiner Akademie stand eine Inschrift, die ungefähr den Wortlaut hatte: »Wer die Geometrie nicht kennt, hat hier nichts zu suchen.«

Euklid (um 365–300 v. Chr.). Grieche. Schrieb die »Elemente«, eine systematische Zusammenstellung der griechischen Mathematik in 13 Büchern; beeinflußte damit die Entwicklung des mathematischen Denkens bis ins 19. Jahrhundert.

Archimedes (um 287–212 v. Chr.). Grieche. Einflußreiche geometrische Abhandlungen, insbesondere zur Berechnung von Flächen und Rauminhalten mit Hilfe der Exhaustionsmethode. Größter Wissenschaftler der Antike; machte Entdeckungen in der Astronomie, Hydrostatik (»*Heureka*, ich hab's gefunden«) und Mechanik.

Apollonios (um 230 v. Chr.). Grieche. Arbeitete an der Weiterentwicklung der antiken Kegelschnittlehre in seinem 8 Bücher langen Hauptwerk *Konika* und nahm bereits Descartes' analytische Geometrie vorweg. Astronom.

Ptolemäus (um 83–161). Grieche, in Alexandria wirkend. Verfasser des *Almagest*, wie arabische Mathematiker seine »Große Zusammenstellung« nannten, jahrhundertelang ein Leitfaden in der Astronomie, Geographie und Mathematik; beschrieb darin das geozentrische (ptolemäische) Weltsystem.

Diophantos (um 250). Grieche, in Alexandria wirkend. Verfasser der »Arithmetika«; behandelte darin die Zahlentheorie und die ganzzahlige Lösung linearer und quadratischer Gleichungen mit einer oder mehreren Unbekannten.

al-Charismi (al-Khowarizmi) (um 830). Aus Bagdad. Beschrieb als erster die elementare Algebra in seinem Werk *Al-jabr wa'l Muqabalah*. Trug erheblich dazu bei, daß die Algebra nach Europa kam. Gehört zu den vielen bedeutenden arabischen Mathematikern.

Omar Chajjam (1050?—1123). Perser. Am besten bekannt als Verfasser der *Rubai*. Bedeutender Mathematiker, der die Algebra von al-Charismi weiter ausbaute. *Bhaskara* (1114—1185). Inder. Führender Algebraiker des 12. Jahrhunderts.

Geronimo Cardano (1501—1576) und *Niccolò Tartaglia* (1500—1557). Italiener. Entdeckten gemeinsam die Lösungen für Gleichungen dritten und vierten Grades. Trieben die algebraische Forschung weiter voran.

Galileo Galilei (1564—1642). Italiener. Obwohl er selbst kein Mathematiker war, gab sein wichtigstes Werk, die *Unterredungen und mathematischen Demonstrationen über zwei neue Wissenszweige, die Mechanik und die Fallgesetze betreffend,* den Ausschlag für die revolutionäre Allianz von Mathematik und experimentellen Versuchen und damit für neuartige Methoden bei der Erforschung der Naturgesetze.

François Viète (1540—1603). Franzose. Erfand die unerläßliche Notation für die Algebra, insbesondere Variablen. Arbeiten zur Algebra und Trigonometrie. In seine Zeit fallen auch die Dezimalen von *Simon Stevin* (1548—1620), die Logarithmen von *John Napier* (1550—1617) und die Ellipsen und astronomischen Studien von *Johannes Kepler* (1571—1630).

René Descartes (1596—1650). Franzose. Erfand zusammen mit Pierre Fermat die analytische Geometrie, die Verbindung von Algebra und Geometrie, und legte somit den Grundstein für die moderne Mathematik. Philosoph, Begründer des Kartesianismus.

Pierre Fermat (1601–1665). Franzose. Zusammen mit Descartes Erfinder der analytischen Geometrie. Beschäftigte sich mit Infinitesimalrechnung, Wahrscheinlichkeitsrechnung und Problemen der Zahlentheorie, wobei er u. a. den Fermatschen Satz entwickelte.

Blaise Pascal (1623–1662). Franzose. Einer der Väter der Wahrscheinlichkeitstheorie. Philosoph, religiöser Mystiker und Meister des literarischen Stils.

Isaac Newton (1642–1727). Engländer. Erfinder/Entdecker des binomischen Lehrsatzes, unendlicher Reihen und der Infinitesimalrechnung (gleichzeitig mit Leibniz), so daß man ab dieser Zeit von der modernen Mathematik sprechen kann. Schuf mit seinem Werk *Mathematische Prinzipien der Naturphilosophie* die Grundlagen für die moderne Physik, u. a. mit den Gesetzen zur Mechanik, Gravitation und Optik.

Gottfried Wilhelm Leibniz (1646–1716). Deutscher. Gleichzeitig mit Newton der Erfinder der Infinitesimalrechnung. Philosoph und Logiker, der viele Entwicklungen vorwegnahm.

Die *Bernoullis*, darunter *Jakob* (1654–1705), *Johann* (1667–1748), *Daniel* (1700–1782) und andere. Mathematiker-Familie aus der Schweiz. Bedeutende Beiträge zur Infinitesimal- und Wahrscheinlichkeitsrechnung sowie auf dem Gebiet der mathematischen Physik.

Leonhard Euler (1707–1783). Schweizer. Sehr produktiv. Zahlreiche bedeutende Theoreme in vielen Bereichen der Mathematik, u. a. in der Infinitesimalrechnung, Differentialrechnung, Zahlentheorie, angewandten Mathematik und Kombinatorik.

Joseph Louis Lagrange (1736–1813). Franzose. Zahlentheorie, Differentialrechnung, Variationsrechnung, Analysis, Himmelsmechanik und Dynamik. Seine *Analytische Mechanik* ist pure Mathematik.

Pierre Simon Laplace (1749–1827). Franzose. Beeinflußte mit seinen Arbeiten die mathematische Analysis und Astronomie. Machte die Wahrscheinlichkeitsrechnung zu einem wichtigen Zweig der Mathematik. Zeitgenosse des *Marquis de Condorcet* (1743–1794), der die Mathematik gesellschaftspolitisch anwandte, und von *A. M.*

Legendre (1752–1833), der sich in der mathematischen Analysis hervortat.

Nikolai Lobatschewski (1793–1856). Russe. Und *János Bolyai* (1802 bis 1860). Ungar. Entdecker der nichteuklidischen Geometrie (mit Gauß), womit Euklids Parallelenaxiom nicht mehr aufrechtzuerhalten war.

Karl Friedrich Gauß (1777–1855). Deutscher. Befaßte sich intensiv mit der Zahlentheorie *(Arithmetische Forschungen)*, Oberflächentheorie, nichteuklidischen Geometrie, mathematischen Physik und Statistik (Glockenkurve). Gilt neben Newton und Archimedes als einer der drei herausragendsten Mathematiker aller Zeiten.

Augustin Louis Cauchy (1789–1857). Franzose. Bedeutende Theoreme zu komplexen Variablen. Weitere Arbeiten in der mathematischen Analysis und Gruppentheorie. Gab den Anstoß zur stärkeren Formalisierung der Infinitesimalrechnung.

Adolphe Quételet (1796–1874). Belgier. Setzte sich als erster dafür ein, Wahrscheinlichkeitsrechnung und statistische Modelle zur Beschreibung gesellschaftspolitischer, ökonomischer und biologischer Phänomene zu verwenden.

Evariste Galois (1811–1832). Franzose. Seine Arbeiten zur Theorie von Gleichungen machten ihn zum Mitgestalter der modernen abstrakten Algebra.

William Hamilton (1805–1865). Ire. *Arthur Cayley* (1821–1895). Engländer. Und *J. J. Sylvester* (1814–1897). Engländer. Entwikkelten die abstrakte Algebra zur Untersuchung von Operationen, Formen und Mustern. Weitere Spezialgebiete: Matrizen, Quaternionen.

Bernhard Riemann (1826–1866). Deutscher. Seine völlig neuen Erkenntnisse bildeten den geometrischen Rahmen für Einsteins allgemeine Relativitätstheorie und befreiten die Geometrie aus ihrer Abhängigkeit von den physikalischen Vorstellungen über Länge, Breite und Tiefe.

George Boole (1815–1864). Engländer. Sein klassisches Werk *The Laws of Thought* war für die mathematische Betrachtungsweise bei der Untersuchung von Problemen der Logik ausschlaggebend. Wesentlich gefördert wurde dieser Aspekt dann von *Gottlob Frege* (1848–1925) und *Giuseppe Peano* (1858–1932).

James Clerk Maxwell (1831–1879). Schotte. Kein ausgesprochener Mathematiker. Verdient aber Erwähnung, da er die Theorie elektromagnetischer Felder rein mathematisch entwickelte. Wegen seiner Leistungen auf mathematischem Gebiet ist auch der Amerikaner *Josiah Gibbs* (1839–1903) zu nennen.

Georg Cantor (1845–1918). Deutscher. Entwickelte die Mengenlehre und untersuchte u. a. unendliche Mengen und transfinite Zahlen. Beschäftigte sich zudem mit irrationalen Zahlen und unendlichen Reihen.

Felix Klein (1849–1925). Deutscher. Vereinheitlichte die Geometrie, indem er untersuchte, welche Eigenschaften von bestimmten Transformationen unbetroffen bleiben, d. h. invariant sind. Einflußreicher Lehrer.

Jules Henri Poincaré (1854–1912). Franzose. Bereicherte die Mathematik in vielem, u. a. in der Topologie, Differentialrechnung, mathematischen Physik und Wahrscheinlichkeitsrechnung. Schrieb auch ausführlich zur naturwissenschaftlichen Methode.

David Hilbert (1862–1943). Deutscher. Leiter der formalistischen Schule axiomatischer Mathematik. Sein Werk *Grundlagen der Geometrie* räumte mit logisch undichten Stellen bei Euklid auf. Regte eine Liste berühmter ungelöster Probleme an. Vielseitige Beiträge zur Algebra und zur Theorie abstrakter Räume (Hilbert-Räume) sowie zur Analysis (Raumkurven).

G. H. Hardy (1877–1947). Engländer. *J. E. Littlewood* (1885 bis 1977). Engländer. *S. Ramanujan* (1887–1920). Inder. Ihre Arbeiten, die sie teilweise gemeinsam, teilweise auch alleine entwickelten, führten in der Analysis und Zahlentheorie zu neuartigen Ergebnissen. Ramanujan verließ sich dabei hauptsächlich auf pure Intuition. Verfaßten auch einige allgemeinere Schriften.

Bertrand Russell (1872–1970). Engländer. Verfasser der *Principia Mathematica* (mit Alfred North Whitehead), worin die ganze Mathematik (fast) ausschließlich von der Logik abgeleitet wird. Das Russell-Paradoxon. Philosoph und anerkannter Autor.

Kurt Gödel (1906–1978). Österreicher/Amerikaner. Seinem Unvollständigkeitssatz nach gibt es innerhalb jedes formalisierten mathematischen Systems unentscheidbare Behauptungen. Beschäftigte sich auch erfolgreich mit Konsistenz, Intuitionismus und Rekursion.

Albert Einstein (1879–1955). Deutscher/Amerikaner. Auch er kein ausgesprochener Mathematiker. Als Erfinder der allgemeinen Relativitätstheorie darf er hier jedoch nicht fehlen. Zahllose andere Leistungen von erheblicher wissenschaftlicher Bedeutung.

John von Neumann (1903–1957). Ungar/Amerikaner. Steuerte Wichtiges und Zukunftsträchtiges zu grundlegenden Fragen der Mathematik bei wie auch zur mathematischen Physik (besonders in der Quantentheorie), Analysis und abstrakten Algebra. Erfinder der Spieltheorie. Außerdem entscheidende Arbeiten zur Entwicklung von Computern und Automaten.

Diese Liste kann notgedrungen nicht alle großen Mathematiker der Vergangenheit aufnehmen. Es kommen auch *keine* noch lebenden Mathematiker vor. Das hat mehrere Gründe: Zum einen sind sie viel zu zahlreich (allein in Amerika sind in den maßgeblichen Berufsorganisationen über 30000 Mathematiker namentlich verzeichnet); zum anderen steht noch nicht fest, wie ihre Arbeit zu beurteilen ist; drittens sind ihre Ergebnisse manchmal viel zu spezialisiert, um sie auch nur oberflächlich zusammenzufassen; und viertens gibt es viele Leute, die sich mit Randgebieten der Mathematik beschäftigen und vielleicht ebenso in Frage kämen – z. B. Benoit Mandelbrot und seine Fraktale, Statistiker wie Ronald Fisher und Karl Pearson, Computerwissenschaftler wie Alan Turing, Marvin Minsky und Donald Knuth oder auch A. N. Kolmogorow, der auf dem Gebiet statistischer Wahrscheinlichkeit und Komplexität arbeitete, oder Claude Shannon, der sich mit der Informationstheorie auseinandersetzte, oder Kenneth Arrow mit seinen gesellschaftspolitischen Auswahlfunktionen und viele, viele andere.

Schon beim Überfliegen dieser Liste fällt auf, daß Frauen, Schwarze oder Orientalen nicht erwähnt werden. Obwohl in der jüngsten Vergangenheit viel davon die Rede war, den Kanon mathematischer Schriften zu erweitern, blieb im Pantheon der Mathematiker alles beim alten. Das soll natürlich nicht heißen, daß es unter Frauen, Schwarzen oder Orientalen keine erstklassigen mathematischen Talente gibt. Auch in der Mathematik haben Frauen immer kämpfen müssen, um wenigstens das durchzusetzen, was Virginia Woolf in ihrem Buch »Ein Zimmer für sich allein« als Minimalforderung titulierte – von Hypatia, einer Alexandrinerin, die mathematische Kommentare verfaßte und 415 von einem aufgebrachten, fanatischen Christenmob als Heidin umgebracht wurde, und später Lord Byrons Tochter Ada Lovelace, die anfangs Programme für Charles Babbages analytische Maschine (einen ausgeklügelten mechanischen Computer) schrieb, bis zu Emmy Noether, einer herausragenden Algebraikerin, die von den Nazis aus ihrer Heimat vertrieben wurde und in den 30er Jahren am Bryn Mawr College tätig war. Inzwischen hat sich die Situation ein bißchen gebessert, und in den letzten Jahren hat eine erkleckliche Zahl von Frauen – wenigstens in Amerika – ihren Doktor gemacht; trotzdem sind Frauen in der Mathematik immer noch eine verschwindende Minderheit (und die meisten von ihnen kommen, wie man weiß, aus Familien, wo der Vater ein Mathematiker war oder wo sie zumindest entsprechend gefördert wurden und in ihrer Umgebung ein nichttraditionelles Rollenverständnis von Frauen kennengelernt hatten.

Man muß sich auch nicht lange nach Beweisen für das scharfsinnige mathematische Denken von Orientalen, Schwarzen und anderen ethnischen Gruppen umsehen. Der historische Eurozentrismus, den diese Liste propagiert, wird schon durch die lange Geschichte der chinesischen Mathematik wesentlich relativiert (das Pascalsche Dreieck z. B. war den Chinesen bereits 300 Jahre vor Pascal bekannt, was man im Westen kaum weiß); man darf auch nicht die mathematischen und quasimathematischen Leistungen vieler »primitiver« Kulturen übersehen oder die technischen Errungenschaften der Ägypter, Inder, Afrikaner und Araber und schon gar nicht, was heutzutage japanische Mathematiker zuwege bringen. Welcher Art auch immer die Begrenzungen des geistigen Horizonts früher waren, heutzutage ist die Mathematik eine Wissenschaft, die überall auf der Welt, auf jedem Kontinent, in jedem Land studiert wird. Diese Universalität der Mathematik ist zwar eine Binsenwahrheit, aber völlig verstehen wird man sie wahrscheinlich erst, wenn es auf der Welt auch zu einem entsprechenden universalen Verständnis und Zusammenwirken der Mathematiker untereinander kommen wird.

Georges Ifrah

Die Zahlen

Die Geschichte einer großen Erfindung

1992. 240 Seiten mit zahlreichen Abbildungen. ISBN 3-593-34622-2

In seinem neuen Buch vollzieht Georges Ifrah die wichtigsten Entwicklungslinien der Zifferngeschichte nach, wobei er diese Geschichte um neueste, bislang unveröffentlichte Forschungsergebnisse ergänzt.
Auf knappem Raum bietet Ifrah eine systematische, reich illustrierte und unterhaltsam geschriebene Geschichte, in der die Denkweisen und die materielle Kultur der verschiedenen Zivilisationen anhand der scheinbar so trockenen Zahlen und Ziffern lebendig werden.

Georges Ifrah

Universalgeschichte der Zahlen

Sonderausgabe

1989. 600 Seiten mit 1000 Abbildungen. ISBN 3-593-34192-1

»In der Weltliteratur dürfte es kein so ausführliches und zugleich unterhaltsam geschriebenes Werk über die Kulturgeschichte des Zählens und der Zahlensymbole geben wie Ifrahs reich illustriertes Buch.«

Thomas von Randow, Die Zeit